人工智能概论

从基础到大模型

方敏
孙中亮
刘禹汐
李　武
袁　磊 ◎编著

人民邮电出版社
北　京

图书在版编目（CIP）数据

人工智能概论：从基础到大模型 / 方敏等编著.

北京：人民邮电出版社，2025. -- ISBN 978-7-115
-67282-7

Ⅰ. TP18

中国国家版本馆 CIP 数据核字第 2025NX3174 号

内 容 提 要

本书按照人工智能各技术流派分别进行讲述，强调科学性、系统性、综合性和实用性的统一。本书共分为 9 章，每章围绕一个人工智能核心主题展开，逐步引导读者深入了解 AI 的各个方面。首先概述人工智能研究内容和各技术学派思想；然后介绍知识表示与推理方法，如知识图谱关键技术；再对人工智能中的搜索技术原理进行讲解；接着介绍机器学习的相关概念和技术原理，并重点讲解深度学习与大模型相关技术；还介绍强化学习，即基于价值和基于策略的强化学习；最后介绍人工智能综合应用实践，分别为自然语言处理与认知智能、计算机视觉与感知智能、自动驾驶与具身智能的基础知识、创新案例及行业应用。

本书可作为普通本科或职业教育信息类专业的专业核心课教材，也可以作为其他理工类专业学习人工智能技术创新应用的参考教材，还可作为从事智能化工作相关人员的培训用书或入门读本。

◆ 编　著　方　敏　孙中亮　刘禹汐　李　武　袁　磊
　　责任编辑　高　扬
　　责任印制　马振武
◆ 人民邮电出版社出版发行　北京市丰台区成寿寺路 11 号
　　邮编　100164　电子邮件　315@ptpress.com.cn
　　网址　https://www.ptpress.com.cn
　　三河市君旺印务有限公司印刷
◆ 开本：787×1092　1/16
　　印张：13.25　　　　　　　　　2025 年 7 月第 1 版
　　字数：282 千字　　　　　　　 2025 年 7 月河北第 1 次印刷

定价：69.80 元

读者服务热线：(010)53913866　印装质量热线：(010)81055316
反盗版热线：(010)81055315

编辑委员会

张庆海　　南京工业职业技术大学
赵　洁　　江西环境工程职业学院

编委会委员

常　俊　　云南大学
陈朝菊　　重庆市立信职业教育中心
陈智雄　　华北电力大学
董　峰　　天津大学仁爱学院
方　浩　　武汉东湖学院
甘小雨　　中信科移动通信技术股份有限公司
高　嵩　　成都理工大学
高　镇　　天津大学
顾广华　　燕山大学
李　雪　　武汉职业技术大学
李迎松　　安徽大学
梁　娟　　武汉交通职业学院
刘　成　　郑州铁路职业技术学院
刘　刚　　江西环境工程职业学院
吕延岗　　石家庄职业技术学院
宋晓诗　　东北大学
苏　佳　　河北科技大学
孙　玥　　成都理工大学
魏　纯　　武汉东湖学院
魏　爽　　上海师范大学
邢传玺　　云南民族大学
徐红梅　　延边大学
徐艺文　　福州大学至诚学院
许一虎　　延边大学
阴　明　　成都理工大学
袁学兵　　重庆市立信职业教育中心
张学辉　　辽宁轨道交通学院
赵小军　　重庆市立信职业教育中心
周　林　　华侨大学

前　言

当今时代，人工智能（AI）已经从科幻小说中的幻想变成了现实世界中的重要技术。从自动驾驶汽车到智能语音助手，从医疗诊断到金融分析，AI 正在深刻地改变我们的生活和工作方式。而在这场技术革命的背后，大模型扮演着至关重要的角色。它们不仅推动了 AI 技术的发展，还为各行各业带来了前所未有的机遇和挑战。在这个背景下，学习人工智能和大模型的重要性变得越来越突出。

本书旨在向读者提供一个全面而深入的视角，探讨人工智能基础原理和技术方法等，并介绍大模型技术在行业领域的应用。本书将从人工智能的技术学派入手，讲解其背景、现状、未来发展前景。希望通过本书的学习，读者可以更加深入地理解人工智能技术，并且掌握一些基本的算法原理和实现方法。同时，我们也希望通过这本书，激发读者对人工智能的兴趣和热情，为学习和研究人工智能奠定坚实的基础。

本书以人工智能的各大技术流派为线索，系统全面地介绍了该领域的核心知识与最新进展。全书精心设计为 9 章，每章聚焦一个特定主题，旨在帮助读者构建坚实的人工智能理论基础，并掌握其应用技巧。

第 1 章概览人工智能的研究领域与各学派的核心思想，为后续深入学习奠定理论基础。

第 2 章深入探讨知识表示与推理机制，特别关注知识图谱的构建与应用，揭示数据间复杂关系的表达方法。

第 3 章解析搜索算法在人工智能中的关键作用，涵盖经典搜索策略及其优化技术。

第 4 章与第 5 章介绍机器学习的基本概念与技术框架，重点剖析深度学习及大规模模型的前沿进展，这是理解现代人工智能不可或缺的部分。

第 6 章专注于强化学习的原理与实践，分别阐述基于价值和基于策略的强化学习方法，展示其在复杂决策问题中的应用潜力。

第 7 章～第 9 章转向人工智能的综合应用领域，依次介绍自然语言处理与认知智能、计算机视觉与感知智能、自动驾驶与具身智能。这部分不仅覆盖了相关领域的基础知识，还通过丰富的创新案例和行业应用，展示了人工智能在现实世界中的强大影响力。

本书力求在科学性、系统性、综合性和实用性之间找到完美平衡，既适合初学者逐步建立知识体系，又便于专业人士深化理解与拓展视野。

本书的完成离不开众多专家和同行的支持与帮助。在此，我们要特别感谢所有为本书提供宝贵意见和建议的朋友们。同时，也要感谢出版社的编辑们，他们的专业和耐心使本书得以顺利出版。

我们希望本书能够成为你探索 AI 世界的指南，激发你的兴趣和创造力。让我们一起迎接 AI 的新时代，共创美好的未来！

编者

2024 年 12 月

目　录

第1章 绪论

📚 学习目标

（1）了解人工智能的起源和发展历史；

（2）理解人工智能的基本概念；

（3）认识人工智能的研究现状和几个学派思想；

（4）了解人工智能在各行业领域的应用情况。

1.1 人工智能概述

1.1.1 人工智能的起源

要想了解人工智能向何处去，首先要知道人工智能从何处来。人工智能的概念最早可以追溯到 1956 年在美国达特茅斯学院召开的一次会议，在这次会议上它被正式提出。早期的研究主要集中在逻辑推理、问题求解等领域。达特茅斯会议的主要参加者有 10 人，分别是麦卡锡、明斯基、香农、罗切斯特、纽厄尔、西蒙、撒缪尔、伯恩斯坦、摩尔、所罗门诺夫，其中前 4 位是发起人。达特茅斯会议的最主要成就是使人工智能成了一个独立的研究学科。

人工智能的发展历程可以概括为 3 次主要的浪潮，每一次都标志着技术上的重要进步和应用场景的扩展。人工智能发展的 3 次浪潮如图 1-1 所示。

1. 第一次浪潮（1956—1979 年左右）

背景与成就：在 1956 年的达特茅斯会议上，"人工智能"这一术语正式诞生。在这一时期，研究人员发明了最早的感知机——一种简单的线性分类器和 ELIZA 等早期的聊天程序。此外，研究人员还证明了一些数学定理，展示了机器能够执行某些形式的逻辑推理。

挑战与局限：尽管初期成果令人兴奋，但这些早期的人工智能系统只能解决非常简单的问题，对于更复杂的任务则显得力不从心。由于计算资源有限和技术瓶颈，人工智能研究进入了"寒冬"。

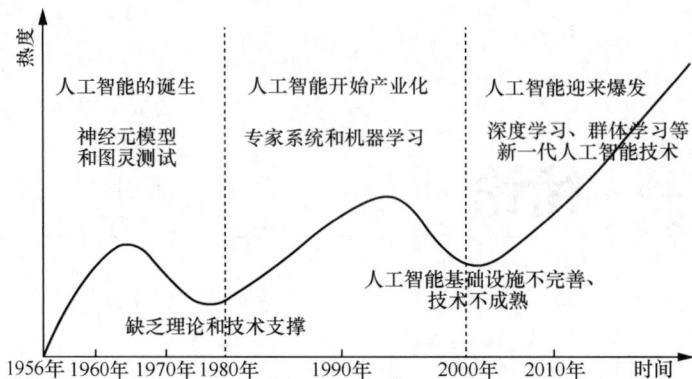

图 1-1 人工智能发展的 3 次浪潮

2．第二次浪潮（1980—2000 年左右）

背景与成就：这一时期的标志性事件是 Hopfield 神经网络的提出和反向传播（BP）算法的应用，这使训练多层神经网络成为可能。同时，专家系统的出现极大地促进了人工智能在特定领域的应用，如医疗诊断和化学分析。

挑战与局限：虽然技术有所进步，但缺乏足够的数据和计算能力，以及对模型泛化能力的限制，许多项目未能达到预期目标，导致了人工智能的又一次"寒冬"。

3．第三次浪潮（2000 年至今）

背景与成就：2006 年，辛顿等人提出了深度学习的概念，利用深层神经网络模型处理复杂的数据模式。2012 年，AlexNet 在 ImageNet 竞赛中的胜利标志着深度学习在图像识别领域的重大突破。此后，深度学习迅速应用于语音识别、自然语言处理等多个领域，推动了人工智能技术的广泛应用和发展。

现状与展望：当前，人工智能正处于第三次浪潮中，它不仅在技术上不断取得新的突破，而且在商业市场上也展现出巨大的潜力。大模型、深度强化学习、知识图谱等新兴技术正引领着人工智能的未来发展方向。随着计算能力的进一步提升和大数据技术的发展，人工智能预计在更多领域发挥重要作用，为社会带来深刻的变革。

这 3 次浪潮不仅反映了人工智能技术的逐步成熟，还体现了人类对智能本质理解的深化。每次技术革新都伴随着新的挑战和机遇，推动人工智能向更加智能化、人性化的方向发展。进入 21 世纪后，得益于互联网的普及和数据量的爆发式增长，人工智能技术得到了广泛应用，从语音识别、图像处理到自动驾驶、智能推荐系统等各个领域都有其身影。

1.1.2　人工智能的定义

如何定义人工智能呢？严格来说，人工智能的发展历程中对人工智能进行的定义有很多，这些定义对于人们理解人工智能都起到过作用，甚至是很大的作用。例如，达特茅斯会议的发起建议书中对于人工智能的预期目标是"制造一台机器，该机器可以模拟学习或者智能的所有方面，只要这些方面可以精确描述”。该预期目标也曾经被当作人工智能的定义使用，对人工智能的发展起到了举足轻重的作用。

人工智能是一个复杂的概念，它的定义随着时间和技术的发展而不断地演变。以下是从几个不同的角度对人工智能进行的定义。

功能定义：人工智能是计算机科学的一个分支，它致力于创建能够执行通常需要人类才能完成的任务的系统。这些任务可能包括但不限于学习、推理、解决问题、感知环境（如通过视觉或听觉）、理解和生成自然语言、规划及适应新情况或从经验中学习。

技术定义：从技术层面来看，人工智能涵盖了多种技术手段，如机器学习、深度学习、自然语言处理（NLP）、计算机视觉、专家系统等。这些技术使机器能够模仿人类的认知功能。

应用定义：在实际应用中，人工智能指的是感知智能、认知智能和决策智能等，例如那些能够执行面部识别、语音理解、自动驾驶车辆、撰写文本、回答问题、生成图像等任务的技术集合。简言之，它是一系列使计算机能够完成那些当人类执行时被认为需要智慧的任务的技术。

哲学定义：从哲学角度来看，人工智能还涉及对智能本质的理解和机器是否能够真正具备意识或者理解能力的问题。例如，“中文屋”思想实验就探讨了即使机器能够表现出智能行为，但它们是否真的理解自己所做的事情这一问题。

广义定义：在广义上，人工智能可以被理解为任何能够展示智能行为的机器或软件系统，无论这种智能是否与人类智能相同或相似。这意味着从简单的自动化流程到复杂的自主决策系统都可以被认为是人工智能的一部分。

综上所述，人工智能是一个广泛的概念，它不仅仅局限于让机器模仿人类的智能行为，还包括实现这一目标的各种方法和技术。随着技术的进步，人工智能的应用范围也在不断扩大，从日常生活中的智能手机助手到工业自动化、医疗诊断乃至艺术创作等领域都有所涉及。

人工智能可以根据其能力和应用范围大致分为 3 个层次，分别为弱人工智能、强人工智能（也称为通用人工智能）、超级人工智能。弱人工智能专注于特定任务，已经在许多实际应用中取得了显著成效。强人工智能追求在多个领域表现出色，目前仍处于研究阶段，尚未完全实现，弱人工智能和强人工智能如图 1-2 所示。超级人工智能远超人类智能，目前更多存在于理论探讨和科幻作品中，实现路径和时间尚不确定。这 3 个层次代表了人工智能发展的不同阶段和目标，每一步进展都对社会和科技产生深远的影响。

弱人工智能也称作狭义人工智能，是指专门为某一特定任务或一组相关任务设计的人工智能系统。这类人工智能通常在特定领域内表现出色，但不具备广泛的认知能力，无法跨领域迁移学习。常见的应用包括语音识别软件、图像识别系统、推荐算法和自动驾驶汽车的某些组件。

图 1-2 弱人工智能和强人工智能

强人工智能是指具有广泛认知能力的人工智能系统，能够执行多种智力任务，类似于人类的智能水平。这种类型的人工智能不仅在多种任务中表现出色，还能学习和适应新环境，具备跨领域学习和应用的能力。强人工智能能够理解复杂概念、解决问题、进行推理和规划。目前，这一领域仍处于理论研究阶段，大模型技术被认为是推动人工智能从弱人工智能向强人工智能发展的重要手段。

超级人工智能是指在大多数领域都超越最聪明的人类大脑的人工智能系统。它不仅在科学、艺术、社交技能等方面远超人类，还在自我改进方面具有极高的能力。超级人工智能能够独立进行科学研究、技术创新和社会变革，拥有极高的智能水平。这一概念更多存在于科幻作品和理论探讨中，关于其可能带来的影响，既有积极的观点，又有对就业市场、伦理道德问题、人类社会结构潜在改变的担忧。

这 3 个层次展示了人工智能从特定任务的优化到全面智能，再到超越人类智能的发展路径。随着技术的进步，我们正逐步接近更高层次的人工智能，但同时也面临许多技术和伦理上的挑战。

1.1.3 人工智能发展的 3 要素

人工智能的发展依赖于 3 个关键要素，分别为数据、算法和算力。这 3 个要素相互作用，共同促进了人工智能技术的进步和应用。人工智能发展的 3 要素如图 1-3 所示，下面分别对这 3 个要素进行简要说明。

数据是人工智能系统学习和提高的基础。高质量的数据集对于训练机器学习模型至关重要，能够帮助模型更准确地理解和预测现实世界的情况。随着互联网和物联网技术的发展，数据的产生速度和规模不断提升，为人工智能提供了丰富的学习材料。

算法是处理和分析数据的方法，是人工智能系统的核心。算法是处理数据和生成预测结果的数学模型和计算方法，不同的算法适用于不同类型的问题和数据。算法决定了如何从数据中学习，提取有用的特征和模式，并通过调整参数优化模型的性能。常见的算法包括监督学习（如线性回归、决策树、支持向量机、神经网络等）、无监督学习（如聚类、主成分分析等）和强化学习（通过与环境的交互学习最优策略）。选择合适的算法需要考虑问题的性质和数据的特点，同时，一些复杂的算法虽然性能强大，但解释性较差，这也是一大挑战。

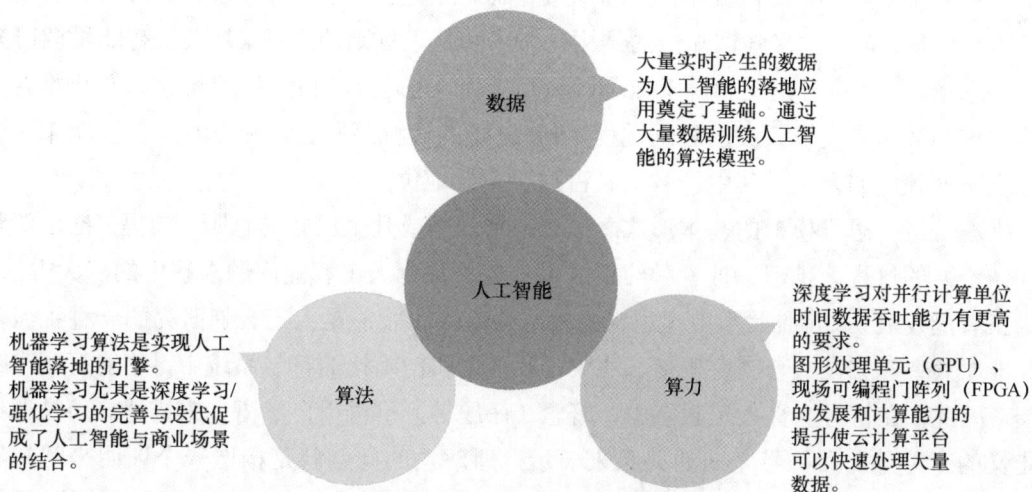

大量实时产生的数据为人工智能的落地应用奠定了基础。通过大量数据训练人工智能的算法模型。

机器学习算法是实现人工智能落地的引擎。机器学习尤其是深度学习/强化学习的完善与迭代促成了人工智能与商业场景的结合。

深度学习对并行计算单位时间数据吞吐能力有更高的要求。
图形处理单元（GPU）、现场可编程门阵列（FPGA）的发展和计算能力的提升使云计算平台可以快速处理大量数据。

图 1-3　人工智能发展的 3 要素

算力是指计算机系统处理数据和运行算法的能力，是人工智能发展的关键支撑。深度学习等复杂模型的兴起，对算力的需求急剧增加。高性能的计算设备，如 GPU、张量处理单元（TPU）等，能够显著加快模型的训练和推理速度，提高效率。算力的提升不仅缩短了模型训练的时间，还使处理大规模数据集和构建更复杂的模型成为可能。此外，云计算技术的发展也为算力的灵活扩展提供了支持，使企业和研究机构能够按需使用强大的计算资源。

综上所述，数据、算法和算力是推动人工智能发展的 3 大支柱。它们之间相互配合与促进，是人工智能技术不断突破创新的关键。随着技术的进一步发展，预计这 3 个方面还将继续演进，为人工智能带来更多的可能性。

1.2　人工智能各学派的认知观

人工智能作为一门综合性的学科，在发展过程中形成了多个不同的学派。人工智能的各个学派关注于如何才能让机器具有人工智能的功能，并根据人工智能的不同功能给出了不同的研究路线。这些学派各自提出了实现人工智能的不同理论框架和实践路径，如符号主义与逻辑推理、问题求解与探寻搜索、连接主义与数据驱动、行为主义与强化学习等。下面对它们进行简要介绍。

1.2.1　符号主义与逻辑推理

符号主义是人工智能研究中的一个重要学派，它主张智能行为可以通过符号表示和逻辑推理来实现。符号主义强调知识的结构化表示和基于规则的推理，是人工智能早期研究的核心思想之一。符号主义起源于 20 世纪 50 年代，当时计算机领域的科学家们开始尝试使用逻辑和数学来建模人类的思维过程。1956 年的达特茅斯会议标志着人工智能作为一个独立研究领域的诞生，其中符号主义占据了主导地位。

推理是进行思维模拟的基本形式之一，是从一个或几个已知的判断（前提）推出新判断（结论）的过程。推理、搜索和约束满足一起并称为人工智能问题求解中的三大方法。在人工智能发展初期，脱胎于数理逻辑的符号主义人工智能是人工智能研究的一种主流学派。推理只有建立在一套高度概括、抽象、严格化和精确化的符号系统中，才能得到飞跃发展。因此，在符号主义人工智能中，概念（命题等）不再用自然语言来描述，而是通过所定义的"符号"和符号之间的关系来表示，所解决的问题就是构造一个证明来阐释其成立或者不成立（证伪）。符号主义也被称作逻辑主义、心理学派或计算机学派。符号主义的核心观点在于，人类认知和思维的基本单元是可以被形式化表示的符号，这些符号可以通过逻辑运算来处理。符号主义者认为，智能行为可以通过规则系统来模拟，即通过一组预设的规则来指导计算机如何处理信息以解决问题。

符号主义产生了许多重要的研究成果，例如逻辑理论家，这是一个能够自动证明数学定理的程序，它展示了符号主义方法在解决复杂问题方面的潜力。符号主义强调知识表示和知识推理，它试图通过构建知识库并使用逻辑规则进行推理来模拟人类的智能活动。这种方法在专家系统、自然语言处理等领域有着广泛的应用。

1.2.2　问题求解与探寻搜索

人类的思维过程可以被看作一个搜索的过程。人工智能中的搜索技术是解决各种问题的基础方法之一，它在人工智能领域占据着极其重要的位置。搜索技术可以帮助我们在问题的状态空间图中寻找解决方案，无论是寻找迷宫的出口、规划最优路径还是解决复杂的逻辑问题。根据搜索策略的不同，可以将搜索技术大致分为盲目搜索和启发式搜索两大类。

1. 盲目搜索

盲目搜索并不依赖于关于目标状态的任何额外信息，而是采用系统化的方式来探索所有可能的解决方案。常见的盲目搜索算法如下。

① 广度优先搜索（BFS）：从根节点开始，首先访问所有直接相邻的节点，然后依次访问每个邻居的邻居。这种算法保证了找到的第一个目标节点是离起点最近的那一个。BFS 在状态空间图较浅时非常有效，但如果状态空间图很深，则可能会消耗大量的内存资源。

② 深度优先搜索（DFS）：与 BFS 相反，DFS 会尽可能深地搜索树的分支。它使用后进先出（LIFO）的栈来存储节点，因此可以很容易地回溯到上一个节点。这种算法在状态空间图较深时可能更节省内存，但是它不保证能找到最短路径。

③ 迭代加深搜索（IDS）：是一种结合了 DFS 和 BFS 优点的搜索算法。其核心思想是通过逐步增加搜索深度限制，从小到大枚举深度上限，每次仅搜索不超过当前深度限制的节点。该算法适用于搜索树非常大但答案深度较浅的场景，它广泛应用于需要寻找最优解的问题中，如路径规划、棋盘问题等。

2. 启发式搜索

启发式搜索利用关于目标状态的一些额外信息来指导搜索过程，从而更加高效地找到解决方案。启发式搜索通常比盲目搜索更快地达到目标状态，因为它们能够更好地预测哪些路径更有可能导向目标。常见的启发式搜索算法如下。

① A*搜索：这是启发式搜索算法中最著名的一种，它结合了贪婪最佳优先搜索和 UCS 的优点。A*搜索使用一个评价函数 $f(n) = g(n) + h(n)$，其中 $g(n)$ 是从初始状态到节点 n 的实际代价，而 $h(n)$ 是对从节点 n 到目标状态的估计代价。A*搜索算法保证了在 $h(n)$ 满足某些条件下的最优性和完备性。

② 贪婪最佳优先搜索：这种搜索算法只考虑启发式函数 $h(n)$，即总是选择离目标状态看起来最近的节点进行扩展。虽然这种算法可能不是最优的，但它通常比盲目搜索更快。

③ IDA*搜索：是一种结合 IDS 和 A*搜索的优化搜索算法，主要用于解决状态空间较大的路径规划或组合优化问题。该算法显著降低了内存消耗，同时保留了 A*搜索的最优性和启发式特性。IDA*搜索在解决如八数码、迷宫寻路等复杂搜索问题时表现优异，尤其适用于内存资源有限但需要高效找到最优解的场景。

搜索技术是人工智能中不可或缺的一部分，现实世界中许多问题都可以通过搜索算法来求解，它提供了处理各种问题的有效工具。无论是盲目搜索还是启发式搜索，都在不同的应用场景中发挥着重要作用。随着算法的不断优化和计算能力的提升，未来的搜索技术将会更加高效、智能，为解决复杂问题提供更多可能性。

1.2.3　连接主义与数据驱动

连接主义是一种人工智能研究范式，强调通过模拟人脑神经元网络的结构和功能来实现智能行为。连接主义模型通常由大量简单的处理单元（神经元）组成，这些单元通过加权连接相互作用，形成复杂的网络结构。连接主义的思想可以追溯到 20 世纪 40 年代，但直到 20 世纪 80 年代后期，随着神经网络模型的复兴，尤其是反向传播算法的发明，连接主义才成为人工智能研究中的一个重要力量。连接主义主张智能源于大脑中大量简单神经元之间的连接和相互作用。连接主义者认为，人类智能的本质是大量简单的神经元通过调整连接权重来学习和归纳实际数据中的模式与关系。

深度学习是连接主义的重要成果之一，它通过构建多层神经网络来模拟人脑处理信息的过程，并在图像识别、语音识别等领域取得了显著成效。连接主义强调从数据中学习，而不是依赖显式的规则。这种方法在处理非结构化数据方面具有优势，并且在机器学习、模式识别等领域发挥重要作用。

大模型（如大型语言模型、深度神经网络等）属于连接主义的范畴。大模型通过模拟人脑神经网络的结构和功能，在多种任务中展现出了卓越的性能，是连接主义研究的重要成果。

数据驱动是一种方法论，强调通过大量数据来指导和优化模型的训练和决策过程。在机器学习和人工智能中，数据驱动方法通过从数据中学习模式和规律，自动构建模型，而不需要手动定义复杂的规则。

连接主义和数据驱动在现代人工智能和机器学习中是不可或缺的。连接主义提供了强大的模型结构和学习机制，而数据驱动方法则通过大量数据优化和验证这些模型。两者的结合使现代人工智能系统能够在多种任务上取得显著的性能提升，推动了技术的快速发展和广泛应用。

1.2.4　行为主义与强化学习

行为主义的思想受到了生物学和心理学的影响，特别是在动物行为研究中发现了试错学习机制。20 世纪 90 年代以后，随着机器人技术的发展，行为主义逐渐成为人工智能研究中的一个重要方向。行为主义也被称为进化主义或控制论学派，其原理基于控制论和感知–动作型控制系统。行为主义强调智能行为应该通过观察个体对外界刺激的反应来定义，而不是通过内部的心理状态来定义。它主张通过训练和奖惩机制来实现人工智能的学习。

在机器人领域，行为主义的方法被用来设计能够适应环境变化的自主机器人。例如，波士顿动力公司的 BigDog 机器人。行为主义关注的是智能体如何与环境互动并从中学习。这种方法在机器人学、强化学习等领域有着广泛的应用。

不同学派虽然在理论基础和实现方法上有所不同，但它们共同促进了人工智能的发展。随着时间的推移，这几种学派并不是孤立存在的，而是相互借鉴、融合，共同推动了人工智能技术的进步。例如，现代的深度学习技术就在一定程度上结合了符号主义的知识表示与知识推理能力及连接主义的数据驱动方法。未来，随着跨学科合作的加深，人工智能的研究将会更加多元化，为我们带来更多创新性的成果。

1.3　人工智能的研究内容与应用领域

1.3.1　人工智能的研究内容

人工智能是一门涵盖多个学科领域的综合性科学，旨在研究和开发能够模拟、延伸和扩展人类智能的技术。自 1956 年被首次提出以来，人工智能已经成为当今世界科技发展的重要驱动力之一。人工智能的研究内容非常广泛，涵盖了从理论基础到具体应用的各个方面。以下是对其主要研究内容的详细介绍。

1. 知识表示与知识推理

知识表示是人工智能研究的基础之一，它关注如何将知识以计算机可以理解和处理的方式进行编码。常见的知识表示方法包括逻辑表示、框架系统、知识图谱、本体论等。逻辑表示是使用形式逻辑来表示知识，如命题逻辑、谓词逻辑等。框架系统是通过框架来组织知识，每个框架可以包含多个槽（slot），每个槽又可以有自己的值。知识图谱是用节点表示概念，用边表示概念之间的关系。本体论是定义领域内的概念及其关系，有助于机器理解特定领域的知识。

知识推理则是指基于已有的知识进行逻辑推导，得出新的结论。知识推理技术包括演绎推理、归纳推理、默认推理等。

知识图谱在知识表示与知识推理方面具有重要的研究价值和广泛的应用前景。通过不断优化知识表示方法和知识推理技术，知识图谱能够更好地服务于各种智能系统，提高其智能化水平和应用效果。知识图谱的业务分解如图 1-4 所示，它不仅在学术界引起了广泛关注，还在工业界得到了广泛应用。未来将继续探索更高效、更准确的知识表示方法和知识推理技术，推动知识图谱技术进一步发展。

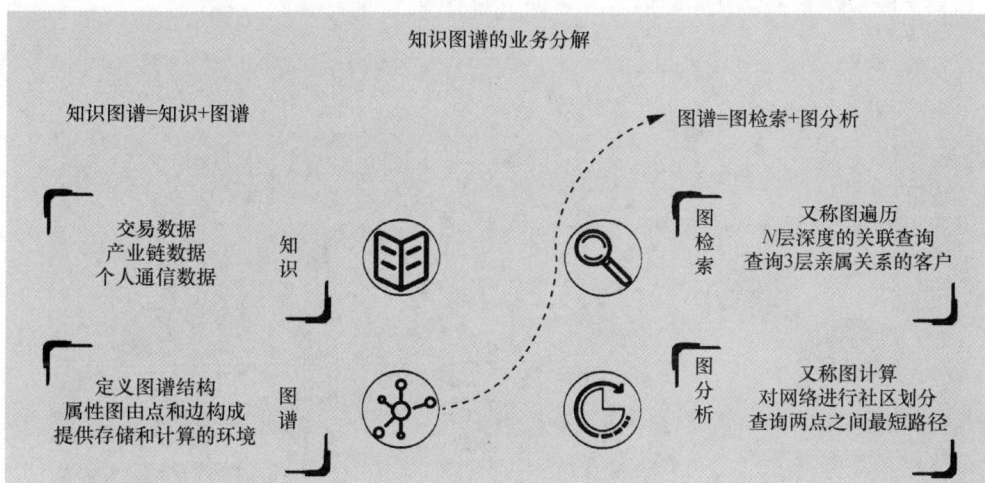

图 1-4　知识图谱的业务分解

2. 搜索技术

人工智能中的大量问题都可以被描述为，给定海量信息源及一些约束条件和额外信息，我们需要找到问题所对应的答案。问题求解是人工智能的核心任务之一，其目标是通过一系列步骤或策略找到从初始状态到目标状态的解决方案。搜索方法是实现问题求解的主要手段，通过系统地探索问题的状态空间来寻找可行解或最优解。

搜索方法通常分为两大类：无信息搜索（盲目搜索）和有信息搜索（启发式搜索）。无信息搜索不依赖问题的具体知识，常见的算法包括广度优先搜索（BFS）、深度优先搜索（DFS）、迭代加深搜索（IDS）等；有信息搜索利用启发式函数评估节点的重要性，从而更高效地找到目标，典型的算法如 A* 搜索和最佳优先搜索。

此外，搜索方法还可以根据搜索空间划分为图搜索和树搜索；按照搜索范围分为全局搜索和局部搜索。这些方法广泛应用于路径规划、博弈对弈、逻辑推理及优化问题等，为复杂问题提供了系统化的求解思路。

3. 机器学习

机器学习（ML）是人工智能的一个核心研究领域，它使计算机能够在没有明确编程的情况下从数据中学习。机器学习方法可以分为监督学习、无监督学习、半监督学习等。监督学习是给定一组带有标签的数据集，学习一个映射函数，使输入与输出之间建立关联。无监督学习是在没有标签的情况下，通过数据本身的结构来发现潜在的模式或聚类。半监督学习介于监督学习和无监督学习之间，利用少量标记数据和大量未标记数据进行学习。

4. 深度学习与大模型

人工智能、机器学习和深度学习覆盖的技术范畴是逐层递减的。人工智能是最宽泛的概念。机器学习是当前比较有效的一种实现人工智能的方式。深度学习是机器学习算法中最热门的一个分支，近些年取得了显著的进展，并代替了大多数传统机器学习算法。人工智能、机器学习和深度学习之间的关系如图 1-5 所示。

图 1-5 人工智能、机器学习和深度学习之间的关系

深度学习是机器学习的一个子领域，它专注于构建和训练深层神经网络模型以解决复杂问题。近年来，随着计算能力的增强和大规模数据集可用性的增加，深度学习技术得到了迅猛发展，并在图像识别、自然语言处理、语音识别等多个领域取得了显著成效。

大模型通常指的是参数量巨大、结构复杂的深度学习模型，这类模型因强大的表达能力和泛化能力而在人工智能领域备受瞩目。深度学习与大模型的发展正在推动人工智能技术的革新，为解决传统方法难以应对的复杂问题提供了新的思路。随着研究的深入和技术的进步，未来我们有望见证更多创新性成果的诞生。

5. 强化学习

强化学习（RL）是机器学习的一个重要分支，它研究的是智能体如何在环境中采取行动以最大化累积奖励的问题。强化学习模型通常基于马尔可夫决策过程（MDP），并且可以分为基于模型和无模型两种方法。强化学习作为行为主义的重要方法理论，其研究内容和应用前景非常广阔。随着算法的不断创新和完善，强化学习在解决复杂决策问题方面展现出了巨大的潜力。

6. 多智能体系统

多智能体系统（MAS）研究的是多个智能体如何协同工作以实现共同目标。MAS 的研究重点在于智能体之间的交互、通信和协调机制。

7. 伦理与法律

随着人工智能技术的快速发展，其伦理与法律问题也日益凸显。如何确保人工智能系统的公平性、透明度和责任归属是人工智能研究的重要内容。

1.3.2　人工智能的应用领域

人工智能的应用领域如图 1-6 所示，包括但不限于以下几个方面。

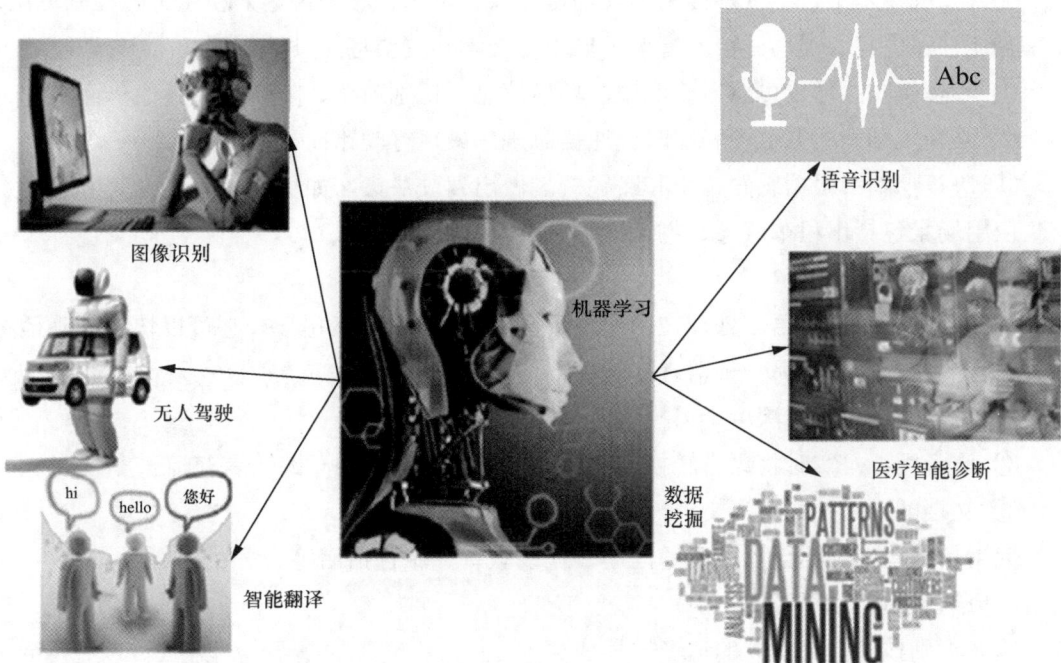

图 1-6　人工智能的应用领域

1．图像识别

图像识别技术通过计算机视觉算法对图像进行分析和理解，能够识别出图像中的物体、场景、人脸等信息，图像识别和目标检测如图 1-7 所示。其具体应用如下。

① 安全监控：实时监控视频流，检测异常行为或入侵。

② 自动驾驶：识别道路标志、行人、障碍物等，确保车辆安全行驶。

③ 医疗影像分析：辅助医生诊断疾病，如肺部 CT 扫描中的肿瘤检测。

④ 零售业：商品识别和库存管理，提高效率和准确性。

图 1-7　图像识别和目标检测

2．无人驾驶

无人驾驶技术结合了多种传感器（如摄像头、雷达、激光雷达）和先进的控制算法，使车辆能够在没有人类驾驶员的情况下自主行驶。其主要特点具体如下。

① 环境感知：通过传感器获取周围环境信息，识别道路、障碍物和其他车辆。

② 路径规划：根据地图和实时交通信息规划最优行驶路线。

③ 决策控制：根据感知结果和路径规划做出驾驶决策，如加速、减速、变道等。

应用场景包括出租车服务、物流运输、公共交通等。

3．智能翻译

智能翻译利用自然语言处理技术实现不同语言之间的自动翻译，它可以快速准确地将一种语言的文本转换为另一种语言。其主要特点具体如下。

① 机器翻译：通过深度学习模型实现高质量的文本翻译。

② 语音翻译：实时将语音转换为文本并进行翻译，适用于跨语言交流。

③ 文档翻译：批量翻译文档，提高工作效率。

应用场景包括国际会议、商务沟通、在线教育、旅行指南等。

4．语音识别

语音识别技术能够将人的语音转换成文本，是人机交互的重要方式之一。其主要特点具体如下。

① 语音转文字：将语音输入转换为文本输出，用于记录会议、撰写文档等。

② 虚拟助手：如 Siri、Alexa 等，通过语音指令完成任务，如设置闹钟、查询天气等。

应用场景如下。

① 智能家居：通过语音控制家中的智能设备，如灯光、空调等。

② 电话客服系统：自动接听电话并处理常见的问题，提高客服效率。

5. 医疗智能诊断

医疗智能诊断通过分析患者的病历资料、影像资料等信息，辅助医生进行疾病诊断。其主要特点具体如下。

① 影像分析：通过深度学习模型分析医学影像，如 X 射线摄影胶片、CT 影像等，辅助医生发现病变。

② 病历分析：分析患者的电子病历，提取关键信息，帮助医生制定治疗方案。

③ 疾病预测：基于患者的历史数据，预测疾病的发展趋势，提前采取预防措施。

应用场景包括医院、诊所、远程医疗服务等。

6. 数据挖掘

数据挖掘是从大量数据中提取有用的信息和知识的过程，涉及统计学、机器学习、数据库技术等多个领域。其主要特点具体如下。

① 客户分析：通过分析用户行为数据，了解客户需求和偏好，优化产品和服务。

② 市场预测：分析历史销售数据，预测未来市场趋势，指导企业决策。

③ 风险评估：通过数据分析评估信贷风险、保险风险等，降低企业损失。

④ 运营优化：分析生产、物流等环节的数据，优化流程，提高效率。

应用场景包括金融、电商、制造业、政府机构等。

1.4　人工智能的数学基础

学习人工智能要求具备一定的高等数学知识，这些知识主要分为 7 个方面，分别为微积分、概率统计、线性代数、最优化理论、数值方法、离散数学和信息论。我们在这里暂且抽取和机器学习、深度学习相关的最基础的部分，这些数学知识可以帮助读者更好地理解算法的原理和实现。下面带大家一起回顾一下人工智能中常用到的一些主要的数学知识。

1. 微积分

（1）导数和梯度

导数：表示函数在某一点的变化率，用于描述函数的局部性质。

梯度：多变量函数的导数向量，表示函数在各个方向上的变化率。

（2）偏导数

偏导数：多变量函数对某个变量的导数，用于描述函数在该变量方向上的变化率。

（3）积分

不定积分：求原函数的过程，用于找到函数的反导数。

定积分：求函数在某个区间上的面积，用于计算函数的累积效果。

2. 概率统计

（1）概率分布

概率分布：描述了随机变量取不同值的概率，常见的概率分布有正态分布、二项分布等。

期望：随机变量的平均值，表示长期来看的平均结果。

方差：随机变量与其期望值的偏差平方的平均值，表示数据的离散程度。

（2）贝叶斯定理

贝叶斯定理：在已知某些信息的情况下，更新对事件概率的估计，常用于贝叶斯网络和贝叶斯推断。

（3）假设检验

假设检验：通过样本数据来检验关于总体参数的假设，用于验证模型的有效性和显著性。

3. 线性代数

（1）向量和矩阵

向量：一维数组，可以表示方向和大小。在机器学习中，向量常用于表示数据点或特征。

矩阵：二维数组，可以表示多个向量的集合或线性变换。在机器学习中，矩阵常用于表示数据集或模型参数。

（2）矩阵运算

矩阵加法：两个矩阵对应位置的元素相加，结果是一个新的矩阵。

矩阵乘法：通过行与列的点积来计算，结果是一个新的矩阵。

转置：将矩阵的行变成列，列变成行。

逆矩阵：一个特殊的矩阵，当它与原矩阵相乘时，结果是单位矩阵。

（3）特征值和特征向量

特征值：矩阵的一个重要属性，表示矩阵在特定方向上的缩放因子。

特征向量：与特征值对应的非零向量，表示矩阵在该方向上的作用。

（4）线性方程组

线性方程组：一组线性方程，可以通过多种方法求解，如高斯消元法或矩阵求逆。

4. 最优化理论

（1）凸优化

凸优化：一类特殊的优化问题，其目标函数和约束条件都是凸的，这类问题通常有全局最优解。

（2）梯度下降

梯度下降：一种常用的优化算法，通过沿着负梯度方向逐步调整参数，以最小化损失函数。

（3）拉格朗日乘数法

拉格朗日乘数法：用于求解带有约束条件的优化问题，通过引入拉格朗日乘数将约束条件融入目标函数。

（4）其他最优化算法

还有其他常用的最优化算法，如牛顿法、共轭梯度法、线性搜索算法、模拟退火算法、遗传算法等。

5．数值方法

（1）数值线性代数

数值线性代数：研究如何高效地求解线性代数问题，如矩阵分解（LU 分解、QR 分解等）。

（2）数值优化

数值优化：研究如何高效地求解复杂的优化问题，如牛顿法、拟牛顿法等。

6．离散数学

（1）图论

图论：研究图的性质和结构，图由节点和边组成，常用于表示关系网络，如社交网络、交通网络等。

（2）集合论

集合论：研究集合的性质和操作，常用于处理离散数据和集合操作。

7．信息论

（1）熵

熵：衡量信息不确定性的指标，常用于评估信息的混乱程度，例如在决策树中用于选择最优的分裂特征。

（2）互信息

互信息：衡量两个随机变量之间相关性的指标，常用于特征选择和数据降维。

上述这些理论概念是入门人工智能所需要具备的基础数学知识，能帮助读者更好地理解和学习人工智能领域的相关概念和算法原理。

1.5　人工智能路在何方

人工智能未来的发展路径可以从多个维度来探讨，如技术进步、应用场景扩展及社会伦理等。人工智能作为一项前沿技术，其发展前景被广泛探讨，并展现出了多元化的发展路径。人工智能的发展道路是多元且充满挑战的，它不仅涉及技术本身的进步，还涉及法律、伦理和社会等多个层面的问题。未来的人工智能发展将是一个综合性的发展过程，需要技术、政策、伦理等多方面的共同努力。

1．多模态人工智能大模型

多模态大语言模型（MLLM）的发展得益于大语言模型（LLM）和大视觉模型（LVM）的持续进步。随着 LLM 在语言理解与推理能力上的增强，其在处理语言任务上的表现日益突出，GPT 系列模型的发展如图 1-8 所示。LLM 在视觉信息的感知与理解上存在局限，与此同时，LVM 在视觉任务上取得了显著进展，但推理能力尚需提升。

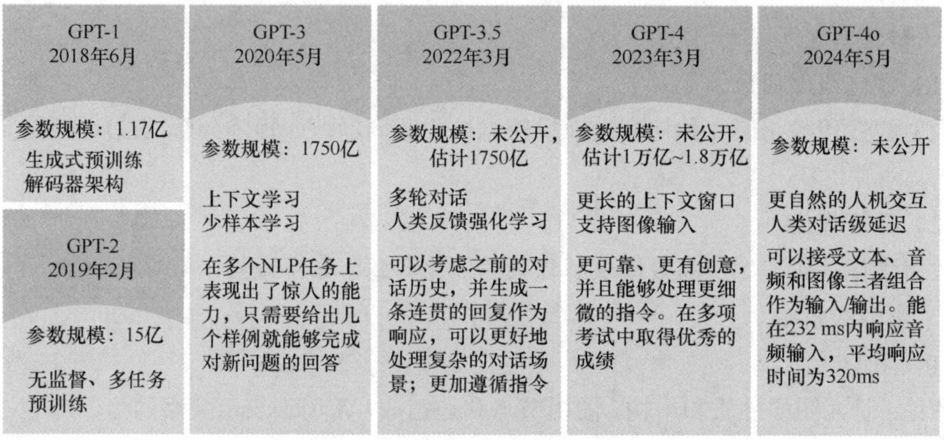

GPT-1 2018年6月	GPT-3 2020年5月	GPT-3.5 2022年3月	GPT-4 2023年3月	GPT-4o 2024年5月
参数规模：1.17亿 生成式预训练解码器架构	参数规模：1750亿 上下文学习 少样本学习 在多个NLP任务上表现出了惊人的能力，只需要给出几个样例就能够完成对新问题的回答	参数规模：未公开，估计1750亿 多轮对话 人类反馈强化学习 可以考虑之前的对话历史，并生成一条连贯的回复作为响应，可以更好地处理复杂的对话场景；更加遵循指令	参数规模：未公开，估计1万亿~1.8万亿 更长的上下文窗口 支持图像输入 更可靠、更有创意，并且能够处理更细微的指令。在多项考试中取得优秀的成绩	参数规模：未公开 更自然的人机交互 人类对话级延迟 可以接受文本、音频和图像三者组合作为输入/输出。能在232 ms内响应音频输入，平均响应时间为320ms
GPT-2 2019年2月 参数规模：15亿 无监督、多任务预训练				

图 1-8　GPT 系列模型的发展

人工智能将更深入地融合文本、图像、声音等多种类型的数据处理能力，模拟人类处理复杂感官信息的方式。这种能力将在医疗、教育、娱乐等行业释放巨大的潜力，提高决策的准确性和用户体验。多模态大模型在智能终端的部署将成为趋势，这些模型能适应多种任务，提供更加灵活和强大的人工智能应用，促进产业的健康发展。

2．可解释性人工智能

可解释性人工智能（XAI）是当前人工智能研究的重要方向之一，旨在提高人工智能系统的透明度、可解释性和可理解性。可解释性人工智能是指能够提供清晰、透明的决策过程和结果的人工智能系统。随着人工智能技术的广泛应用，特别是医疗、金融、法律等高风险领域，对人工智能系统的可解释性和透明度的要求越来越高。可解释性人工智能不仅有助于增加用户对人工智能系统的信任，还能帮助用户发现和纠正潜在的错误和偏见。随着人工智能在更多领域的应用，特别是那些关乎生命安全的领域，提高人工智能系统的透明度和可解释性变得至关重要。

3．探索强人工智能

尽管当前的人工智能系统在特定任务上表现出色，但它们通常缺乏跨领域的适应能力和理解复杂情境的能力。追求实现更接近人类智能水平的强人工智能仍然是长期目标之一。意味着人工智能将拥有更广泛的理解力、学习能力和创造力，服务于更复杂的决策和创新过程。

4．数字经济的赋能者

人工智能将与数字经济深度融合，不仅可以优化产业结构，还可以为普通大众提供工具和服务，例如通过个性化推荐、智能客服、金融科技等方式，提升个人和企业的生产力。

人工智能将继续改变工作形态，在替代一些岗位的同时创造新的职业机会。社会需要适应这种转变，通过教育和培训帮助劳动力掌握新技能，缓解可能的就业冲击。

5．平衡技术进步与社会伦理

随着人工智能技术的不断成熟，其可解释性、公平性、隐私保护等问题愈发凸显。如何在推动技术革新同时，确保人工智能系统的透明度、减少偏见、保护用户隐私成为亟待解决的问题。

综上所述，人工智能的未来之路在于技术创新与社会伦理的并进，既要推动技术进步，又要关注其对经济、就业和社会伦理的影响，以确保技术的进步能够惠及全人类。

1.6　本章小结

① 人工智能的发展历程可以概括为 3 次主要的浪潮。人工智能的发展依赖 3 个关键要素——数据、算法和算力，这 3 个方面相互作用，共同促进了人工智能技术的进步和应用。

② 人工智能的各个学派关注如何才能让机器具有人工智能的功能，并根据人工智能的不同功能给出了不同的研究路线，如符号主义与逻辑推理、问题求解与探寻搜索、连接主义与数据驱动、行为主义与强化学习等。

③ 人工智能的研究内容主要包括知识表示与知识推理、搜索技术、机器学习、深度学习与大模型、强化学习、多智能体系统、伦理与法律等。

④ 学习人工智能要求具备一定的高等数学知识，这些知识主要可以分为 7 个方面，分别为微积分、概率统计、线性代数、最优化理论、数值方法、离散数学和信息论。

⑤ 人工智能作为一项前沿技术，其发展前景被广泛探讨，并展现出了多元化的路径。

第2章 知识表示与知识推理

学习目标

（1）了解典型的知识表示及知识推理的概念；

（2）理解知识图谱的基本概念、分类、逻辑架构；

（3）掌握知识图谱的构建方法和关键技术；

（4）了解知识图谱的应用价值。

2.1 知识表示与知识推理概述

2.1.1 知识概念

符号主义是人工智能领域的三大主流学派之一，也被称为逻辑主义或心理学派。它的核心思想是：智能行为可以通过符号表示和符号操作来实现。符号主义认为，知识可以被形式化为符号规则（如逻辑命题或数学公式），并通过推理机制（如演绎、归纳或反向链推理）解决问题。典型的方法包括一阶谓词逻辑、专家系统和生产规则系统。符号主义的优势在于其可解释性强，能够清晰地展示推理过程；但其局限性在于难以处理不确定性和复杂的真实世界问题。符号主义在早期 AI 发展中占主导地位，并为现代 AI 的逻辑推理和知识表示奠定了基础。

人类的智能活动主要是获得并运用知识。知识是智能的基础。为了使计算机能模拟人类的智能行为，就必须使它具有知识。但人类的知识需要用适当的模式表示出来，才能存储到计算机中并被运用。因此，知识的表示成为人工智能中一个十分重要的研究课题。

知识是人们在长期的生活和社会实践中、在科学研究和实验中积累起来的对客观世界的认识与经验。人们把从实践中获得的信息关联在一起，就形成了知识。一般来说，人们将有关信息关联在一起所形成的信息结构称为知识。信息之间有多种关联形式，其中用得最多的一种是用"如果……，则……"表示的关联形式。在人工智能中，这种知识被称为"规则"，它反映了信息之间的某种因果关系。

知识是人类对客观世界认识的结晶，并且受到长期实践的检验。因此，在一定的条件和环境下，知识是正确的。这里，"一定的条件和环境"是必不可少的，它是知识正确性的前提。因为任何知识都是在一定的条件和环境下产生的，所以只有在这种条件和环境下产生的知识才是正确的。例如，牛顿力学定律在一定的条件下才是正确的。再如，$1+1=2$，这是一条众所周知的正确知识，但它也只有在十进制的前提下才是正确的；如果是二进制，它就不正确了。

2.1.2 知识表示

符号主义的核心观点是智能行为可以通过符号表示和逻辑推理来实现。符号主义假设人类的思维过程可以被形式化为符号操作，这些符号可以是逻辑公式、规则、框架、语义网络等形式。符号主义认为，智能行为可以通过构建知识库并使用逻辑规则进行推理来模拟。知识表示是符号主义的核心内容之一，它关注如何将人类知识以计算机可处理的形式表示出来。

无论是语义网络还是框架语言和产生式规则，都缺少严格的语义理论模型和形式化的语义定义。为了解决这一问题，人们开始研究具有较好的理论模型基础和算法复杂度的知识表示框架，比较有代表性的是描述逻辑语言。描述逻辑是目前大多数本体语言（如 OWL）的理论基础。第一个描述逻辑语言是 1985 年由罗纳德·J.布拉赫曼等提出的 KL-ONE。描述逻辑主要用于刻画概念、属性、个体、关系、元语（即逻辑描述）等知识表达要素。与传统专家系统的知识表示语言不同，描述逻辑家族更关心知识表示能力和推理计算复杂性之间的关系，并深入研究各种表达构件的组合带来的查询、分类、一致性检测等推理计算的计算复杂度问题。

知识表示与知识推理在早期取得了显著成功，但也面临着一些挑战。在知识获取瓶颈方面，如何高效地获取和表示大量知识仍然是一个难题；在知识表示的灵活性方面，符号主义方法在处理非结构化数据方面存在局限性；在知识推理的效率方面，基于规则的推理在大规模知识库中可能变得非常低效。

未来，符号主义将与其他学派（如连接主义和行为主义）相结合，形成更加综合的方法。例如，深度学习中的符号表示方法（即神经符号计算）将有助于解决上述挑战。尽管面临一些挑战，但符号主义仍然是人工智能研究中的重要组成部分，未来将与其他学派相结合，推动人工智能技术进一步发展。

2.1.3 知识推理

在人工智能领域，知识推理是指基于已有的知识，通过一定的逻辑规则和算法，推导出新的知识或结论的过程。知识推理是实现智能行为的关键技术之一，它允许人工智能系统不仅能被动地响应输入，还能主动地理解和解决问题。人工智能中的知识推理技术是实现智能行为的关键组成部分之一。知识推理技术允许智能系统根据已有的知识和规则来得出新的结论或采取合适的行动。根据推理过程中使用的知识表示形式和推理机制的不同，可以将知识推理方法分为以下几大类。

1．演绎推理

基于已知事实和规则，通过逻辑推导出新的结论。例如，如果所有的天鹅都是白色的，那么一只天鹅也是白色的。

2．归纳推理

从具体的观察或实例中概括出一般性的结论。例如，观察到许多天鹅是白色的，从而得出所有天鹅可能是白色的结论。

3．非单调推理

非单调推理是一种重要的逻辑推理方法，用于处理不完整或不确定的信息。在实际应用中，非单调推理可以帮助我们更好地应对现实世界中的复杂情况。非单调推理允许在引入新信息后重新评估先前的结论，甚至可以撤销之前的结论。非单调推理作为一种重要的逻辑推理方法，能够更好地处理现实世界中的不确定性和不完整性问题。未来的发展将涵盖理论研究、算法实现、应用拓展、工具平台等多个方面，以进一步提升其在各个领域中的应用效果。随着技术进步和社会需求的推动，非单调推理有望在更多领域发挥重要作用。

4．模糊逻辑推理

模糊逻辑推理处理的是不确定性和模糊性的信息，它允许中间状态的存在，而不是传统的二值逻辑中的真或假。模糊逻辑推理适用于处理那些边界模糊的问题，例如，模糊集合理论允许元素部分属于集合，通过隶属度函数来衡量元素属于某个集合的程度；模糊推理系统使用模糊逻辑规则进行推理，常用于控制理论和决策支持系统。

5．概率推理

概率推理处理的是不确定性信息，通过概率分布来表示知识。它允许系统在面对不确定信息时做出合理的决策。常见的概率推理方法包括贝叶斯网络和马尔可夫决策过程。贝叶斯网络又称信念网络，是一种基于概率论的图形模型，用于表示变量之间的依赖关系。马尔可夫决策过程用于描述在一个随机环境中，智能体如何根据当前状态选择行动以最大化期望收益。

2.2 知识图谱概述

2.2.1 知识图谱的概念

知识图谱是结构化的语义知识库，用于以符号形式描述物理世界的概念及其相互关系。其基本组成单位是"实体-关系-实体"或者"实体-属性-属性值"等三元组。实体之间通过关系相互链接，构成网状的知识结构。

我们看到的网站是面向文档和网页的一个互联网，在这个互联网中，它的主要信息是通过网页来表达的，网页易于被人类所理解，所以平时我们查阅信息是比较方便的，但是它有一个缺点，就是语义信息不足，所以机器理解起来比较困难。在这一背景下，谷歌在 2012 年提出了"知识图谱"的概念，它转变成为一种面向数据的互联网，在这种互联网中，它的信息和数据是可以被机器理解的。知识图谱可以实现 Web 从网页链接向概念链接的转变，即从人类可理解到机器可理解的人工智能新时代，从人类可理解到机器可理解如图 2-1 所示。

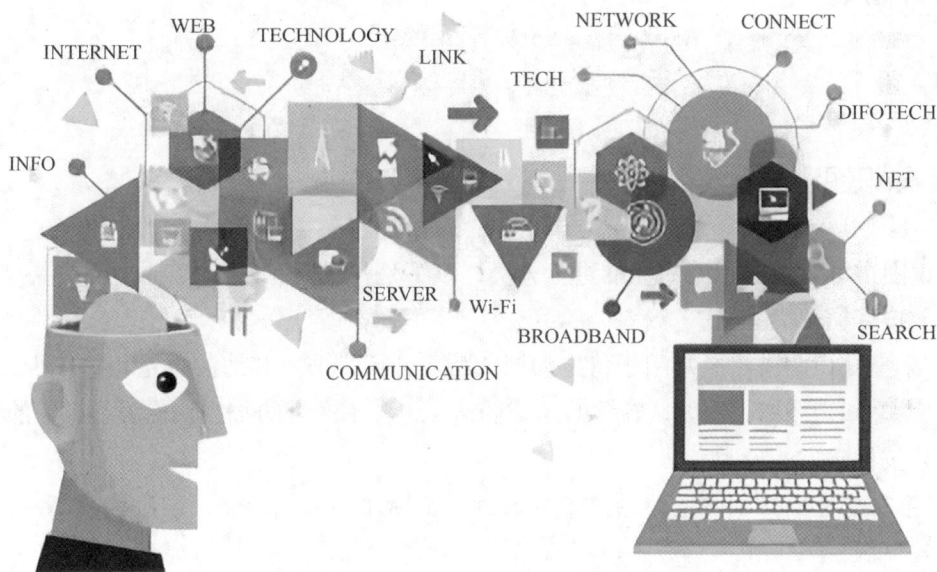

图 2-1　从人类可理解到机器可理解

知识图谱技术最早是由谷歌公司为改进其搜索引擎性能而提出的，从 2012 年至今，已经历 10 余年的发展。目前，其应用范围已扩大至以自然语言处理领域为代表的各行各业，包括医疗、金融投资、政府管理与安全、电子商务、智能制造等。知识图谱的前身是语义网，其基本组成元素包括实体、属性、关系。实体是现实世界中存在的一切事物，包括具体事物和抽象概念。属性是刻画实体的特征，也是实体的一种分类参考标准。关系是各个实体之间由于业务场景、使用特点、功能环境限制发生的联结关系描述，是现实世界中事物内部或事物之间语义关系的抽象表示。

知识图谱的基本单位就是"实体-关系-实体"构成的三元组，这也是知识图谱的核心。"实体-关系-实体"三元组如图 2-2 所示。从中可以看到，"图谱"中有很多节点，如果两个节点之间存在关系，它们就会被一条边连接在一起，这个节点被称为实体，节点之间的这条边被称为关系。

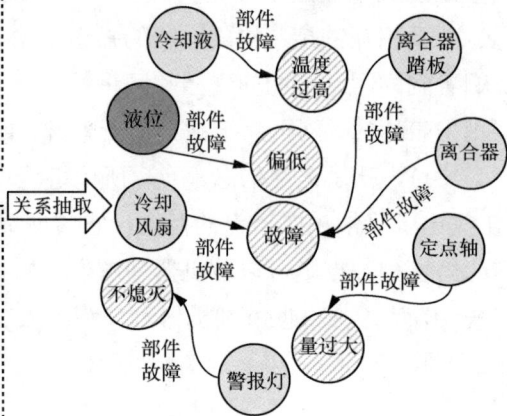

故障案例A

分析诊断行驶中该灯点亮或闪亮，则表明冷却液温度过高或液位偏低，需立即停车关机，检查冷却液液位，视需要添加冷却液。添加中谨防被烫伤。若冷却液液位正常，则可能是冷却风扇故障导致，应检查冷却风扇或换保险丝。若冷却液液位及冷却风扇保险丝均正常，但警报灯仍不熄灭，切不可继续行驶。

故障案例B

原因分析：①离合器踏板故障；②离合器故障。处理方法：①拆下离合器踏板总成及离合器总泵，用手压离合器踏板时，声音立即出现，检查弹簧无磨损现象，试更换离合器总泵后，声音消失，把支架装上车后，试车正常；②但是当用户开回家的路上，声音又出现了，又开到服务站，发现声音大小还是没有变化，重新拆卸踏板总成，试压踏板时，无意中发现离合器踏板与支架之间定点轴的量过大，在踩离合器踏板时……

○ 部件单元　● 性能表征　⊘ 故障状态

图 2-2　"实体–关系–实体"三元组

2.2.2　知识图谱的分类

知识图谱可以根据不同的标准进行分类，以下是几种常见的分类方式。

（1）按规模分类

① 小型知识图谱：通常用于特定领域或特定应用，节点和边的数量相对较少。

② 大型知识图谱：例如，谷歌的知识图谱，包含了海量的数据，覆盖了广泛的领域。

（2）按构建方式分类

① 手工构建的知识图谱：通过专家或者人工标注的方式构建，准确性较高，但是成本高且效率低。

② 自动构建的知识图谱：利用自然语言处理、机器学习等技术从文本中抽取知识，构建速度较快，但可能存在一定的错误率。

（3）按应用领域分类

① 通用知识图谱：不局限于某一特定领域，而是涵盖多个领域的知识，如 DBpedia。

② 行业知识图谱：专注于某一特定领域，如医学、金融、教育等领域的知识图谱。

知识图谱以应用领域为标准，可划分为通用知识图谱和行业知识图谱。其中，通用知识图谱横跨了领域边界的束缚，以范畴广、体量大、内容全为主要特征，存储了现实世界各类实体和工业、文学、科技等领域的元数据及其关系，通常的应用场景有智能问答、个性化推荐系统、可视化知识表示等。行业知识图谱纵深挖掘某一行业或某一领域的知识，将其按照一定的行业逻辑规则层层组织，瞄向领域内部实体间关系精确组织的目标，完成领域专业化发展的辅助支持任务。

（4）按数据结构分类

① 图数据库形式的知识图谱：以图的形式存储数据，节点表示实体，边表示实体之

间的关系。

② RDF 三元组形式的知识图谱：采用资源描述框架（RDF）格式，每个事实表示为一个三元组（主体、谓词、客体）。

（5）按开放程度分类

① 公开知识图谱：可以被公众访问和使用的知识图谱，如 Freebase、DBpedia 等。

② 私有知识图谱：仅限于特定组织内部使用，不对外开放的知识图谱。

这些分类有助于理解不同知识图谱的特点和适用场景，从而更好地选择或构建适合实际需求的知识图谱。

2.2.3　知识图谱的逻辑架构

知识图谱的架构从逻辑上可以划分为两个层次，即数据层和模式层。

在知识图谱的数据层，知识以事实为单位存储在图数据库中。图数据库中有"实体−关系−实体"或者"实体−属性−属性值"两种三元组，所有数据构成庞大的实体关系网络。数据层作为知识图谱逻辑结构的底层，存储大量的数据单元，即三元组（头实体、实体关系、尾实体）。数据单元之间通过实体关系连接，形成知识网络，进而融合成为图形化知识库，即知识图谱。

模式层在数据层之上，是知识图谱的核心。模式层存储的是经过提炼的知识，通常采用本体库来管理知识图谱的模式层。按照本体库推理规则，组织来自数据层逻辑关系稀疏的数据单元，加强了数据单元之间网络连接的规范性，是知识图谱的核心结构。知识图谱由数据层向模式层转化的过程如图 2-3 所示。

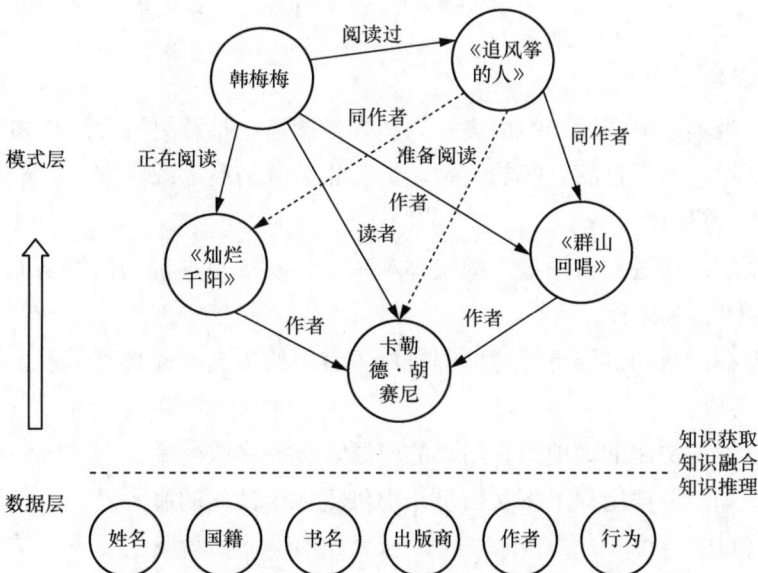

图 2-3　知识图谱由数据层向模式层转化的过程

2.2.4 知识图谱的应用价值

知识图谱在多个领域有着广泛的应用，以下是其一些主要的落地应用场景。

（1）搜索引擎优化

① 语义搜索：通过理解查询背后的语义，提高搜索结果的相关性和准确性。

② 知识卡片：展示与搜索结果相关的详细信息，如人物简介、地点信息等，搜索引擎优化如图2-4所示。

图2-4　搜索引擎优化

（2）推荐系统

① 个性化推荐：根据用户的历史行为和兴趣图谱，推荐更符合用户偏好的内容。

② 关联推荐：基于物品之间的关系，推荐相关联的商品或内容。

（3）自然语言处理

① 问答系统：通过知识图谱中的实体和关系，实现更准确的问答功能，自然语言处理-问答系统如图2-5所示。

② 语义理解：帮助机器更好地理解自然语言中的语义，提高对话系统的智能水平。

（4）智能客服

① 问题解答：快速准确地回答用户的问题，提高客服效率。

② 情境感知：根据用户上下文信息，提供更加个性化的服务。

（5）医疗健康

① 疾病诊断：通过知识图谱中的症状和疾病之间的关系，辅助医生进行诊断。

② 药物推荐：根据患者的病史和药物之间的关系，推荐合适的治疗方案。

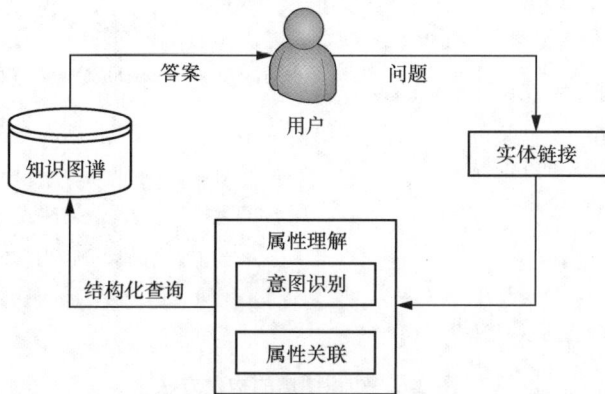

图 2-5　自然语言处理–问答系统

（6）金融风控

① 信用评估：通过分析企业和个人的关系网络，评估其信用风险。

② 欺诈检测：识别异常交易模式，及时发现潜在的欺诈行为。

（7）物联网

① 设备管理：通过设备之间的关系图谱，实现更高效的设备管理和维护。

② 智能家居：根据家庭成员的行为模式，智能化控制家居设备。

（8）教育

① 个性化学习：根据学生的学习路径和知识点之间的关系，定制个性化的学习计划。

② 知识评估：通过知识点之间的关联，评估学生的掌握情况。

（9）企业知识管理

① 知识库构建：整合企业内部的知识资源，形成统一的知识管理体系。

② 业务流程优化：通过分析业务流程中的关键节点和关系，优化企业运营效率。

这些落地应用场景展示了知识图谱在不同领域的广泛应用价值，能够显著提升各个行业的智能化水平和服务质量。

2.3　知识图谱构建方法

知识图谱的构建过程是从原始数据出发，采用一系列自动或半自动的技术手段，从原始数据中提取出知识要素，并将其存入知识库的数据层和模式层的过程。

知识图谱有自顶向下和自底向上两种构建方法，知识图谱的构建方法如图 2-6 所示。

知识图谱的构建|自顶向下→自底向上

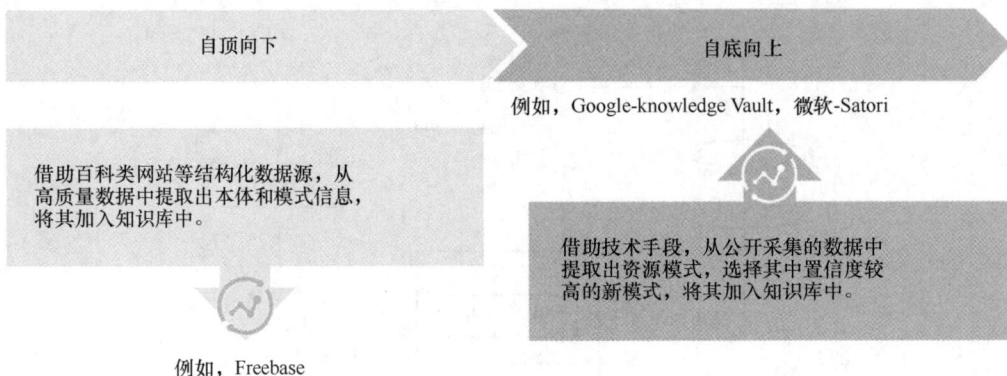

图 2-6　知识图谱的构建方法

（1）自顶向下

先寻求结构化知识库来完成顶层模式层的本体学习构建,而后进行底层非结构化数据的填充与匹配,如 Knowledge Vault。自顶向下是从百科类网站等高质量数据源中提取出本体和模式信息,将其加入知识库中。

（2）自底向上

与自顶向下相反,自底向上从公开采集的数据中提取出资源模式,选择其中置信度较高的新模式,经人工审核,将其加入知识库中。自底向上是将互联网环境中的多模态数据汇总并提取出三元组的拆分最小单元（即实体、属性与关系）,依次按照原逻辑关系归并至数据层知识库,待知识库完善后按照一定的推理规则,将底层数据（如文本、标签、表格、图谱）依次加工,构建顶层模式层中的结构、本体、规则,如 Freebase。

自顶向下的知识图谱构建方法是从高层次的概念和框架出发,逐步细化和填充具体的知识内容。这种方法通常包括以下几个步骤。

① 确定目标和范围：首先明确构建知识图谱的目的和应用领域,例如用于推荐系统、搜索引擎或智能问答等。同时,定义知识图谱的覆盖范围,如医疗、金融、娱乐等。

② 设计本体：设计知识图谱的本体,包括定义核心概念、实体类型和它们之间的关系。建立概念和实体的层次结构,确保逻辑清晰和一致性。

③ 创建模式：定义知识图谱的模式,包括实体类型、属性和关系。确保模式的一致性和标准化,避免冗余和冲突。

④ 收集和整合数据：选择可靠的数据源,如公开数据库、文献、专家知识等。对收集到的数据进行清洗和预处理,去除噪声和错误。将数据映射到已定义的模式中,确保数据的一致性和完整性。

⑤ 构建知识图谱：从数据中抽取实体和关系，例如通过自然语言处理技术识别文本中的实体，通过规则匹配或机器学习方法抽取关系。将抽取的知识融合到知识图谱中，解决数据冗余和冲突问题。

⑥ 知识存储：使用图数据库（如 Neo4j、ArangoDB）或 RDF 存储（如 Apache Jena）来存储知识图谱，确保高效的数据管理和查询。设计合理的数据模型和索引，优化存储性能。

⑦ 知识推理：基于逻辑规则进行推理，如使用 OWL（Web 本体语言）进行推理。基于图的路径进行推理，如最短路径、子图匹配等。利用推理引擎（如 SPARQL）进行复杂的查询和推理操作。

⑧ 质量评估和优化：对构建的知识图谱进行质量评估，检查实体和关系的准确性、完整性和一致性。发现并修正错误，根据反馈和需求不断优化知识图谱。

⑨ 知识更新：定期更新知识图谱，添加新知识，删除过时的信息。根据用户反馈和业务需求，动态调整和优化知识图谱。

⑩ 应用和维护：将知识图谱应用于具体的业务场景，如推荐系统、搜索引擎、智能问答等。

自底向上的知识图谱构建方法是从具体的数据和实例出发，逐步提炼和抽象出高层次的概念和框架。这种方法通常包括以下几个步骤。

① 数据收集：从多个数据源收集原始数据，如文本、数据库、网页等。这些数据可以是结构化数据、半结构化数据或非结构化数据。

② 数据预处理：对收集到的数据进行清洗和预处理，去除噪声和错误，确保数据的质量，如去除重复项、纠正拼写错误等。

③ 实体识别：从数据中抽取实体，例如通过自然语言处理技术识别文本中的命名实体。这一步骤可以使用规则匹配、词典匹配或机器学习方法。

④ 关系抽取：从数据中抽取实体之间的关系，例如通过依存句法分析或关系抽取模型。这一步骤同样可以使用规则匹配或机器学习方法。

⑤ 知识融合：将抽取的实体和关系融合到知识图谱中，解决数据冗余和冲突问题。例如，合并相同或相似的实体，消除重复的关系。

⑥ 模式归纳：从抽取的知识中归纳出高层次的概念和关系类型，形成知识图谱的模式。这一步骤可以通过聚类分析、关联规则挖掘等方法实现。

⑦ 知识存储：使用图数据库（如 Neo4j、ArangoDB）或 RDF 存储（如 Apache Jena）来存储知识图谱，确保高效的数据管理和查询。设计合理的数据模型和索引，优化存储性能。

⑧ 知识推理：基于逻辑规则进行推理，如使用 OWL（Web 本体语言）进行推理。基于图的路径进行推理，如最短路径、子图匹配等。利用推理引擎（如 SPARQL）进行复杂的查询和推理操作。

⑨ 质量评估和优化：对构建的知识图谱进行质量评估，检查实体和关系的准确性、完整性和一致性。发现并修正错误，根据反馈和需求不断优化知识图谱。

⑩ 知识更新：定期更新知识图谱，添加新知识，删除过时的信息。根据用户反馈和业务需求，动态调整和优化知识图谱。

⑪ 应用和维护：将知识图谱应用于具体的业务场景，如推荐系统、搜索引擎、智能问答等。

这两种方法各有优缺点，自顶向下的方法更适合有明确目标和框架的场景，而自底向上的方法则更灵活，适合从大量数据中逐步构建知识图谱。在实际应用中，两种方法也可以结合使用，以达到更好的效果。从知识领域的角度来看，通用知识图谱强调以不同领域的知识融合为目标，采用自底向上的构建方法。行业知识图谱强调以单一行业知识核心纵向深挖、服务行业发展为目标，采用自顶向下的构建方法。

2.4 知识图谱关键技术

知识图谱的关键技术包括本体构建、知识抽取、知识融合、知识存储、知识推理、知识更新等。本体构建提供知识图谱的结构框架，确保其一致性和可扩展性。知识抽取将非结构化数据或半结构化数据转化为结构化知识，丰富知识图谱的内容。知识融合解决多源数据的不一致性和冗余问题，提高知识图谱的质量。知识存储确保知识图谱数据的高效管理和查询，支持大规模数据的存储和访问。知识推理扩展知识图谱的语义和关联，提供更丰富的查询和分析能力。知识更新确保知识图谱的时效性和准确性，使其能够适应不断变化的环境和需求。这些技术共同支撑知识图谱的构建、管理和应用。下面对这些关键技术进行介绍。

2.4.1 本体构建

本体是指工人的概念集合、概念框架，如"人""事""物"等。本体实际上就是对特定领域中某套概念及其相互之间关系的形式化表达。本体就是对那些可能相对于某一智能体或智能体群体而存在的概念和关系的一种描述。本体首先是哲学中提出来的，简单来说就是一种概念，例如人这个概念集合，它是一种抽象集合，用来表达世界上具体的、实际的物体，而在人工智能领域中我们主要将本体论的观念用在知识表达上，即借由本体论中的基本元素，即概念及概念之间的关联，作为描述真实世界的知识模型。例如，我们输入"鱼"这个字，可以得知它是一种动物且生活在水中，知识图谱的本体示例如图 2-7 所示。

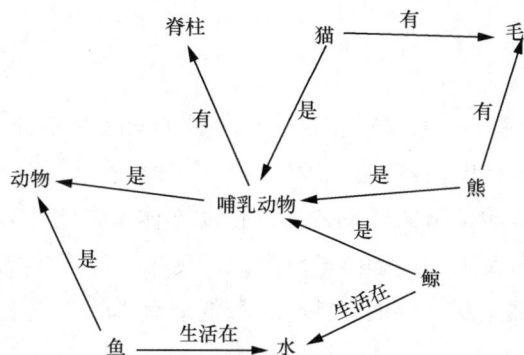

图 2-7　知识图谱的本体示例

在知识图谱中，本体构建是一个非常重要的环节，它为知识图谱提供了结构化和语义化的基础。常见的本体构成要素包括以下 9 个。

① 个体（实例）：基础的或者"底层的"对象。

② 类：集合、概念、对象类型或者事物的种类。

③ 属性：对象（和类）所可能具有的属性、特征、特性、特点和参数。

④ 关系：类与个体之间的彼此关联所可能具有的方式。

⑤ 函数术语：在声明语句中，可用来代替具体术语的特定关系所构成的复杂结构。

⑥ 约束（限制）：采取形式化方式所声明的，关于接受某项断言作为输入而必须成立的情况的描述。

⑦ 规则：用于描述可以依据特定形式的某项断言所能够得出的逻辑推论，if-then（前因－后果）式语句形式的声明。

⑧ 公理：采取特定逻辑形式的断言（包括规则在内）所共同构成的就是其本体在相应应用领域中所描述的整个理论。这种定义有别于产生式语法和形式逻辑中所说的"公理"。在这些学科中，公理中仅仅包括那些被断言为先验知识的声明。就这里的用法而言，"公理"中还包括依据公理型声明所推导得出的理论。

⑨ 事件（哲学）：属性或关系的变化。

斯坦福大学医学院开发的 7 步法主要用于领域本体的构建。7 个步骤具体如下。

① 确定本体的专业领域和范畴；考查复用现有本体的可能性；确定知识图谱所涉及的具体领域，如医疗、金融、教育等。明确本体构建的目标，如支持某种应用、解决特定问题等。

② 考查复用现有本体的可能性。

③ 列出本体中的重要术语；识别领域内的核心概念，如实体、属性、事件等。

④ 定义类和类的等级体系（完善等级体系可行的方法有自顶向下法、自底向上法和综合法）；层次结构设计，建立概念之间的层次关系，如类与子类、定义概念之间的关系等。

⑤ 定义类的属性。

⑥ 定义属性的分面。

⑦ 创建实例，为概念创建具体的实例，如具体的对象或事件。数据填充，将实际数据映射到本体中，丰富本体的内容。

本体可以采用人工编辑的方式手动构建（借助本体编辑软件），也可以采用数据驱动的自动化方式构建。因为人工方式工作量巨大，且很难找到符合要求的专家，因此，当前主流的全局本体库产品都是从一些面向特定领域的现有本体库出发，采用自动构建技术逐步扩展得到的。

自动化本体构建过程包含 3 个阶段，即实体并列关系相似度计算→实体上下位关系抽取→本体生成。

自动化本体构建过程如图 2-8 所示，当知识图谱刚得到《战狼Ⅱ》《流浪地球》"北京文化"公司这 3 个实体的时候，可能会认为它们 3 个实体之间并没有什么差别。但当它去计算 3 个实体之间的相似度后，就会发现，《战狼Ⅱ》和《流浪地球》之间可能更相似，与"北京文化"公司差别更大。

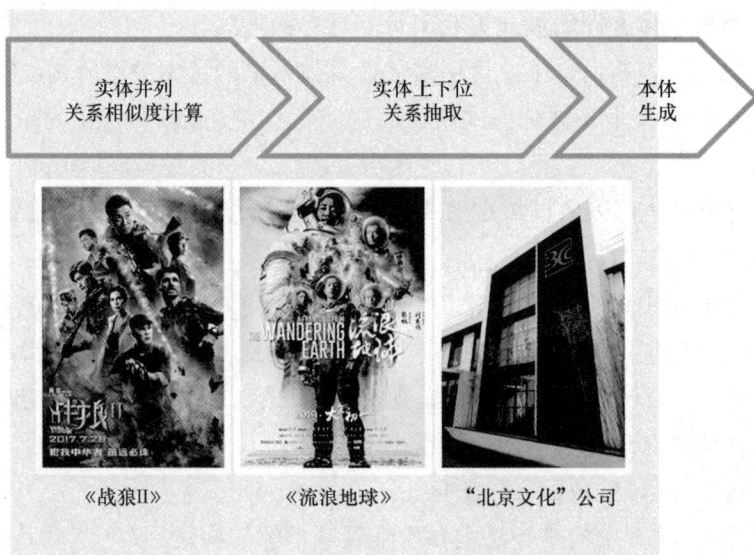

图 2-8　自动化本体构建过程

第一步完成后，知识图谱实际上还没有一个上下层的概念。它还是不知道《流浪地球》和"北京文化"公司不隶属于一个类型，无法比较。

因此，第二步的实体上下位关系抽取需要去完成这个工作，从而生成第三步的本体。

当第三步结束后，这个知识图谱可能就会明白，《战狼Ⅱ》《流浪地球》是电影这个实体下的细分实体。它们和"北京文化"公司并不是一类。

通过这一系列步骤，我们可以构建出一个结构清晰、逻辑一致的本体，为知识图谱提供坚实的基础。这样不仅提高了知识图谱的可扩展性和可维护性，还增强了其在实际应用中的有效性。

2.4.2　知识抽取

知识图谱的原始数据类型一般来说有 3 类（也是互联网上的 3 类原始数据），知识图谱的原始数据类型如图 2-9 所示。结构化数据如关系型数据库、链接数据；半结构化数据如 XML、JSON、百科；非结构化数据如图片、音频、视频。

图 2-9　知识图谱的原始数据类型

知识抽取是知识图谱构建的关键步骤，其中的关键问题是如何从异构数据源中自动抽取信息得到候选知识单元。信息抽取是一种自动地从半结构化数据和非结构化数据中抽取实体、关系及其属性等结构化信息的技术，涉及的关键技术包括实体抽取、关系抽取和属性抽取。

1．实体抽取

实体抽取也称命名实体识别（NER），是指从文本数据集中自动识别出命名实体，实体抽取如图 2-10 所示。实体抽取的质量（准确率和召回率）对后续的知识获取效率和质量影响极大，因此是信息抽取中最为基础和关键的部分。实体抽取是自然语言处理中的一个重要任务，主要目的是从文本中识别并提取出具有特定意义的实体。

常见的实体抽取方法有以下几种。

（1）基于规则的方法

基于规则的方法利用预定义的模式或规则来匹配和提取实体。其优点是实现简单，对特定领域效果好。其缺点是泛化能力弱，维护成本高。

非	洲	某	国	发	生	叛	乱	，	中	国	海	军	执	行
B-LOC	I-LOC	0	0	0	0	0	0	0	B-ORG	I-ORG	I-ORG	I-ORG	0	0
撤	侨	任	务	，	冷	锋	奉	命	只	身	闯	入	硝	烟
0	0	0	0	0	B-PER	I-PER	0	0	0	0	0	0	0	0
四	起	的	战	场	。	不	屈	不	挠	的	战	狼	，	与
0	0	0	0	0	0	0	0	0	0	0	B-PER	I-PER	0	0
冷	酷	无	情	的	敌	人	展	开	了	悬	殊	之	战	。
0	0	0	0	0	0	0	0	0	0	0	0	0	0	0

图 2-10　实体抽取

（2）基于统计的方法

基于统计的方法使用机器学习模型，如隐马尔可夫模型（HMM）、条件随机场（CRF）等，需要大量的标注数据进行训练，能够较好地处理未见过的数据，泛化能力强。

（3）深度学习方法

深度学习方法利用神经网络，特别是循环神经网络（RNN）、长短期记忆网络（LSTM）、双向 LSTM 等。近年来，Transformer 架构及其变体（如 BERT）在实体抽取任务上取得了显著的效果。其优点是能够自动学习特征，处理长距离依赖问题。其缺点是计算资源消耗大，需要大量标注数据。

2．关系抽取

文本语料经过实体抽取，变成一系列离散的命名实体。为了得到语义信息，还需要从相关语料中提取出实体之间的关联关系，通过关系将实体联系起来，才能够形成网状的知识结构。关系抽取如图 2-11 所示。

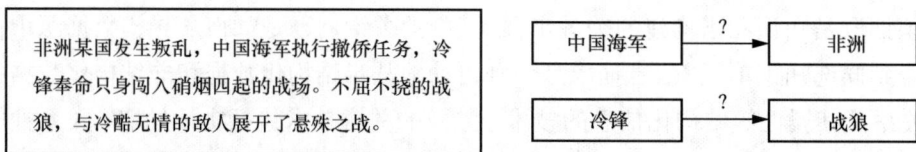

图 2-11　关系抽取

常见的关系抽取方法有以下几种。

（1）基于规则的方法

基于规则的方法利用预定义的模式或规则来匹配和提取实体之间的关系。其优点是实现简单，对特定领域效果好。其缺点是泛化能力弱，维护成本高。

（2）基于统计的方法

基于统计的方法使用传统的机器学习模型，如支持向量机（SVM）、决策树、随机森林等。需要手工设计特征，如词袋模型、N-gram、词性标签等。其优点是可以处理多种类型的关系，泛化能力较强。其缺点是特征工程复杂，依赖于高质量的特征。

（3）深度学习方法

深度学习方法利用神经网络，特别是卷积神经网络（CNN）、RNN、LSTM 等。近年来，Transformer 架构及其变体（如 BERT、RoBERTa）在关系抽取任务上取得了显著的效果。其优点是能够自动学习特征，处理复杂的上下文信息。其缺点是计算资源消耗大，需要大量标注数据。

（4）远程监督方法

远程监督方法利用已有的知识库（如 Freebase、DBpedia）生成大量带标签的训练数据。假设知识库中的实体在文本中出现时，它们之间存在相同的关系。其优点是可以快速生成大量训练数据。其缺点是引入了噪声，因为假设并不总是成立。

（5）联合抽取方法

联合抽取方法可以同时训练多个相关任务，如实体抽取和关系抽取，以共享特征和提升性能。其优点是可以利用任务之间的互补信息，提高整体性能。其缺点是模型复杂度增加，训练难度加大。

（6）迁移学习方法

迁移学习方法利用预训练的语言模型（如 BERT、GPT）进行微调，以适应特定的关系抽取任务。其优点是可以利用大规模无标注数据，减少对标注数据的依赖。其缺点是需要调整模型结构和参数，以适应具体任务。

3. 属性抽取

属性抽取的目标是从不同的信息源中采集特定实体的属性信息，如针对某个公众人物，可以从网络公开信息中得到其昵称、生日、国籍、教育背景等信息，实现对实体属性的完整勾画。

常见的属性抽取方法有以下几种。

（1）基于规则的方法

基于规则的方法利用预定义的模式或规则来匹配和提取实体的属性。其优点是实现简单，对特定领域效果好。其缺点是泛化能力弱，维护成本高。

（2）基于统计的方法

基于统计的方法使用传统的机器学习模型，如支持向量机（SVM）、决策树、随机森林等。需要手工设计特征，如词袋模型、N-gram、词性标签等。其优点是可以处理多种类型的属性，泛化能力较强。其缺点是特征工程复杂，依赖于高质量的特征。

（3）深度学习方法

深度学习方法利用神经网络，特别是 CNN、RNN、LSTM 等。近年来，Transformer 架构及其变体（如 BERT、RoBERTa）在属性抽取任务上取得了显著的效果。其优点是能够自动学习特征，处理复杂的上下文信息。其缺点是计算资源消耗大，需要大量标注数据。

（4）序列标注方法

序列标注方法将属性抽取任务转化为序列标注任务，使用类似命名实体识别（NER）

的方法。常见的模型包括 Bi-LSTM+CRF、BERT+CRF 等。其优点是可以同时抽取多个属性，处理长距离依赖问题。其缺点是需要大量标注数据，模型复杂度较高。

（5）基于模板的方法

基于模板的方法是设计特定的模板来匹配和提取属性值，适用于结构化或半结构化的文本，如表格、产品描述等。其优点是准确率高，适用于特定场景。其缺点是灵活性差，难以处理复杂和多变的文本。

（6）基于知识库的方法

基于知识库的方法是利用已有的知识库（如 Wikipedia、DBpedia）来辅助属性抽取，通过实体链接将文本中的实体与知识库中的条目对应起来，从而获取属性信息。其优点是可以利用丰富的背景知识，提高抽取准确性。其缺点是依赖于知识库的质量和覆盖范围。

2.4.3　知识融合

通过信息抽取，我们可以从原始的非结构化数据和半结构化数据中获取到实体、关系和实体的属性信息。如果我们将接下来的过程比喻成拼图，那么这些信息就是拼图碎片，散乱无章甚至还有从其他拼图里跑来的碎片或者本身就是用来干扰我们拼图的错误碎片。

也就是说，拼图碎片（信息）之间的关系是扁平化的，缺乏层次性和逻辑性；拼图（知识）中还存在大量冗杂和错误的拼图碎片（信息）。那么解决这一问题，就是知识融合需要做的了。

在进行知识抽取后得到了一系列的实体、关系及其属性。繁杂的元数据按照特征又划分成了多个知识库。知识融合技术本质上是对同一级别层次的知识库进行知识整理，去除不同知识库内部的冗余信息，加强知识库之间的逻辑链接，使分散排列的知识库合理化并组成更大规模的知识库，方便后期知识加工等相关工作的开展。

知识融合包括两部分内容，即实体链接、知识合并。

实体链接是从数据源出发，将在知识抽取流程中得到的实体支撑对象和知识库中的候选对象以相似度计算的方法链接，扩充知识库规模，使之不断完善。实体链接的流程一般分为两个步骤：第一步，抽取实体，获得待链接的实体指称项；第二步，对获取的实体进行深加工，完成指代消解和实体消歧。

知识合并是合并现有的结果化数据，属于批量型添加规模数据，同时知识来源质量也可以得到保障。知识合并如图 2-12 所示，合并外部知识库主要考虑不同知识库数据层的实体、属性、关系和模式层本体库的对接与融合。合并关系型数据库主要采用 RDB2RDF 等方法。

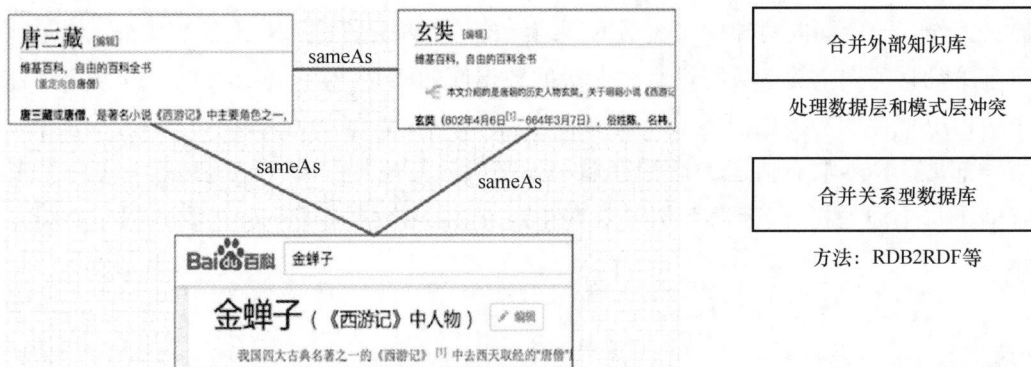

图 2-12　知识合并

2.4.4　知识存储

1. 知识图谱数据模型

在讨论存储技术之前，首先需要了解知识图谱的数据模型。常见的数据模型包括以下 3 种。

① RDF：这是一种基于三元组（主体–谓词–客体）的数据模型，适合于描述事物之间的关系。RDF 数据通常使用 XML 或 Turtle 等格式进行编码。

② RDFS：RDF 的扩展，提供了对词汇表的描述能力，可以定义类和属性的关系。

③ OWL：进一步扩展了 RDFS 的功能，提供了更丰富的语义描述能力，支持逻辑推理。

2. 基于 RDF 的存储

RDF 是知识图谱的标准数据模型之一，因此，基于 RDF 的存储技术在知识图谱中占有重要地位。常见的 RDF 存储解决方案包括以下两种。

① Triple Stores：专门设计用来存储和查询 RDF 三元组的数据库系统，如 Jena、Virtuoso 等。

② SPARQL Endpoints：SPARQL 是 RDF 数据的标准查询语言，Triple Stores 通常提供 SPARQL 接口供外部系统查询。

3. 图数据库存储

图数据库是一种非关系型数据库，特别适合于存储和查询具有复杂关系的数据。图数据库能够直观地表示节点（实体）和边（关系），并提供高效的查询性能。常见的图数据库包括以下 3 种。

① Neo4j：一款流行的图数据库，支持 Cypher 查询语言。Neo4j 将结构化数据存储在网络中而不是表中。它是一个嵌入式的、基于磁盘的、具备完全的事务特性的 Java 持久化引擎。Neo4j 也可以被看作一个高性能的图引擎，该引擎具有成熟数据库的所有特性。

程序员工作在一个面向对象的、灵活的网络结构中而不是严格、静态的表中——但是他们可以享受到具备完全的事务特性、企业级的数据库的所有功能。Neo4j 的功能强大，性能也不错，单节点的服务器可承载上亿级的节点和关系，单节点性能不够时也可进行分布式集群部署。Neo4j 有自己的后端存储，不必依赖其他数据库存储。Neo4j 在每个节点中存储了每个边的指针，因而遍历时效率相当高。RDF 数据库和 Neo4j 图数据库如图 2-13 所示。

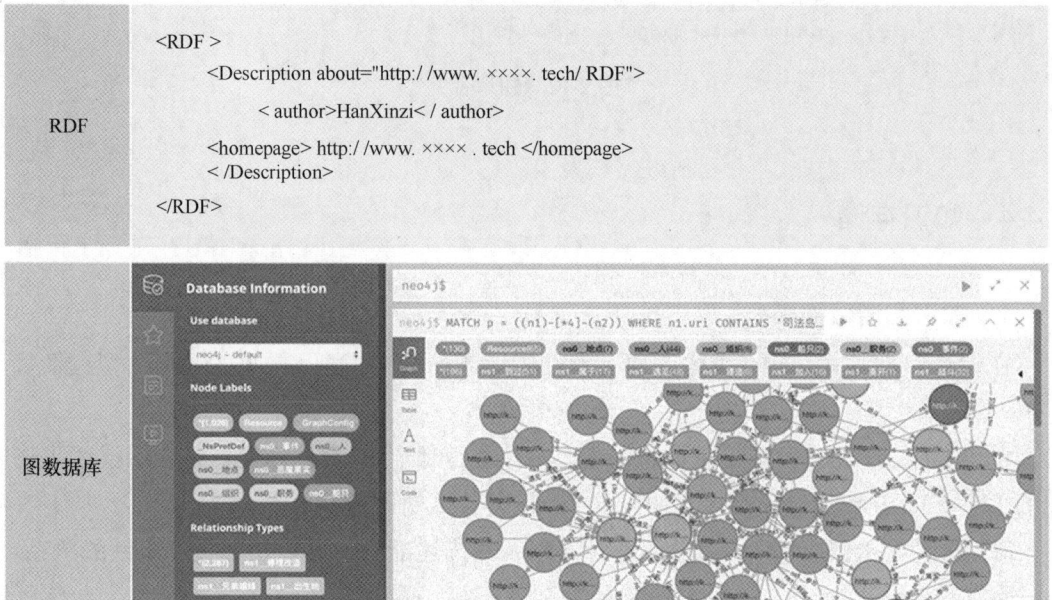

图 2-13　RDF 数据库和 Neo4j 图数据库

② JanusGraph：一个分布式图数据库，支持大规模图数据的存储和查询。

③ TitanDB：现已停止维护，但其继任者 JanusGraph 继承了 TitanDB 的优点。

为了提高查询效率，知识图谱的存储系统通常会使用各种索引技术，主要包括属性数据索引和图结构索引。属性数据索引是类似于关系数据库中的索引，用于加速对节点或边的属性数据的查询。图结构索引是专门针对图数据结构设计的索引技术，例如基于路径的索引和基于子图的索引（如 G-Index）。这些索引技术有助于快速匹配图结构信息，减少查询搜索空间。

需要说明的是，随着知识图谱规模的增长，单机存储已无法满足需求，因此，分布式存储成为一种必要的解决方案。分布式存储技术可以提高系统的扩展性和容错能力。

2.4.5　知识推理

在我们完成了前面这些步骤之后，一个知识图谱的雏形便已经搭建好了。但在这个时候，大多数知识图谱之间的关系都是残缺的，缺失值非常严重，那么这时，我们就可以使用知识推理技术完成进一步的知识发现。

知识推理作为人工智能时代知识图谱技术的主力军，在知识图谱补全与知识图谱去噪任务中表现良好。知识图谱补全又可划分为实体预测和关系预测。实体预测是根据三元组（头实体、实体关系、缺失实体或缺失实体、实体关系、尾实体）推断缺失实体，并将其补充后构成完整的数据单元。关系预测是根据三元组（头实体、缺失关系、尾实体）推断预测实体之间可能存在的某种关系。知识图谱去噪则是对知识库中已经存在的三元组（头实体、实体关系、尾实体）与信息抽取带来的新实体、新关系、新属性进行联合建模，对比并判断原始知识库中的三元组数据单元构成逻辑是否存在明显错误，及时纠错，降低知识图谱构建过程中的噪声影响。

知识图谱中的推理方法是利用图谱中的结构化知识来推导新的知识或验证已有的知识。推理方法可以帮助知识图谱更加智能和自适应。面向知识图谱的推理主要围绕关系的推理展开，即基于知识图谱中已有的事实或关系推断出未知的事实或关系，一般着重考察实体、关系和图谱结构 3 个方面的特征信息。人物关系图推理如图 2-14 所示，利用推理可以得到新的事实(X,isFatherOf,M)，可以得到规则 isFatherOf(X,Y)≤fatherIs(Y,X)等。具体来说，知识图谱推理主要能够辅助推理出新的事实、新的关系、新的公理、新的规则等。

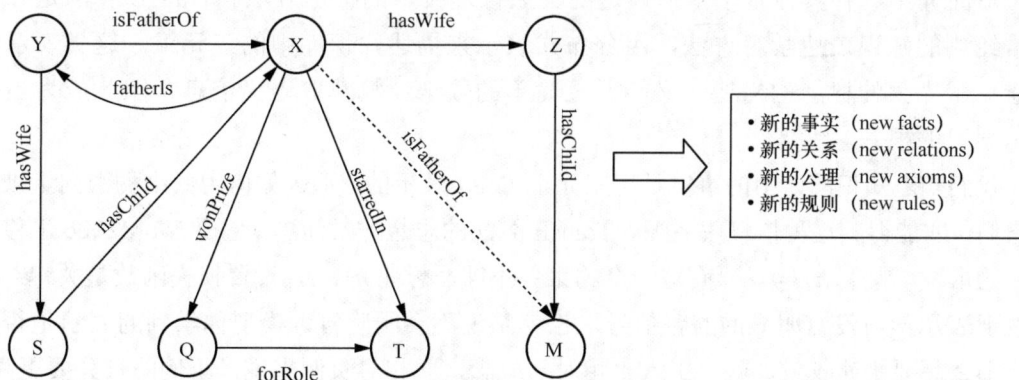

图 2-14　人物关系图推理

知识图谱的推理算法主要可以分为 3 大类，分别为基于知识表达的关系推理技术、基于概率图模型的关系推理技术、基于深度学习的关系推理技术。知识图谱的 3 类推理算法如图 2-15 所示。

这里重点说明基于知识表达的关系推理技术。基于知识表达的关系推理技术的推理通过将知识图谱中包括实体和关系的元素映射到一个连续的向量空间中，为每个元素学习在向量空间中的表示，向量空间中的表示可以是一个或多个向量或矩阵。表示学习是算法在学习向量表示的过程中自动捕捉、推理所需的特征，通过训练学习，将知识图谱中离散符号表示的信息编码在不同的向量空间表示中，使知识图谱的推理能够通过预设的向量空间表示之间的计算自动实现，不需要显式的推理步骤。

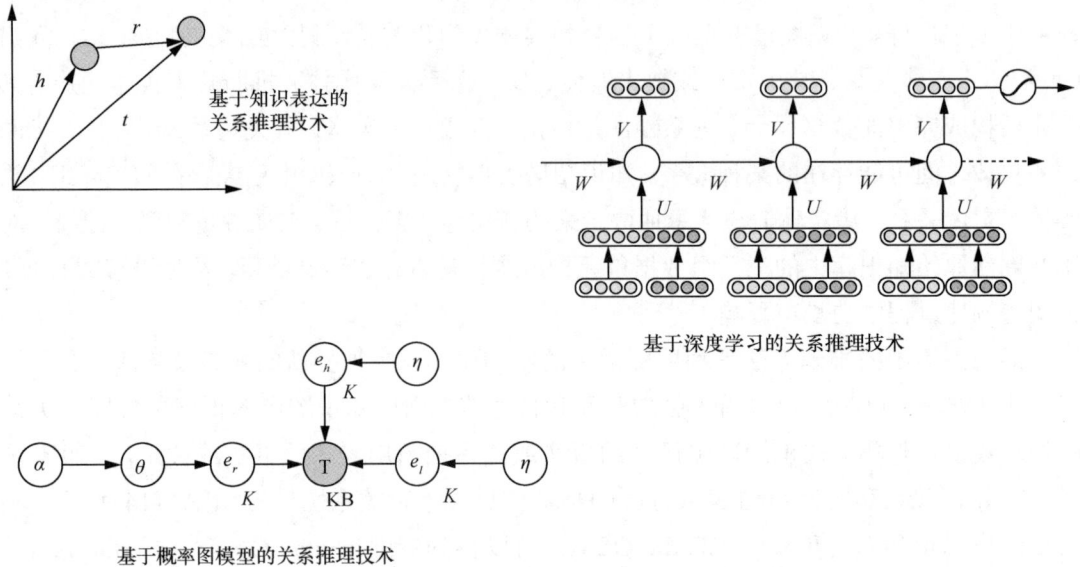

基于知识表达的关系推理技术

基于深度学习的关系推理技术

基于概率图模型的关系推理技术

图 2-15　知识图谱的 3 类推理算法

下面介绍一种具体基于知识表达的关系推理技术的推理方法。TransE 算法是一个非常经典的知识表达学习方法，用分布式表示来描述知识库中的三元组。这类表示法既避免了庞大的树结构构造，又能通过简单的数学计算获取语义信息，因此成为当前表示学习的根基。

我们知道知识图谱中的事实是用三元组（h,l,t）表示的，那么如何用低维稠密向量来表示它们，才能得到这种依赖关系呢？TransE 算法的思想非常简单，它受 Word2Vec 平移不变性的启发，希望 $h+l≈t$。只有这一个约束并不够。想让 $h+l≈t$，设置损失函数是关键。我们发现表示学习没有明显的监督信号，也就是说不会明确告诉模型你学到的表示是否正确，那么想要快速收敛，就要引入"相对"概念，即相对负例来说，正例的打分要更高，方法学名"negative sampling"。损失函数设计见式（2-1）。

$$L = \sum_{(h,l,t) \in S} \sum_{(h',l,t') \in S'} [\gamma + d(h+l,t) - d(h'+l,t')]_+ \tag{2-1}$$

式中，（h',l,t'）被称为 corrupted triplet（错误的三元组），是随机替换头或尾实体得到的（非同时，其实也可以替换关系）。γ 为 margin（间隔）。细看发现这就是 SVM 的 Soft Margin 损失函数，所以，TransE 针对给定三元组进行二分类任务，其中，负例是通过替换自行构造的，目标是使最相近的正负例样本距离最大化。

TransE 算法流程如图 2-16 所示。

Algorithm 1 Learning TransE

input Training set $S = \{(h, l, t)\}$, entities and rel. sets E and L, margin γ, embeddings dim. k.

1: **initialize** $l \leftarrow$ uniform $\left(-\dfrac{6}{\sqrt{k}}, \dfrac{6}{\sqrt{k}}\right)$ for each $l \in L$

2:     $l \leftarrow l / \|l\|$ for each $l \in L$

3:     $e \leftarrow$ uniform $\left(-\dfrac{6}{\sqrt{k}}, \dfrac{6}{\sqrt{k}}\right)$ for each entity $e \in E$

4: **loop**

5:    $e \leftarrow e / \|e\|$ for each entity $e \in E$

6:    $S_{batch} \leftarrow$ sample(S, b) // sample a minibatch of size b

7:    $T_{batch} \leftarrow \varnothing$ // initialize the set of pairs of triplets

8:    for $(h,l,t) \in S_{batch}$ **do** .

9:     $(h',l,t') \leftarrow$ sample$(S_{(n,e,t)})$ // sample a corrupted triplet

10:     $T_{ratch} \leftarrow T_{oatch} \bigcup \{((h,l,t),(h',l,t))\}$

11:    end for

12:    Update embeddings w.r.t. $\displaystyle\sum_{(h,l,t),(h',l,t') \in T_{batch}} \nabla[\gamma + d(h+l,t) - d(h'+l,t')]_{+}$

13: **end loop**

图 2-16　TransE 算法流程

2.4.6　知识更新

知识更新是指在已有知识图谱的基础上，添加新的知识、删除过时的知识或修正错误的知识。

从逻辑上来看，知识库的更新包括概念层的更新和数据层的更新。概念层的更新指新增数据后获得了新的概念，需要自动将新的概念添加到知识库的概念层中。数据层的更新主要是新增或更新实体、关系、属性值，对数据层进行更新需要考虑数据源的可靠性、数据的一致性（是否存在矛盾或冗杂等问题）等可靠数据源，并将在各数据源中出现频率高的事实和属性加入知识库。

从方式上来看，知识图谱的内容更新有两种方式，即全量更新和增量更新。全量更新指以更新后的全部数据为输入，从零开始构建知识图谱；这种方法比较简单，但资源消耗大，而且需要耗费大量的人力资源进行系统维护。增量更新则以当前新增数据为输入，向现有知识图谱中添加新增知识；这种方式资源消耗小，但目前仍需要大量人工干预（如定义规则等），因此实施起来十分困难。

2.5　本章小结

① 知识表示是符号主义的核心内容之一，它关注如何将人类知识以计算机可处理的形式表示出来。

② 知识图谱是结构化的语义知识库，用于以符号形式描述物理世界的概念及其相互

关系。基本组成单位是"实体–关系–实体"或者"实体–属性–属性值"等三元组。实体之间通过关系相互链接，构成网状的知识结构。

③ 知识图谱按应用领域分类，分为通用知识图谱和行业知识图谱。知识图谱的架构从逻辑上可以划分为两个层次，即数据层和模式层。

④ 知识图谱有自顶向下和自底向上两种构建方法。自顶向下是从百科类网站等高质量数据源中提取本体和模式信息，并将其加入知识库中；自底向上是从公开采集的数据中提取出资源模式，选择其中置信度较高的新模式，经人工审核将其加入知识库中。

⑤ 知识图谱的关键技术包括本体构建、知识抽取、知识融合、知识存储、知识推理和知识更新等。

第3章 搜索技术

📚 **学习目标**

（1）熟悉搜索问题基本定义，能够将业务问题转换为搜索问题进行求解；

（2）掌握典型的盲目搜索算法；

（3）掌握典型的启发式搜索算法；

（4）掌握最优化问题中的搜索算法。

3.1 搜索算法基础

在实际的人工智能应用中，搜索技术可以用于各种复杂的任务，例如自然语言处理中的信息检索、游戏人工智能中的策略生成、机器人导航中的路径规划等。例如，搜索引擎使用人工智能技术来理解用户的查询意图，并提供相关的搜索结果；在图像搜索中，人工智能技术被用来识别和分类图像内容，以便于用户通过视觉内容进行搜索。

3.1.1 搜索问题基本定义

搜索问题是人工智能中的一个核心问题，它涉及在给定的状态空间中找到一条从初始状态到达目标状态的路径。搜索问题在许多领域都有广泛的应用，如路径规划、游戏人工智能、约束满足问题等。以下是对搜索问题的基本定义、主要类型及求解方法的详细介绍。

搜索算法从广义来说是探索特定问题所对应的解的一种算法。根据搜索问题的不同性质，所求解的方法也不尽相同。本节将介绍一种最简单的搜索问题，以此展开对搜索算法的讨论，通过搜索问题并求得问题的解，而问题的解是由初始节点到目标节点的行动序列。

求解最短路径问题是搜索算法要解决的常见问题，人们为了解决此类问题，一般会先在大脑中进行规划，然后按照计划执行。人们在大脑中假想了一个智能体（agent），它代替人们辗转于各个城市之间，计算城市之间的车程时间，寻找一种最佳的方案。为了介绍最短路径搜索，下面定义若干术语。

① 初始状态：搜索的起点，开始时的状态。

② 状态空间：所有可能的状态集合。

③ 状态：从初始状态开始，由任何行动序列可到达的状态构成状态空间。

④ 动作：agent 可实现的行动。例如，在状态 s 下，Action(s)返回能从状态 s 下执行的行动集合，所有行动构成行动空间。

⑤ 路径代价：定义每条路径的成本，用于优化搜索过程，通常为一个函数，是对某一条行动序列的性能度量。通常是将某个数值当作成本/耗费，如耗费时间多少、距离长短等。

⑥ 状态转移：用于描述在状态 s 下执行每一个行动 a 后得到的结果，即 Result(s,a)。

⑦ 目标测试：用于判断某一给定状态是否为目标状态。

3.1.2 搜索问题的类型和求解

盲目搜索算法（如 BFS、DFS、IDS）和启发式搜索算法（如 GBFS、A*搜索、IDA*搜索）各有优缺点，适用于不同的场景。选择合适的搜索算法和启发式函数对于解决具体问题至关重要。随着技术的发展，搜索算法将继续改进，为各种应用场景提供更加强大的支持。根据搜索问题的特点，可以将其分为以下几种类型。

（1）盲目搜索

① 广度优先搜索（BFS）：从初始状态开始，逐层扩展节点，直到找到目标状态。

② 深度优先搜索（DFS）：从初始状态开始，尽可能深地探索子节点，直到找到目标状态。

③ 迭代加深搜索（IDS）：结合了 BFS 和 DFS 的优点，逐步加深搜索深度，直到找到目标状态。

（2）启发式搜索

① 贪婪最佳优先搜索（GBFS）：每次选择最接近目标状态的节点进行扩展。

② A*搜索：结合了 GBFS 和一致代价搜索的优点，使用启发式函数指导搜索过程，同时考虑路径成本。

③ IDA*搜索：结合了 IDS 和 A*搜索的优点，逐步加深搜索深度，直到找到目标状态。

3.1.3　搜索算法的评价指标

在深入讨论搜索算法之前，有必要先明确搜索算法的评价标准，以便比较不同搜索策略的性能差异。常见的评判标准有以下 4 个。

① 完备性：当问题存在解时，算法是否能保证找到一个解。当然，这个解可能不是最优解。

② 最优性：搜索算法是否能保证找到的第一个解是最优解。

③ 时间复杂度：找到一个解所需的时间。

④ 空间复杂度：在算法的运行过程中需要消耗的内存量。完备性和最优性刻画了算法找到解的能力和所求的解的质量，时间复杂度和空间复杂度衡量了算法的资源消耗，它们通常用 O 符号（bigO notation）来描述。

3.2　盲目搜索

盲目搜索指的是搜索策略没有超出问题定义提供的状态之外的附加信息。盲目搜索也称为无信息搜索。

3.2.1　BFS

最简单的盲目搜索过程就是 BFS。BFS 是一种用于遍历或搜索树或图的算法。它从根节点（或任意一个起始节点）开始，首先访问这个节点，然后访问这个节点的所有邻接节点，接着访问这些邻接节点的所有未被访问过的邻接节点，如此一层一层地进行下去，直到所有的节点都被访问过。BFS 的特点是先访问离起点较近的节点，逐渐向外层扩展，适用于查找两个节点之间的最短路径、检测环的存在、生成最小生成树等场景。

在实现 BFS 时，通常使用队列作为辅助数据结构。将起始节点放入队列，然后从队列中取出一个节点，访问该节点，并将其所有未被访问过的邻接节点加入队列。这一过程不断重复，直到队列为空，表示所有可达节点都已访问完毕。

BFS 算法流程如图 3-1 所示，显示了 8 数码问题经 BFS 所产生的节点集。标出开始节点和目标节点，在扩展一个节点时，按空格左移、上移、右移、下移的顺序来应用算子。尽管每个移动都是可逆的，但删去了从后继到双亲的弧。如我们所看到的，BFS 的特征是：当发现目标节点时，我们已经找到了到达目标的一条最短路径，然而它的一个缺点是要求产生和存储一个大小是最浅目标节点深度的指数的数。

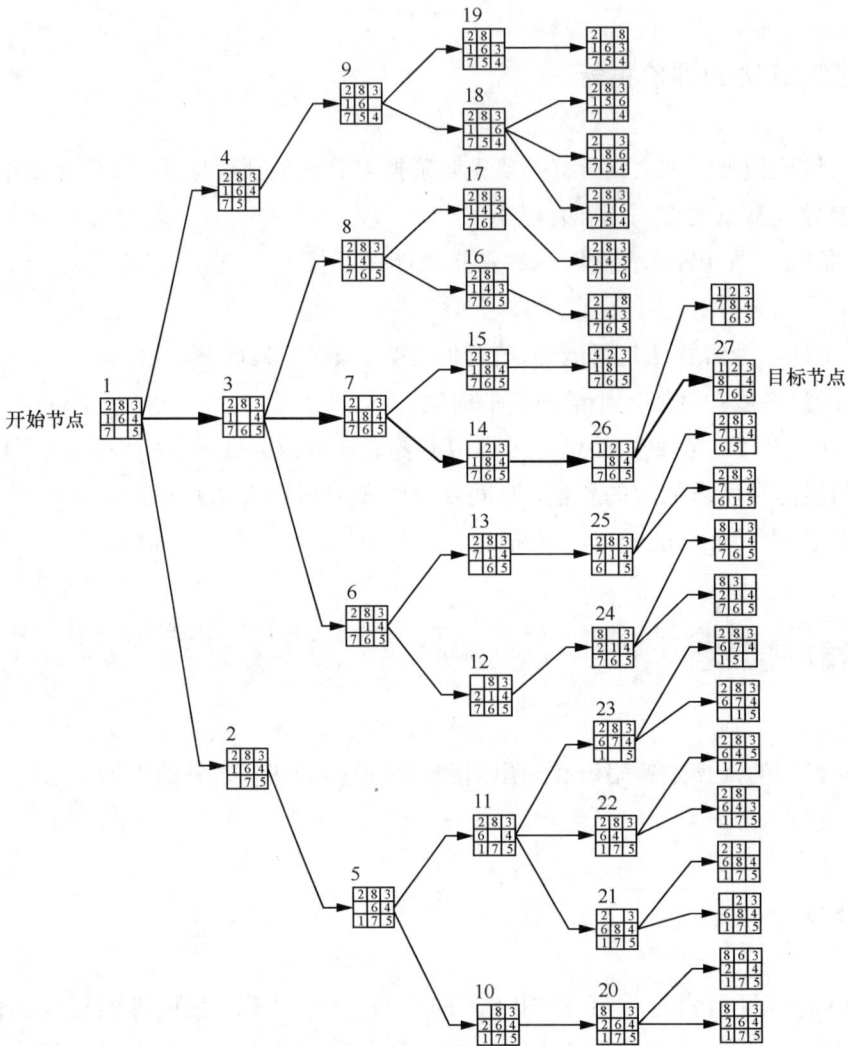

图 3-1　BFS 算法流程

3.2.2　DFS

DFS 是一种用于遍历或搜索树或图的算法。它从根节点（或任意一个起始节点）开始，沿着某一条路径尽可能深入地访问节点，直到无法继续前进为止，然后回溯到上一个节点，继续访问其他未被访问过的邻接节点。DFS 的特点是优先探索当前节点的子节点，而不是其同层的兄弟节点，适用于查找路径、检测环的存在、拓扑排序等场景。

在实现 DFS 时，通常使用递归或栈作为辅助数据结构。在使用递归方法中，每次访问一个节点时，递归调用其所有未被访问过的邻接节点；在使用栈方法中，将起始节点压入栈，然后从栈中弹出一个节点，访问该节点，并将其所有未被访问过的邻接节点压入栈。这一过程不断重复，直到栈为空，表示所有可达节点都已访问完毕。

以 8 数码和深度约束为 5 为例说明这个过程。我们再次以空格左移、上移、右移和下移为顺序来应用算子，忽略从后继到双亲的弧。如图 3-2（a）中给出了开始的几个节点，每个节点左边的数字是该节点产生的顺序，留下了一些弧指示那些还没有完全展开的节点。在节点 5，到达了深度约束点但还没有到达目标，因此，考虑下一个最近产生的但还没有完全展开的节点 4，生成它的另一个后继节点 6。这时，可以抛弃节点 5，因为不会再在它的下面产生节点。节点 6 也在深度约束点且不是目标节点，因此考虑下一个最近产生但没有完全展开的节点 2，产生节点 7，抛弃节点 3 和它的所有后继，因为不再产生它们下面的任何节点。返回节点 2 是时序回溯的一个例子。当再次到达深度约束时，产生了图 3-2（c）。这时没有到达目标节点，所以生成节点 8 的另一个后继，它也不是目标节点。因此，抛弃节点 8 和它的后继，会产生节点 7 的另一个后继。继续这个过程，最终产生图 3-2（d）。

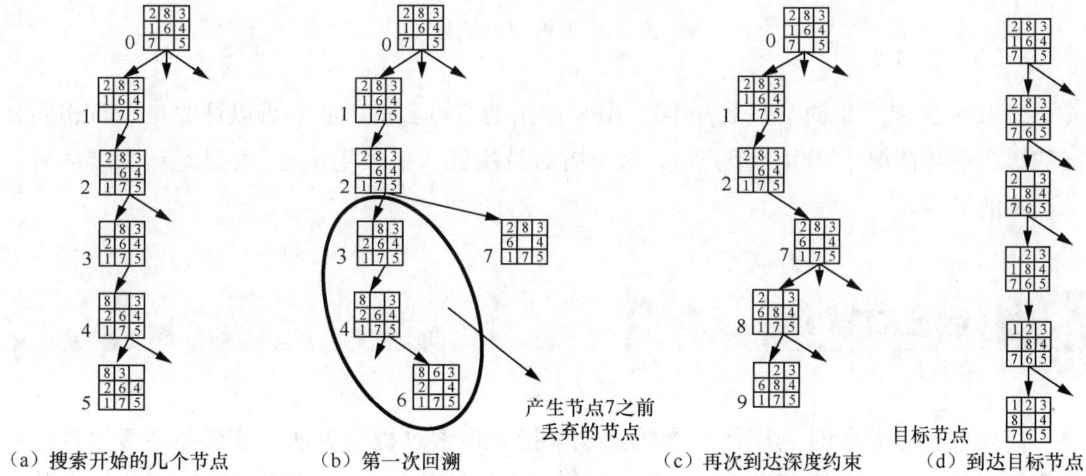

（a）搜索开始的几个节点　　（b）第一次回溯　　　产生节点7之前丢弃的节点　　（c）再次到达深度约束　　（d）到达目标节点

图 3-2　DFS 算法流程

DFS 算法只保存搜索树的一部分，它由当前正在搜索的路径和指示该路径上还没有完全展开的节点标志构成。因此，DFS 的存储器要求是深度约束的线性函数。DFS 的一个缺点是当发现目标时，我们不能保证找到的路径是最短路径；另一个缺点是如果只有一个很浅的目标，且该目标位于搜索过程的后部时，必须浏览大部分搜索空间。

3.2.3　IDS

IDS 是一种结合了 DFS 和 BFS 优点的搜索算法。它通过逐步增加搜索深度限制的方式，多次执行 DFS，直到找到目标节点为止。每次迭代时，IDS 都会从根节点开始，进行一次深度受限的 DFS，如果在当前深度限制内没有找到目标节点，则增加深度限制，重新进行搜索。这种算法既能保证找到最短路径，又避免了 BFS 在大规模图中占用大量内存的问题。

IDS 虽然看起来进行了多次搜索，但由于每次搜索的深度逐渐增加，实际的总搜索节点数与 BFS 相近。IDS 特别适用于搜索树的深度未知或非常大的情况，如在国际象棋等游戏中寻找最优解。通过逐步增加深度限制，IDS 能够有效地平衡搜索效率和内存使用。IDS 算法流程如图 3-3 所示。

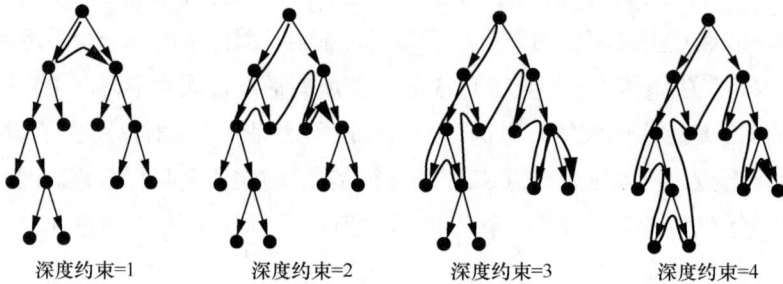

深度约束=1　　　　深度约束=2　　　　深度约束=3　　　　深度约束=4

图 3-3　IDS 算法流程

由 IDS 扩展产生的节点数并不比 BFS 产生的节点数多，我们可以计算一个有相同分支的树在最坏情况下产生的节点数，这个树的最浅目标在深度 d 处，并且是该深度最后一个产生的节点。

3.3　启发式搜索

启发式搜索是一种利用问题领域知识来指导搜索过程的算法，旨在提高搜索效率并找到更优解。与传统的盲目搜索（如 BFS 和 DFS）不同，启发式搜索通过评估每个节点的潜在价值，选择最有希望的路径进行扩展。常见的启发式搜索算法包括 A* 搜索和 GBFS。这些算法通常使用一个启发式函数来估计从当前节点到达目标节点的成本，从而决定下一步的搜索方向。启发式搜索被广泛应用于路径规划、游戏人工智能、优化问题等领域。启发式搜索能够在较短的时间内找到接近最优的解，尤其适用于大规模搜索空间中的问题。

搜索问题求解流程如图 3-4 所示，问题的答案就在海量的信息源中，关键在于如何快速从信息源中学到模式，找到问题与答案的对应关系。越好的算法越能够快速地找到对应的模式，找到更精准的模式关系，使其具备更强大的泛化能力。

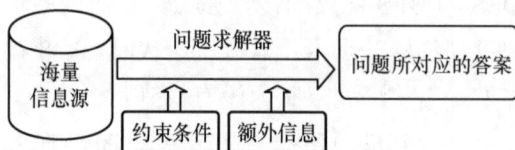

图 3-4　搜索问题求解流程

3.3.1 GBFS

1. 原理

所谓贪婪，即只扩展当前代价最小的节点（或者说距离当前节点最近的点）。这样做的缺点是目前的代价小，之后的代价不一定小，如果解在代价最大的点，那么按照 GBFS 算法，可能就找不到这个解，然后陷入死循环。

具体表示为

$$f(n) = h(n)$$

（3-1）

式中，$h(n)$ 代表当前节点到目标节点的最短距离。

我们来举一个例子实际应用一下该算法。城市路径如图 3-5 所示，以城市 B 为目标，城市 A 为起点。

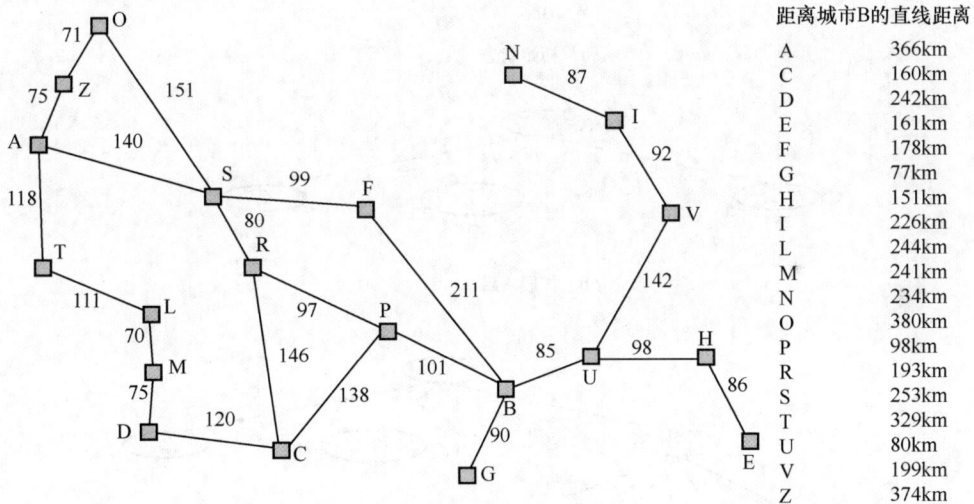

	距离城市B的直线距离
A	366km
C	160km
D	242km
E	161km
F	178km
G	77km
H	151km
I	226km
L	244km
M	241km
N	234km
O	380km
P	98km
R	193km
S	253km
T	329km
U	80km
V	199km
Z	374km

图 3-5　城市路径

GBFS 需要在搜索过程中利用所求解问题相关的辅助信息，这里给出的辅助信息为任意一个城市与城市 B 之间的直线距离。辅助信息必须是所求解问题以外的信息，不能是最短路径，任意一个城市与城市 B 之间的直线距离如图 3-6 所示。

A	366km	M	241km
C	160km	N	234km
D	242km	O	380km
E	161km	P	100km
F	176km	R	193km
G	77km	S	253km
H	151km	T	329km
I	226km	U	80km
L	244km	V	199km
		Z	374km

图 3-6　任意一个城市与城市 B 之间的直线距离

除此之外，在启发式搜索中我们还需要定义以下两个函数。

（1）评价函数

评价函数 $f(n)$ 描述的是从当前节点 n 出发，根据评价函数来选择后续节点。这个评价函数就是怎么选择动作。

（2）启发函数

启发函数 $h(n)$ 描述的是从计算节点 n 到目标节点之间所形成路径的最小代价值。这里将两点之间的直线距离作为启发函数。

在 GBFS 算法中，评价函数 $f(n)$ 等于启发函数 $h(n)$。

GBFS 算法流程如图 3-7 所示。可以看到 S 的路径最短，那么扩展 S。然后 F 路径最短，扩展 F，然后就找到了目标节点。

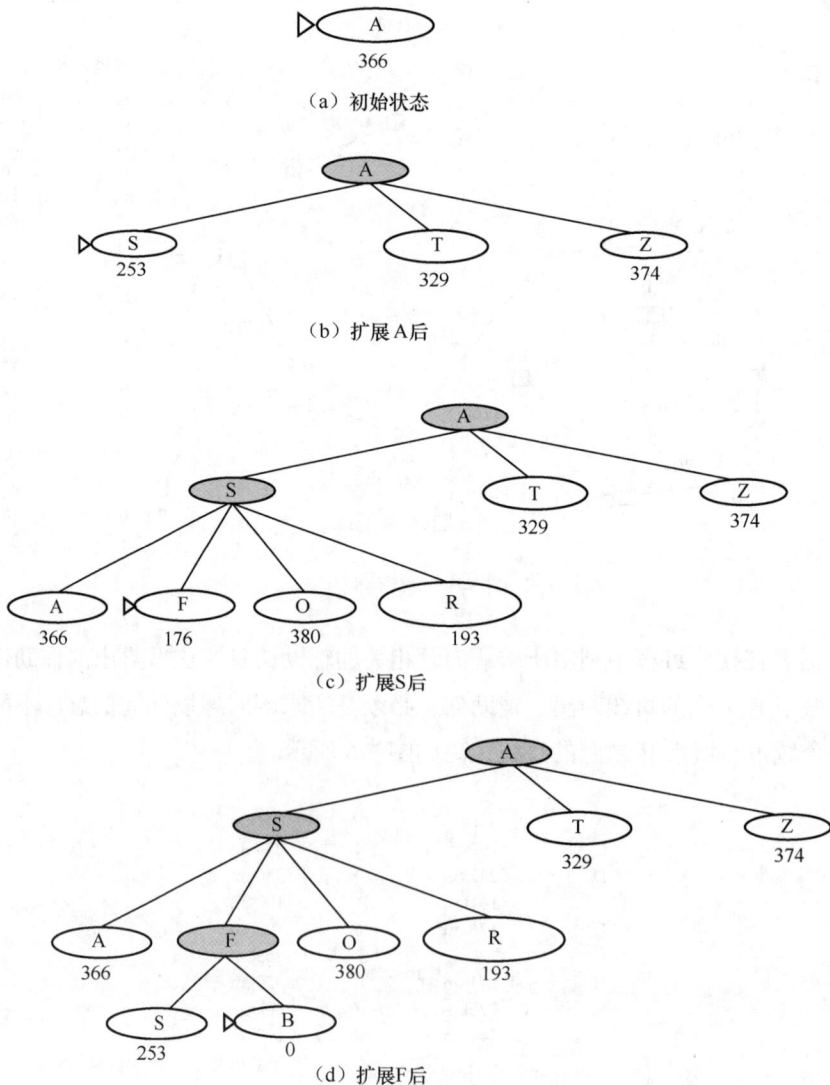

图 3-7　GBFS 算法流程

2．不足

① GBFS 不是最优的。经过 S 到 F 再到 B 的路径（99 + 211 = 310）比经过 R 到 P 再到 B 的路径（80 + 97 + 101 = 278）要长 32 千米。

② 启发函数代价最小化这一目标会对错误的起点比较敏感。计算从 I 到 F 的问题，由启发式建议须先扩展 N，因为其离 F 最近，导致其启发函数较小，但是这是一条存在死循环的路径。

③ GBFS 也是不完备的。所谓不完备指的是它可能沿着一条无限的路径走下去而不回来做其他的选择尝试，因此无法找到最佳路径。

④ 在最坏的情况下，GBFS 的时间复杂度和空间复杂度都是 $O(bm)$，其中 b 是节点的分支因子数目，m 是搜索空间的最大深度。

3.3.2　A* 搜索算法

A* 搜索算法最早可追溯到 1968 年，在《IEEE Transactions on Systems Science and Cybernetics》的文章 *A Formal Basis for the Heuristic Determination of Minimum Cost Paths* 中被首次提出。该文章指出，A* 搜索算法是把启发式算法（如 GBFS）和常规算法（如 Dijsktra 算法）结合在一起的算法。不同的是，类似 BFS 的启发式算法经常给出一个近似解而不保证是最佳解。然而，尽管 A* 搜索算法基于无法保证最佳解的启发式算法，但却能保证找到一条最短路径。A* 搜索算法是一种启发式搜索算法，被广泛应用于路径规划和图搜索问题中，通过评估每个节点的潜在价值来指导搜索过程。

启发式算法指人在解决问题时所采取的一种根据经验规则进行发现的算法。其特点是，在解决问题时利用过去的经验，选择已经行之有效的方法，而不是系统地以确定的步骤去寻求答案。在寻找路径的问题时，使用关于由图表示的问题的领域的特殊知识，启发式算法通常可以提高特定图搜索问题解决方案的计算效率。然而，启发式算法通常无法保证始终能找到最低权值的解决方案路径。

A* 搜索算法是优化过后的 BFS 算法，是一种启发式搜索，什么叫启发式搜索呢？它是利用问题拥有的启发信息来引导搜索，达到减少搜索范围、降低问题复杂度的目的。那么如何启发呢？这里需要考虑两个因素，一个是已经行驶过的距离，另一个是估计要行驶的距离。

首先来看一个最简单的 BFS 算法的寻路过程。假设浅灰色的格子是起点，深灰色的格子是终点，将起点从队列中取出，每次将周围所有可到达的顶点加入队列中，不断重复这个过程，BFS 算法的寻路过程如图 3-8 所示。

我们观察路径后会发现，左边方向的浅灰色格子的扩展是完全没必要的，原因是左边方向的拓展是无法到达终点的，可以直接剪去，该如何剪去呢？可以利用格子所带的启发式信息，首先对于每个走过的位置，记录两个取值，一个表示已经花费的实际代价 $g(x)$，另一个表示估计到达终点还需要花费的估计代价 $h(x)$，那么对于起点格子周围的点，右边点的 $h(x)$ 肯定是小于左边点的 $h(x)$，因此扩展右边的点，那么对于每一个点，到达终点的最优代价路径应该是 $\min(h(x)+g(x))$，这就是 A* 搜索算法中的估价函数，见式（3-2）。

$$f(x) = h(x) + g(x) \tag{3-2}$$

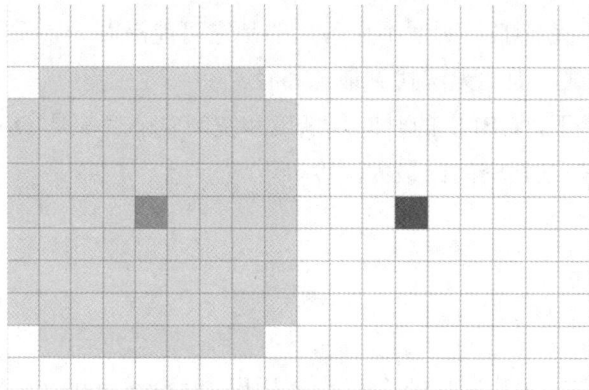

图 3-8　BFS 算法的寻路过程

很明显，当每次需要对当前节点进行扩展时，我们都应该选择估价函数值最低的进行扩展，$\min(f(x))$ 的值是通过一个堆来实现的，其中 $g(x)$ 表示已经走过的实际代价，是可以确定的，关键在于如何计算 $h(x)$ 的值，以下简单介绍两种计算 $h(x)$ 值的方法。

（1）欧几里得距离（欧氏距离）

$$d = (x_1 - x_2)^2 + (y_1 - y_2)^2 \tag{3-3}$$

（2）曼哈顿距离（出租车距离）

$$d = |x_1 - x_2| + |y_1 - y_2| \tag{3-4}$$

只有当 $h(x) \leqslant h$（这里的 h 是实际距离）时，估价函数才能够找到最短路径。A* 搜索算法的寻路过程如图 3-9 所示。

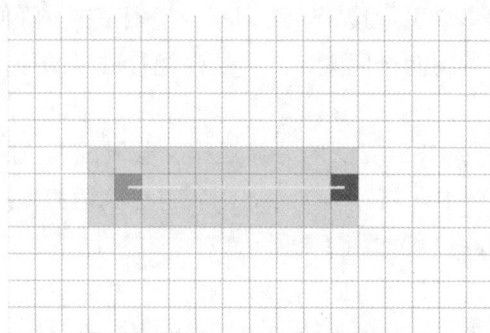

图 3-9　A* 搜索算法的寻路过程

通过这个简单的例子，我们可以发现 BFS 算法就是最糟糕情况下的 A* 搜索算法，当 $h(x) = 0$ 时，A* 搜索算法就退化成了 BFS 算法，不具备任何启发信息，暴力扩展周围所有能够扩展的点。

3.3.3　IDA* 搜索算法

IDA* 搜索算法是一种结合了 A* 搜索算法和 IDS 的优点的算法。它旨在保留 A* 搜索算法的高效性，同时又能解决 A* 搜索算法在空间复杂度上的问题。

1. 原理

IDA* 搜索算法是基于 DFS 进行优化的一种算法，是一种启发式搜索算法。

什么是迭代加深呢？实际上 DFS 会搜索很多层，但是可以通过限制搜索深度来优化。在深度没有上限的情况下，先预先估计一个较小的深度 k，首先搜索到 k 层，如果没有找到解，则深度加 1，从头开始搜索到（$k+1$）层，不断地迭代加深，直到找到解为止。

由于搜索深度是一层一层逐渐增加的，所以可以保证在找到最优解时深度是最小的（每一层深度增加时，都要从头开始搜索，但搜索的复杂度是不断增长的，所以对于下一层搜索，前面的工作可以忽略不计）。

总体来说，IDS 类似于 BFS 的思想，但是在空间上和 DFS 相当，适用于深度没有明确上限的情况。在实际操作中，要先进行剪枝，因为 DFS 的时间开销很大，即使限制了深度，还需要在无解的情况下及时退出。这时需要使用一个估价函数（和 A* 搜索算法中的函数相当）。

估价函数如下。

$$f(n) = h(n) + g(n) \tag{3-5}$$

式中，$g(n)$ 表示现在已经走的步数，$h(n)$ 表示从当前到达最优解的步数的一个估计。$h(n)$ 一定要小于或等于到达最优解的一个实际值，如果 $f(n)$ 大于当前设定的最大深度，说明在当前深度限制下找不到解，直接退出即可。

总体来说，IDA* 搜索算法是在限制搜索深度的情况下，加入估价函数进行剪枝，然后不断迭代加深的一种算法。该算法可以保证找到答案时搜索深度是最小的，部分情况下可以代替 BFS。问题一定要保证有解，否则会无限递归下去。

2. 步骤

① 初始化：设置初始成本上限为根节点的 f 值，即 $f(start) = g(start) + h(start)$。

② 迭代加深：执行一个受限的 DFS，直到找到一个目标节点或所有可能的路径都被探索过且成本超过当前的上限为止。

③ 更新成本上限：如果在当前成本上限下没有找到解决方案，则更新成本上限为上一次搜索中遇到的最低成本的失败节点的 f 值。

④ 重复：重复上述过程，直到找到解决方案或确定没有解决方案为止。

3．优点和不足

优点如下。

① 节省内存：相较于 A^* 搜索算法，IDA^* 搜索算法使用的内存较少，因为它不需要保存所有已访问节点的信息，而是每次迭代重新计算路径。

② 完备性：如果启发式函数是可容许的（即它永远不会高估到达目标的真实成本），那么 IDA^* 搜索算法也是完备的，这意味着只要存在解决方案，IDA^* 搜索算法最终会找到这个解决方案。

③ 最优性：如果启发式函数是可容许的且是一致的，那么 IDA^* 搜索算法也会找到最优解。

不足如下。

① 重复节点访问：由于每次迭代都从头开始搜索，IDA^* 搜索算法可能会多次访问相同的节点。

② 效率问题：虽然 IDA^* 搜索算法在空间复杂度上有优势，但由于重复工作，它在时间复杂度上可能不如 A^* 搜索算法。

4．实际应用

IDA^* 搜索算法特别适用于那些状态空间非常大，以至于 A^* 搜索算法由于较大的空间复杂度而变得不可行。在这样的环境中，IDA^* 搜索算法可以通过控制内存使用来找到解决方案。然而，它更适合于那些解决方案较浅的问题，因为越深的解决方案意味着重复工作越多。

3.4　最优化问题中的搜索

3.4.1　最优化问题概述

1．最优化问题分类

最优化问题在数学和计算机科学领域中是一个非常重要的研究方向，它涉及寻找最小化或最大化某个目标函数的过程。最优化问题可以根据不同的标准进行分类，以下是按照几个主要维度进行的分类概述。

（1）按变量类型分类

连续优化：决策变量可以取连续值。

离散优化：决策变量只能取离散值，如整数。

（2）按目标函数和约束条件分类

线性规划：目标函数和所有约束条件都是线性的。

非线性规划：目标函数或至少一个约束条件是非线性的。

（3）按约束条件分类

无约束优化：没有额外的约束条件，只优化目标函数。

有约束优化：存在一个或多个约束条件，必须在满足这些条件的同时优化目标函数。

（4）按优化目标数量分类

单目标优化：只有一个目标函数需要被优化。

多目标优化：存在多个目标函数，需要找到一个折中解。

（5）按确定性分类

确定性优化：所有参数和条件都是已知且不变的。

随机优化：包含不确定性因素，可能需要处理随机变量或概率分布。

（6）按问题的几何性质分类

凸优化：目标函数和约束集都是凸的，这样的问题通常更容易求解，并且局部最优解就是全局最优解。

非凸优化：不满足凸性条件的问题，求解难度更大，可能存在多个局部最优解。

这些分类可以帮助我们理解和选择适当的算法和技术来解决特定类型的最优化问题。每种分类都有其特定的求解方法和技术，了解这些问题的特性可以帮助我们更有效地解决问题。在实际应用中，很多最优化问题可能是上述几种类型的组合。

2. 求解策略

不同的最优化问题有不同的处理策略，最优化问题求解策略如图 3-10 所示。

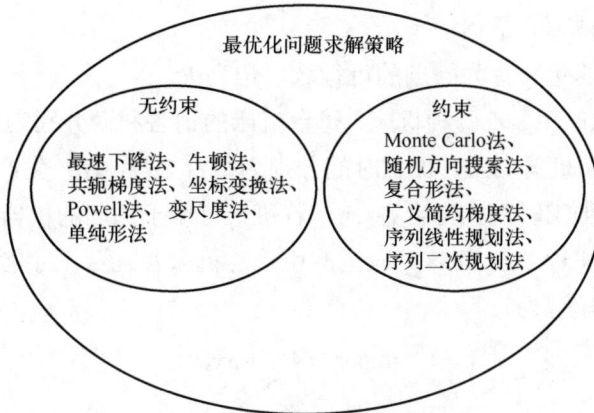

图 3-10　最优化问题求解策略

① 无约束最优化问题：可直接对其求导，并使其为 0，这样便能得到最终的最优解。

② 线性规划：一种方法是单纯形法，是经典的线性规划求解方法，适用于有约束的线性优化问题；另一种方法是内点法，适用于大规模线性规划问题，收敛速度快。

③ 含等式约束的最优化问题：主要通过拉格朗日乘数法将含等式约束的最优化问题

转换成为无约束最优化问题进行求解。

④ 含有不等式约束的最优化问题：主要通过 KKT 条件（Karush-Kuhn-Tucker Condition）将其转化成无约束最优化问题进行求解。

3.4.2　线性规划

线性规划研究的是一类在线性约束条件下求解线性目标函数极值的问题，即确定一组决策变量，使目标函数取得极大值或极小值。线性规划是一类特殊的有约束最优化问题。所谓求取目标函数的极值，通常指的是求取极小值。任何满足约束条件的点被称为可行点。在线性规划问题中，目标函数是线性的，可行点的集合由一组线性等式或不等式确定。

作为一类最优化问题，一般线性规划问题的（数学）标准模型为

$$\max z = \sum_{j=1}^{n} c_j x_j \tag{3-6}$$

$$\text{s.t.} \begin{cases} \sum_{j=1}^{n} a_{ij} x_j = b_i, i = 1, 2, \cdots, m \\ x_j \geqslant 0, j = 1, 2, \cdots, n \end{cases} \tag{3-7}$$

式中，$b \geqslant 0$，$i = 1, 2, \cdots, m$。

满足约束条件式的解 $x = [x_1, \cdots, x_n]^{\mathrm{T}}$ 被称为线性规划问题的可行解，而使目标函数式达到最大值的可行解被称为最优解。

所有可行解构成的集合称为问题的可行域，记为 R。

【例】某机床厂生产甲、乙两种机床，每台机床的销售利润分别为 4000 元与 3000 元。生产甲机床需用 A、B 机器加工，加工时间分别为每台 2h 和 1h；生产乙机床需用 A、B、C 这 3 种机器加工，加工时间为每台各 1h。若每天可用于加工的机器时数分别为 A 机器 10h、B 机器 8h 和 C 机器 7h，问该厂应生产甲、乙机床各几台，才能使总利润最大？

上述问题的数学模型为

$$\max z = 4x_1 + 3x_2 \tag{3-8}$$

$$\text{s.t.} \begin{cases} 2x_1 + x_2 \leqslant 10 \\ x_1 + x_2 \leqslant 8 \\ x_2 \leqslant 7 \\ x_1, \ x_2 \geqslant 0 \end{cases} \tag{3-9}$$

式中，x_1 和 x_2 是决策变量。

总之，线性规划问题是在一组线性约束条件的限制下，求一线性目标函数最大或最小

的问题。"线性"意味着所有变量都是一次方。

在解决实际问题时，把问题归结成一个线性规划数学模型是很重要的一步，往往也是很困难的一步，模型建立得是否恰当，直接影响到求解。而选择适当的决策变量，是建立有效模型的关键之一。

3.4.3　单纯形法

1．基本原理

单纯形法是一种用于求解线性规划问题的优化算法，由乔治·丹齐格于 1947 年提出。其基本原理是在可行域内通过一系列基变换操作，逐步从一个顶点移动到另一个顶点，直至找到使目标函数达到最优值的顶点。单纯形法的核心在于维护一个初始的基本可行解，并通过选择合适的进入变量和离开变量，逐步改进当前解，直到无法进一步优化为止。每一步的基变换操作都确保目标函数值不减小（对于最大化问题）或不增加（对于最小化问题），从而保证算法的收敛性。

在具体实现过程中，单纯形法使用表格形式（被称为单纯形表）来记录当前的基本可行解及其相关系数。通过检查单纯形表中的检验数（即目标函数中非基变量的系数），确定是否有进一步优化的空间。如果有负的检验数（对于最大化问题）或正的检验数（对于最小化问题），则选择一个最有利于目标函数改进的非基变量作为进入变量，并通过最小比值规则确定相应的离开变量。通过这些步骤，单纯形法能够系统地找到线性规划问题的最优解，被广泛应用于生产计划、资源分配、运输问题等领域。

2．流程步骤

单纯形法的基本流程如图 3-11 所示。

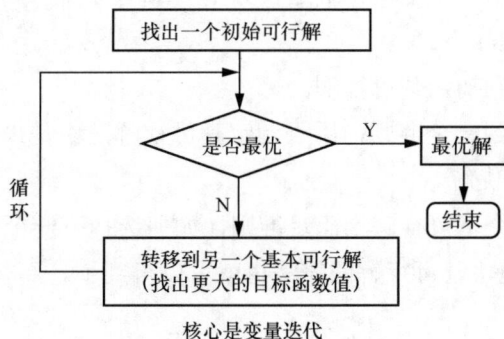

图 3-11　单纯形法的基本流程

（1）初始化

构建初始单纯形表，将线性规划问题的标准形式转换为增广矩阵形式。找到一个初始的基本可行解。这通常是通过引入松弛变量或人工变量来实现的，使所有约束条件都满足非负条件。

（2）检验最优性

计算单纯形表中的检验数（即目标函数中非基变量的系数）。对于最大化问题，如果所有检验数都非正，则当前解是最优解；对于最小化问题，如果所有检验数都非负，则当前解是最优解。如果存在可以改进的检验数（最大化问题中存在正检验数，最小化问题中存在负检验数），则继续进行下一步。

（3）选择进入变量

选择一个最有利于目标函数改进的非基变量作为进入变量。对于最大化问题，选择检验数最大的非基变量；对于最小化问题，选择检验数最小的非基变量。

（4）选择离开变量

通过最小比值规则确定离开变量。计算当前基变量与进入变量所在列的比值（即基变量的值除以进入变量所在列的正值），选择比值最小的基变量作为离开变量。这一步确保新的解仍然在可行域内。

（5）基变换

进行基变换操作，将进入变量替换为基变量，同时更新单纯形表中的所有系数和常数项。通过高斯消元法或其他线性代数方法，确保新的基变量对应的列成为单位向量。

（6）重复步骤（2）～步骤（5）

重复上述步骤，直到所有检验数都满足最优性条件，即找到最优解。

（7）输出结果

当找到最优解时，输出最优解及其对应的目标函数值。

这里涉及以下两个准则。

① 判断最优解：判断一个基可行解是不是最优解。

② 迭代原则：如何从一个基可行解迭代到下一个基可行解。

单纯形法涉及的问题如下。

① 初始解：如何找到初始基可行解。

② 最优解：如何找到一个准则，用于判定基可行解是不是最优解；所有检验数均小于或等于 0，此时得到最优解。

③ 迭代解：如果一个基可行解不满足准则，如何选择下一个基可行解进行迭代。

解决了上述 3 个问题，基可行解的算法也就可以得到了。

3.5 本章小结

① 搜索算法从广义来说是探索特定问题所对应解的一种算法，主要包含盲目搜索算法（如 BFS、DFS、IDS）和启发式搜索算法（如 GBFS、A^*、IDA^*）。

② 搜索算法的评价指标主要包括完备性、最优性、时间复杂度、空间复杂度。

③ 盲目搜索指的是搜索策略没有超出问题定义提供的状态之外的附加信息。盲目搜索也被称为无信息搜索。

④ 启发式搜索又称为有信息搜索，它是利用问题拥有的启发信息来引导搜索，达到减少搜索范围、降低问题复杂度的目的。

⑤ 最优化问题在数学和计算机科学领域中是非常重要的一个研究方向，它涉及寻找最小化或最大化某个目标函数的过程。最优化问题可以根据不同的标准进行分类。线性规划研究的是一类在线性约束条件下求解线性目标函数极值的问题，即确定一组决策变量，使目标函数取得极大值或极小值。单纯形法是一种用于解决线性规划问题的优化算法。

第4章 机器学习

📖 **学习目标**

（1）了解机器学习的基本概念；

（2）理解线性回归、决策树的算法原理；

（3）理解并掌握神经网络的基本算法原理及应用。

4.1 机器学习基本概念

在机器学习和人工智能中，数据驱动的决策过程通常包括数据收集、数据处理、数据分析及根据分析结果做出决策。数据驱动的决策过程是指通过分析和利用数据来做出决策的过程。在当今的大数据时代，数据已经成为企业和组织宝贵的资源之一。

机器学习是一种人工智能技术，它使计算机能够从数据中自动发现模式、泛化和预测。机器学习的核心是算法，算法可以帮助计算机从数据中学习规律，并根据这些规律进行决策。机器学习是人工智能的重要技术基础，涉及的内容十分广泛。

机器学习的核心可以归纳为3个要素，分别为模型、策略和算法。这3个要素共同决定了机器学习系统的性能和效果。

1．模型

模型是机器学习系统的核心部分，它是一组参数化的函数，用于表示输入数据和输出结果之间的关系。模型通过学习数据中的模式和规律，能够对新数据进行预测或决策。

常见的模型类型如下。

线性模型，如线性回归、逻辑回归。

树模型，如决策树、随机森林、梯度提升决策树（GBDT）。

神经网络，如多层感知机（MLP）、卷积神经网络（CNN）、循环神经网络（RNN）。

核方法，如支持向量机（SVM）。

集成学习，如Bagging、Boosting。

2．策略

策略是指如何评估模型的好坏，即选择一个合适的评价标准来衡量模型的性能。策略可以帮助我们确定模型的优化方向，确保模型在训练过程中朝着正确的方向前进。首先引入损失函数与风险函数的概念。损失函数用来度量模型一次预测的好坏，风险函数用来度量平均意义下模型预测的好坏。

（1）损失函数

损失函数用于衡量模型在单个样本上的预测值与真实值之间的差异。简单来说，它告诉我们在某个特定样本上模型的预测有多"好"或多"差"。损失函数是模型优化的核心。通过最小化损失函数，我们可以调整模型的参数，使模型在训练数据上表现得更好。

损失函数常见类型如下。

① 均方误差（MSE）：用于回归任务，计算预测值与真实值之间差值的平方的平均值。

② 平均绝对误差（MAE）：用于回归任务，计算预测值与真实值之间差值的绝对值的平均值。相较于 MSE，MAE 对异常值的敏感度较低。

③ 交叉熵损失：用于分类任务，特别是二分类任务，衡量预测概率与真实标签之间的差异。

④ 对数损失：用于多分类任务，衡量预测概率与真实标签之间的差异。

（2）风险函数

风险函数用于衡量模型在所有可能数据上的平均损失。它考虑了模型在所有潜在数据上的表现，而不仅仅是训练数据。风险函数提供了模型在未知数据上的性能评估，可以帮助我们理解模型的泛化能力。风险函数常见类型如下。

① 经验风险：我们通常无法获得所有可能的数据，因此使用训练数据来近似风险函数，这被称为经验风险。经验风险是我们实际优化的目标，通过最小化经验风险来调整模型参数。

② 结构风险：结构风险在经验风险的基础上加入了正则化项，以防止模型过拟合。正则化项可以看作对模型复杂度的惩罚。通过控制模型的复杂度，结构风险有助于提高模型的泛化能力，避免在训练数据上表现很好但在新数据上表现不佳的情况。

3．算法

算法是指如何根据策略来优化模型参数，即具体的优化方法和步骤。算法决定了模型参数的更新方式，影响模型的收敛速度和最终性能。

常见算法如下。

① 梯度下降：通过计算损失函数的梯度来逐步调整模型参数，使其逐渐接近最优解。常见的变体有批量梯度下降、随机梯度下降、小批量梯度下降。

② 牛顿法：利用二阶导数（Hessian 矩阵）来加速收敛，适用于凸优化问题。

③ 共轭梯度法：在梯度下降的基础上，通过选择更优的搜索方向来加速收敛。

④ 进化算法：模拟生物进化过程，通过选择、变异、交叉等操作来优化模型参数。

常见的进化算法有遗传算法、粒子群优化。

⑤ 贝叶斯优化：通过构建概率模型来指导参数的搜索过程，适用于高维、黑盒优化问题。

总之，模型定义了数据和输出之间的关系，策略提供了评估模型好坏的标准，算法实现了根据策略优化模型参数的具体方法。这 3 个要素相互依赖，共同构成了机器学习系统的基础。合理选择和设计模型、策略和算法可以有效提升机器学习系统的性能和应用效果。

4.2 线性回归

在统计学中，回归分析指的是确定两种或两种以上变量之间相互依赖的定量关系的一种统计分析方法。回归分析按照涉及的变量的多少，分为一元回归分析和多元回归分析；按照因变量的多少，可分为简单回归分析和多重回归分析；按照自变量和因变量之间的关系类型，可分为线性回归分析和非线性回归分析。

在大数据分析中，回归分析是一种预测性的建模技术，它研究的是因变量（目标）和自变量（预测器）之间的关系。这种技术通常用于预测和分析时间序列模型和发现变量之间的因果关系。

线性回归是一种用于预测数值型数据的统计学分析方法，线性回归示例如图4-1所示。它通过建立一个或多个自变量与因变量之间的线性关系来进行预测。线性回归的基本思想是通过拟合最佳直线（也就是线性方程），来描述自变量和因变量之间的关系。这条直线被称为回归线，其目的是使所有数据点到这条直线的垂直距离（即残差）的平方和最小。这个最小化过程通常被称为最小二乘法。线性回归可以说是用法非常简单、用途非常广泛、含义也非常容易理解的一类算法，作为机器学习的入门算法非常合适。

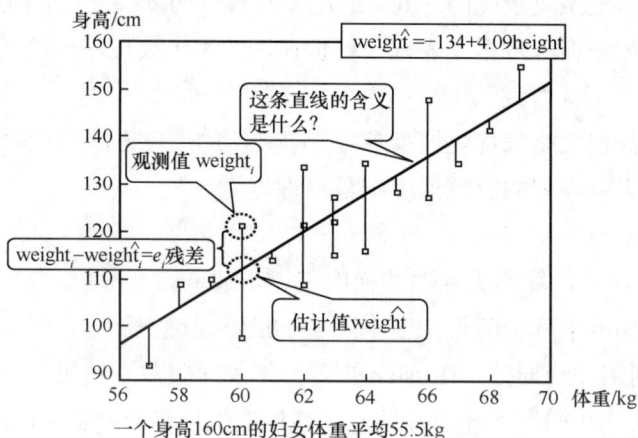

图 4-1　线性回归示例

回归分析的步骤具体如下。

① 确定回归方程的解释变量和被解释变量。

② 确定回归模型，建立回归方程，估计回归系数。

③ 对回归方程进行各种检验。

④ 利用回归方程进行预测。

1. 确定自变量和因变量

我们都学过二元一次方程，我们将 y 作为因变量，x 作为自变量。

2. 建立回归方程

设变量 Y 与变量 $X_1, X_2, \cdots, X_p$ 之间有线性关系，则

$$Y = \beta_0 + \beta_1 X_1 + \cdots + \beta_p X_p + \varepsilon \tag{4-1}$$

式中，$\varepsilon \sim N(0, \sigma^2)$；$\beta_0, \beta_1, \cdots, \beta_p$ 和 σ^2 是未知参数；$p \geqslant 2$，称上述模型为多元线性回归模型。

设 $(x_{i1}, x_{i2}, \cdots, x_{ip}, y_i), i = 1, 2, \cdots, n$ 是 $(X_1, X_2, \cdots, X_p, Y)$ 的 n 次独立观测值，则多元线性模型可表示为

$$y_i = \beta_0 + \beta_1 x_{i1} + \cdots + \beta_p x_{ip} + \varepsilon_i, i = 1, 2, \cdots, n \tag{4-2}$$

进一步用矩阵形式表达更加简洁，具体为

$$\boldsymbol{Y} = \boldsymbol{X}\boldsymbol{\beta} + \boldsymbol{\varepsilon} \tag{4-3}$$

式中，$\boldsymbol{Y}$ 为由响应变量构成的 n 维向量，$\boldsymbol{X}$ 为 $n \times (p+1)$ 阶设计矩阵，$\boldsymbol{\beta}$ 为 $(p+1)$ 维向量，$\boldsymbol{\varepsilon}$ 为 n 维差向量，并且满足以下条件。

$$E(\boldsymbol{\varepsilon}) = 0, \mathrm{Var}(\boldsymbol{\varepsilon}) = \sigma^2 I_n \tag{4-4}$$

3. 回归系数的估计

求参数 β 的估计值，即求最小二乘函数。何为最小二乘法？其实很简单。有很多的给定点，这时候我们需要找出一条线去拟合它，先假设这条线的方程，然后把数据点代入方程得到观测值，求使实际值与观测值相减的平方和最小的参数。目标函数为

$$Q(\beta) = \frac{1}{2} \sum_{i=1}^{n} \left(h_\beta(x^{(i)}) - y^{(i)} \right)^2 = (y - \beta X)^{\mathrm{T}} (y - \beta X) \tag{4-5}$$

其中，n 为数据的个数，$h_\beta(x^{(i)})$ 为观测值，$y^{(i)}$ 为实际值。

对目标函数中的变量 β 求偏导后，令偏导等于 0，可以证明 β 的最小二乘为

$$\beta = (\boldsymbol{X}^{\mathrm{T}}\boldsymbol{X})^{-1}\boldsymbol{X}^{\mathrm{T}}y \tag{4-6}$$

从而可得经验回归方程为

$$\boldsymbol{Y} = \boldsymbol{\beta}_0 + \boldsymbol{\beta}_1 \boldsymbol{X}_1 + \cdots + \boldsymbol{\beta}_p \boldsymbol{X}_p \tag{4-7}$$

4．显著性检验

显著性检验的主要目的是根据所建立的估计方程，用自变量 x 来估计或预测因变量 y 的取值。建立了估计方程后，不能马上进行估计或预测，因为该估计方程是根据样本数据得到的，关于它是否真实地反映了变量 x 和 y 之间的关系，需要通过检验后才能证实。

根据样本数据拟合回归方程式，实际上就已经假定了变量 x 与 y 之间存在着线性关系，并假定误差项是一个服从正态分布的随机变量，且具有相同的方差。但需要检验这些假设是否成立，显著性检验包括以下两方面。

（1）线性关系检验

线性关系检验是指检验自变量 x 和因变量 y 之间的线性关系是否显著，或者说它们之间能否用一个线性模型来表示。将均方回归（MSR）同均方误差（MSE）加以比较，应用 F 检验来分析二者之间的差别是否显著。

均方回归：回归平方和（SSR）除以相应的自由度（自变量个数 K）。

均方误差：误差平方和（SSE）除以相应的自由度（$n-k-1$）。

H_0：$\beta=0$ 所有回归系数与 0 无显著差异，y 与全体 x 的线性关系不显著。

计算线性关系检验的统计量 F 为

$$F = \frac{R_{SSR}/1}{E_{SSE}/n-2} = \frac{M_{MSR}}{N_{MSE}} \sim F(1, n-2) \tag{4-8}$$

（2）回归系数检验

回归系数检验的目的是通过检验回归系数 β 的值与 0 是否有显著性差异，来判断 Y 与 X 之间是否有显著性线性关系。若 $\beta=0$，则总体回归方程中不含 X 项（即 Y 不随 X 变动而变动），因此变量 Y 与 X 之间不存在线性关系；若 $\beta \neq 0$，说明变量 Y 与 X 之间存在显著的线性关系，回归系数检验如图 4-2 所示。

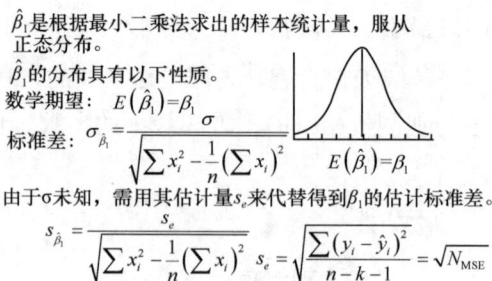

$\hat{\beta}_1$是根据最小二乘法求出的样本统计量，服从正态分布。

$\hat{\beta}_1$的分布具有以下性质。

数学期望：$E(\hat{\beta}_1) = \beta_1$

标准差：$\sigma_{\hat{\beta}_1} = \dfrac{\sigma}{\sqrt{\sum x_i^2 - \frac{1}{n}\left(\sum x_i\right)^2}}$

由于σ未知，需用其估计量s_e来代替得到β_1的估计标准差。

$s_{\hat{\beta}_1} = \dfrac{s_e}{\sqrt{\sum x_i^2 - \frac{1}{n}\left(\sum x_i\right)^2}}$　$s_e = \sqrt{\dfrac{\sum(y_i - \hat{y}_i)^2}{n-k-1}} = \sqrt{N_{MSE}}$

图 4-2　回归系数检验

计算回归系数检验的统计量为

$$t = \frac{\hat{\beta}_1 - \beta_1}{s_{\hat{\beta}_1}} \sim t(n-2) \tag{4-9}$$

（3）两种检验的区别

线性关系检验是检验自变量与因变量之间是否可以用线性来表达，而回归系数检验是根据样本数据计算的回归系数，检验总体中的回归系数是否为 0。

在一元线性回归中，自变量只有一个，线性关系检验与回归系数检验是等价的。

在多元回归分析中，这两种检验的意义是不同的。线性关系检验只能用来检验总体回归关系的显著性，而回归系数检验可以对各个回归系数分别进行检验。

5. 多重共线性检验

多重共线性检验是回归模型中两个或两个以上的自变量彼此相关的现象。多重共线性检验带来的问题包括回归系数估计值的不稳定增强、回归系数假设检验的结果不显著等。

在多元线性回归模型经典假设中，重要假定之一是回归模型的解释变量之间不存在线性关系，也就是说，解释变量中的任何一个都不能是其他解释变量的线性组合。如果违背这一假定，即线性回归模型中某个解释变量与其他解释变量之间存在线性关系，就称线性回归模型中存在多重共线性。多重共线性违背了解释变量之间不相关的假设，将降低回归算法模型预测准确率。

存在多重共线性的原因有以下几个。

① 解释变量都享有共同的时间趋势。

② 引入解释变量的滞后变量时，解释变量与滞后变量高度相关。

③ 由于数据收集的基础不够宽，某些解释变量可能会一起变动。

④ 某些解释变量之间存在某种近似的线性关系。

多重共线性检验的主要方法如下。

（1）容忍度

$$T_i = 1 - R_i^2 \tag{4-10}$$

式中，R_i 是解释变量 x_i 与方程中其他解释变量之间的复相关系数；容忍度在 0～1，越接近 0，表示多重共线性越强。

（2）方差膨胀因子（VIF）

方差膨胀因子是容忍度的倒数。

$$V_i = \frac{1}{1 - R_i^2} \tag{4-11}$$

V_i 越大，特别是大于或等于 10，说明解释变量 x_i 与方程中其他解释变量之间的多重共线性越强；V_i 越接近 1，表明解释变量 x_i 和其他解释变量之间的多重共线性越弱。

4.3　决策树

决策树是一种基于树结构的分类和回归算法，通过对数据集进行递归划分，每次选择最优的特征进行划分，直到满足停止条件。决策树可以生成可解释性强的规则，适用于处理离散型和连续型数据。由于这种决策分支画成图形很像一棵树的枝干，故被称为决策树。它的运行机制非常通俗易懂，因此被誉为机器学习中最"友好"的算法。下面通过一个简单的例子来阐述它的执行流程。假设根据大量数据（含 3 个指标：天气、温度、风速）构建了一棵"可预测学校会不会举办运动会"的决策树，决策树示例如图 4-3 所示。

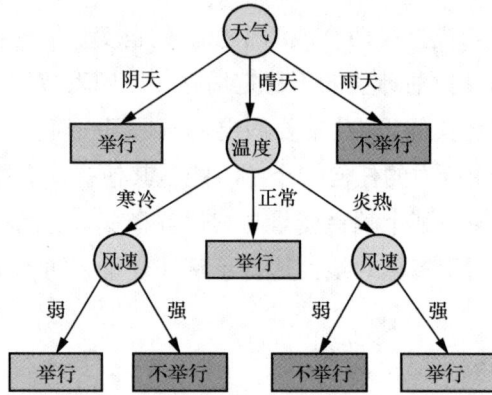

图 4-3 决策树示例

1．决策树的组成

决策树由节点和有向边组成。节点有两种类型，即内部节点（圆）和叶节点（矩形）。其中，内部节点表示一个特征（属性）；叶节点表示一个类别。而有向边则对应其所属内部节点的可选项（属性的取值范围），决策树组成如图 4-4 所示。

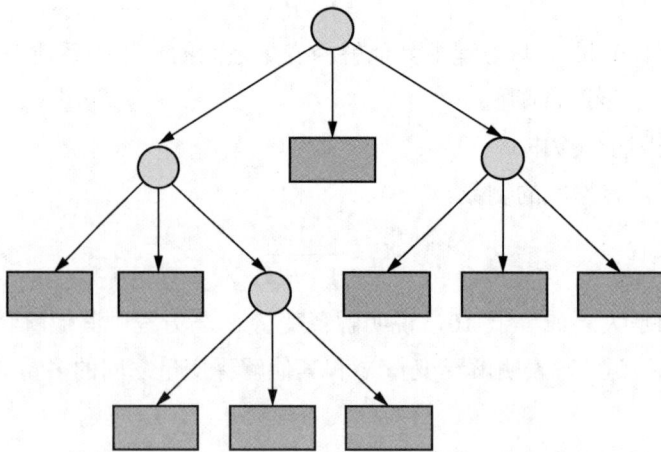

图 4-4 决策树组成

在用决策树进行分类时，首先从根节点出发，对实例在该节点的对应属性进行测试，接着根据测试结果，将实例分配到其子节点；然后在子节点继续执行这一流程，如此递归地对实例进行测试并分配，直至到达叶节点；最后，该实例将被分类到叶节点所指示的结果中。

在决策树中，若把每个内部节点视为一个条件，把每对节点之间的有向边视为一个选项，则从根节点到叶节点的每一条路径都可以被看作一个规则，而叶节点则对应着在指定规则下的结论。这样的规则具有互斥性和完备性，从根节点到叶节点的每一条路径代表了一类实例，并且这个实例只能在这条路径上。从这个角度来看，决策树相当于一个 if-then 的规则集合，因此它具有非常好的可解释性（白盒模型），这也是为什么说它是机器学习算法中最"友好"的。

2．决策树的构建

决策树的本质是从训练集中归纳出一套分类规则，使其尽量符合要求，如具有较好的泛化能力；尽量不出现过拟合现象。

当目标数据的特征较多时，构建的具有不同规则的决策树也相当庞大。如当仅考虑 5 个特征时，就能构建出 $5 \times 4 \times 3 \times 2 \times 1 = 120$（种）。在这么多决策树中，选择哪一棵才能达到最好的分类效果呢？实际上，这个问题的本质是应该按照怎样的顺序将样本数据的特征添加到一棵决策树的各级节点中？这是构建决策树需要关注的核心问题。

决策树构建过程如图 4-5 所示，在前面的例子中，为什么要先对"天气"进行划分，然后再划分"温度"和"风速"呢？可不可以先对"风速"进行划分，然后再划分"温度"和"天气"呢？

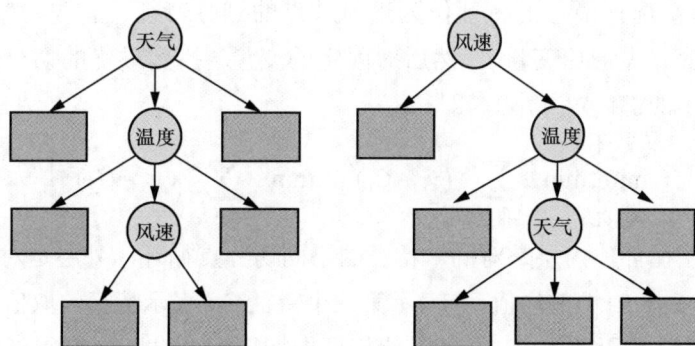

图 4-5　决策树构建过程

一种很直观的思路是，如果按照某个特征对数据进行划分，它能最大限度地将原本混乱的结果尽可能划分为几个有序的大类，则应该先以这个特征为决策树中的根节点。不断重复这一过程，直到整棵决策树被构建完成为止。

3．分类回归树算法

分类回归树（CART）算法是一种常用的决策树算法，可以用于分类和回归问题。它通过递归地将数据集划分为更小的子集，并在每个子集上构建一个决策树，最终形成一个二叉树结构。CART 的生成就是递归地构建二叉树，但是针对分类和回归，使用的策略是不一样的，对于回归树，使用的是均方误差最小化准则；而对于分类树，使用的是基尼系数最小化准则。

分类树算法的主要步骤如下。

① 特征选择：根据某种准则（如信息增益、基尼系数等），选择最佳的特征作为当前节点的划分特征。训练数据集为 D，计算现有特征对训练数据集的基尼系数，此时对于每一个特征 A，可能会取得每一个值 a，根据此值将训练样本切分为 D_1 和 D_2 两部分，然后计算 $A = a$ 基尼系数。

$$\text{Gini}(D) = 1 - \sum_{k=1}^{K}\left(\frac{|C_k|}{|D|}\right)^2 \tag{4-12}$$

$$\text{Gini}(D,\ A) = \frac{|D_1|}{D}\text{Gini}(D_1) + \frac{|D_2|}{D}\text{Gini}(D_2) \tag{4-13}$$

② 划分数据集：根据选定的特征和阈值，将数据集划分为两个子集，分别对应左子树和右子树。在所有可能的特征和所有可能的值里面选择基尼系数最小的特征及其切分点作为最优的特征及切分点，从节点生成两个子节点，将训练数据集分配到子节点中。

③ 递归构建决策树：对于每个子集，重复步骤①和步骤②，直到满足终止条件（如达到最大深度、节点中样本数小于某个阈值等）。

④ 剪枝处理：通过剪枝操作，减少决策树的复杂度，提高泛化能力。

回归树算法的主要步骤如下。

① 特征选择：选择最佳的特征作为当前节点的划分特征。首先对特征空间进行划分，注意选择顺序，先遍历变量 j，然后对固定的变量 j 找到最优的切分点 s，然后选择使式（4-14）最小的键值对 (j,s)，即

$$\min\left[\min\sum_{x_i \in R_1(j,s)}(y_i - C_1)^2 + \min\sum_{x_i \in R_2(j,s)}(y_i - C_2)^2\right] \tag{4-14}$$

该式包含两层循环，内层是对同一特征的不同切分点循环，外层是对不同特征循环，C_1、C_2 分别对应 R_1、R_2 上的均值，j 表示第几个特征，s 表示特征的取值，i 表示若 x 属于这个空间，则为 1，否则为 0，R 就是我们根据特征拆分出来的各个空间，每个叶节点对应一个空间。

用此键值对(j,s)对输入空间进行划分，然后取划分空间内 y 的平均值作为其输出值，即模型预测值。

② 划分数据集：根据选定的特征和阈值，将数据集划分为两个子集，分别对应左子树和右子树。用此键值对(j,s)对输入空间进行划分，然后取划分空间内 y 的平均值作为其输出值，公式如下。

$$R_1(j,s) = \left\{x \mid x^{(j)} \leqslant s\right\} \tag{4-15}$$

$$R_2(j,s) = \left\{ x \mid x^{(j)} \geqslant s \right\} \tag{4-16}$$

③ 递归构建决策树：对于每个子集，重复步骤①和步骤②，直到满足终止条件（如达到最大深度、节点中样本数小于某个阈值等），生成决策树。

$$f(x) = \sum_{m=1}^{M} c_m I(x \in R_m) \tag{4-17}$$

④ 剪枝处理：通过剪枝操作，减少决策树的复杂度，提高泛化能力。

4．决策树中的预剪枝处理（正则化）

对于决策树而言，当不断向下划分，以构建一棵足够大的决策树时（直到所有叶节点的熵值均为 0），理论上就能将近乎所有数据全部区分开。因此，决策树的过拟合风险非常大。为此，需要对其进行剪枝处理。

常用的剪枝策略主要有以下两个。

① 预剪枝：构建决策树的同时进行剪枝处理（更常用）。

预剪枝策略可以通过限制树的深度、叶节点个数、叶节点含样本数和信息增量来完成。

图 4-6 展示了通过限制决策树的深度以防止决策树出现过拟合风险的情况。

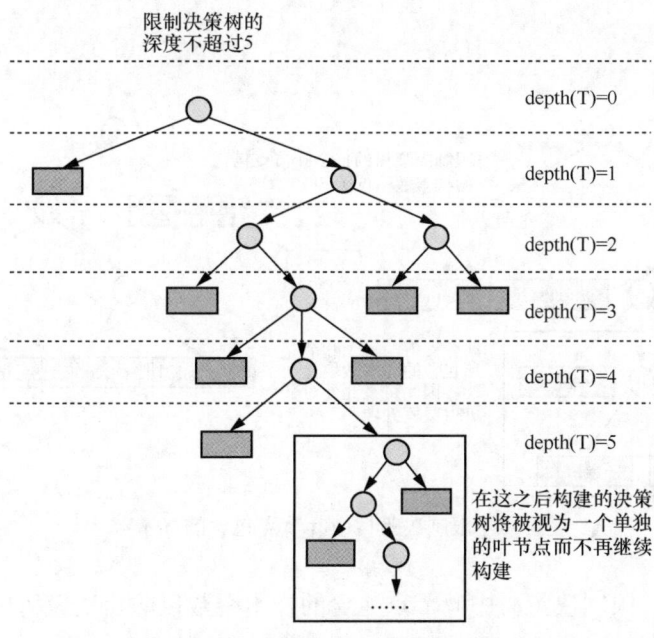

图 4-6 限制决策树的深度

图 4-7 展示了通过限制决策树中叶节点的个数以防止决策树出现过拟合风险的情况。

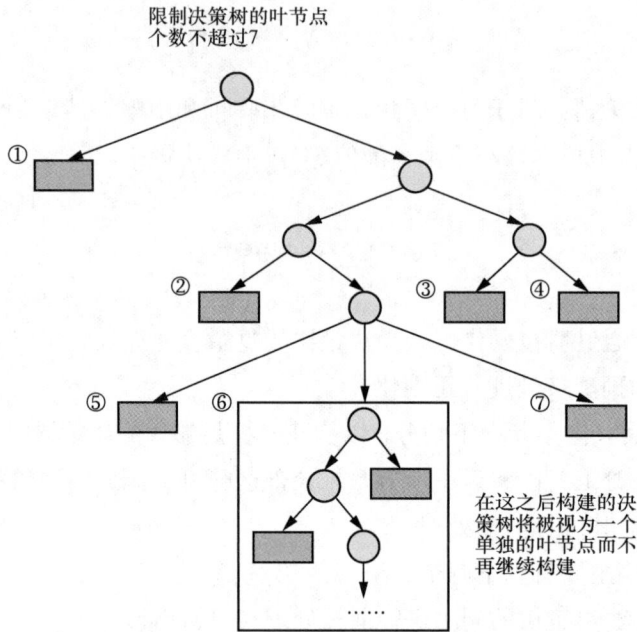

图 4-7　限制决策树中叶节点的个数

图4-8展示了通过限制决策树中叶节点包含的样本数以防止决策树出现过拟合风险的情况。

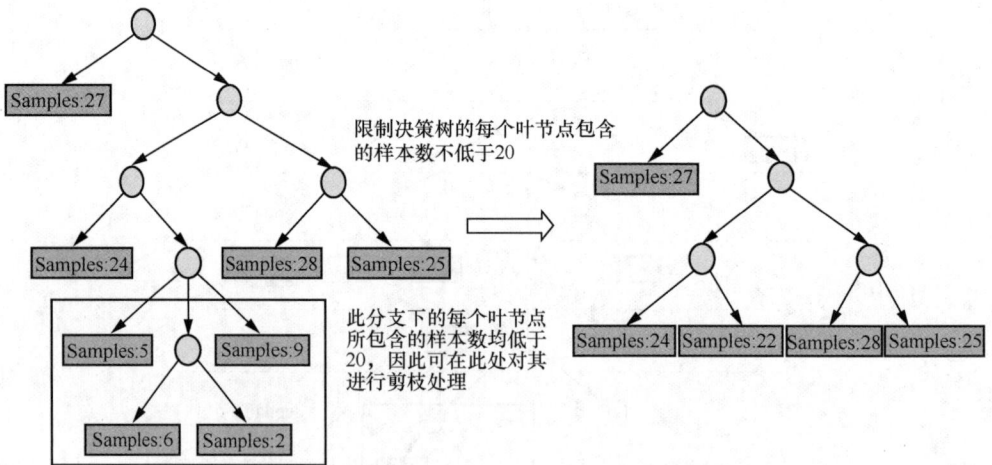

图 4-8　限制决策树中叶节点包含的样本数

此外，还有通过限制决策树中叶节点包含的样本个数以防止决策树出现过拟合风险的情况。

② 后剪枝：先构建决策树再进行剪枝处理。

后剪枝的实现依赖以下衡量标准。

$$L_\alpha(T) = \text{Gini}(T) \times |T| + \alpha |T_{\text{leaf}}| \tag{4-18}$$

式中，$L_\alpha(T)$ 表示最终损失（希望决策树的最终损失越小越好），$\text{Gini}(T)$ 表示当前节点的熵或基尼系数，$|T|$ 表示当前节点包含的数据样本个数，T_{leaf} 表示当前节点被划分后产生的叶节点个数（显然，叶节点越多，损失越大），α 是用户指定的偏好系数（α 越大表示对"划分出更多的子节点"的惩罚越大，即越不偏好于决策树的过分划分，因此有助于控制模型过拟合；反之，α 越小表示对"划分出更多的子节点"的惩罚越小，即更希望决策树能在训练集上得到较好的结果，而不在意过拟合风险）。

4.4　人工神经网络

连接主义主张智能行为可以通过模拟大脑神经元之间的连接机制来实现。在这个框架下，智能行为被视为由大量简单的处理单元（神经元）通过复杂的连接网络共同完成的任务。这些处理单元通常具有简单的计算能力和有限的存储容量，但它们之间的相互作用可以产生复杂的智能行为。

4.4.1　神经元与感知机

人工神经网络模型受到了神经系统层次化结构特性的启发，以"层层递进，逐层抽象"机制来完成特定任务。长久以来，研究者不断探索人类认知的神经基础，这需要精确刻画不同层面的认知现象（例如，从所观测的行为来推测神经元、神经系统和神经回路的工作机理），进而使在不同层面所观测到的现象之间的因果联系能够在现有计算载体上实现，以启发人工智能模型来提高性能和扩展认知能力。

1. 从生物神经网络到人工神经网络

神经元是神经系统的基本结构和功能单位，负责接收、处理和传递信息。神经元的结构和功能对于理解神经系统的工作机制至关重要。生物神经网络神经元如图 4-9 所示，神经元主要由以下几部分组成。

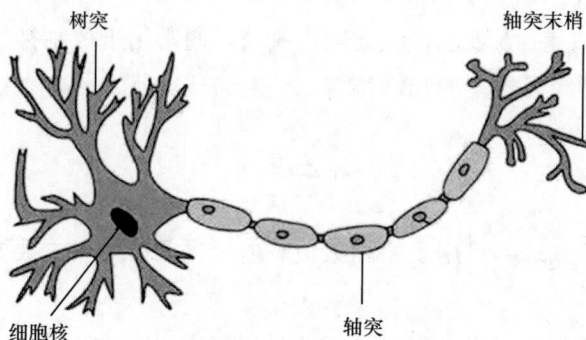

图 4-9　生物神经网络神经元

① 细胞核：神经元的代谢中心，包含细胞核、细胞质和细胞膜。细胞体内含有 DNA，负责蛋白质的合成和其他生命活动。

② 树突：神经元的接收端，从细胞体延伸出去，通常呈树枝状分布。树突负责接收来自其他神经元的信息，并将其传递给细胞体。

③ 轴突：神经元的传输端，通常比树突长，负责将信息从细胞体传递给其他神经元或其他目标细胞（如肌肉细胞或腺体）。轴突通常只有一个，但可以有很多分支。

④ 轴突末梢：轴突的末端，通常形成突触与其他神经元的树突或细胞体接触。在这里，神经递质被释放，传递信息给下一个神经元或其他目标细胞。

构成人脑的神经元所具备的功能很固定，也很简单，人之所以拥有智慧，是因为神经元以某种非常特殊的方式互相连接着。人工神经网络可以看作对人脑在某种程度的模拟，人工神经网络中的函数相当于定义了某种特殊的脑细胞的连接方式，而函数中可调的参数则定义了连接的强度。神经网络的理念是给出一种通用的函数形式，它的计算步骤、方式均是固定的，其功能只由其中的参数取值决定。

受此启发，科研人员设计出基础的神经网络模型结构，人工神经网络神经元模型示意如图 4-10 所示，该模型为一个最简单的"M-P 神经元结构"，于 1943 年被提出，并一直沿用至今。

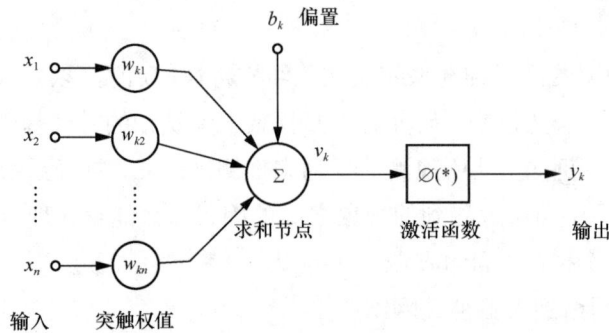

图 4-10　人工神经网络神经元模型示意

从模型示意来看，对于一个单一的神经元模型，其中 $\{x_1,x_2,\cdots,x_i,\cdots,x_n\}$ 为该模型的输入数据；$\{w_1,w_2,\cdots,w_i,\cdots,w_n\}$ 为神经元模型计算参数，与输入数据维度一一对应，用于反映输入数据各维度的权重；b 表示神经元输出阈值，通常用于控制神经元是否输出结果或修正输出结果；y 为神经元模型的输出结果，计算方式如下。

$$y = f\left(\sum_{i=1}^{n} w_i x_i - \theta\right) \tag{4-19}$$

式中，函数 $f\left(\sum_{i=1}^{n} w_i x_i - \theta\right)$ 用于将函数值映射至区间[0,1]（主要）或[-1,1]（部分），$f\left(\sum_{i=1}^{n} w_i x_i - \theta\right)$ 通常被称为激活函数。常用的激活函数包括 Sigmoid 函数 Tanh 函数等。

通常来说，多个神经元模型按次序排列即是一个简单的神经网络模型。

2. 感知机

感知机由两层神经元组成，输入层接收到外界输入信号后传递给输出层，输出层是M-P 神经元，也称为阈值逻辑单元。感知机结构如图 4-11 所示，单层感知机结构与逻辑回归（LR）是一致的。

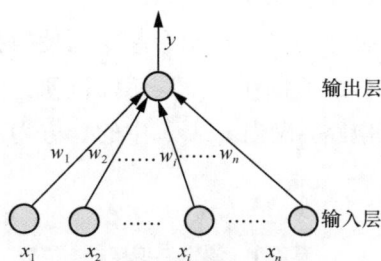

图 4-11　感知机结构

其中，$\{x_1, x_2, \cdots, x_i, \cdots, x_n\}$ 为输入层接收到的输入数据；$\{w_1, w_2, \cdots, w_i, \cdots, w_n\}$ 为输出层M-P 神经元模型的计算参数。当输入层接收到的输入数据维度为 2 时，通过不同的权重和阈值配比，感知机可以实现逻辑的"与""或""非"运算。经过训练数据集的训练，感知机可以自动地学习到阈值和权重。

3. 感知机的学习

一般地，给定数据集，感知机的权重 $\{w_1, w_2, \cdots, w_i, \cdots, w_n\}$ 及阈值 θ 可以通过学习得到。由损失函数 $y = f\left(\sum_{i=1}^{n} w_i x_i - \theta\right)$ 可知，既然损失函数可以用来评价模型的好坏，那么让损失函数的值最小的那一组参数就是最好的参数。我们将阈值 θ 看作原始输入数据，维度增加一维，该输入值恒为-1，增加对应需要学习的权重为 w_{n+1}（即 θ），如此即可将权重和阈值统一为权重的学习。为了方便理解，给出一个例子，假设原本的输入数据为 $x = \{x_1, x_2, \cdots, x_i, \cdots, x_n\}$，实际的输入数据改为 $X' = \{x_1, x_2, \cdots, x_i, \cdots, x_n, -1\}$

感知机的参数学习过程如下。

$$w_i = w_i + \Delta w_i \tag{4-20}$$

$$\Delta w_i = \eta(y - \acute{y})x \tag{4-21}$$

式中，$i \in [1, n+1]$，$\eta \in [0,1]$，称为学习率，用于调控模型的学习进度；y 为输入数据对应的真实值；$\acute{y}$ 为当前学习步骤中感知机的输出结果。若模型输出结果同真实值相同，则权重不发生变化；当模型预测值同真实值差距越大，则权重调整的幅度就越大。

在数学上，这是一个无约束最优化问题，如果用测试集上的损失函数来调整参数，则会出现严重的过拟合现象。因此，通常准备两个集合，一个是测试集，另一个是训练集。参数的学习只针对训练集，找到使训练集损失尽量小的参数，然后在测试集上测试该组参数面对训练集之外的样本的表现。

单层感知机或逻辑回归等这些神经网络虽然结构十分简单，但却是其他更为复杂的神经网络的基础，在学习时需要掌握数据在模型中的计算过程、损失函数构造方法、利用损失函数求梯度并利用梯度下降等优化算法更新参数的方法。

4．感知机的局限性

单层感知机能够通过简单的学习实现输入值的"与""或"和"非"运算，但是单层感知机只能实现线性可分的数据学习（存在一个超平面使数据分开），当线性不可分时单层感知机便无法处理，例如"异或"操作，单层感知机便无法实现。

异或门也被称为逻辑异或电路，仅当 x_1 或 x_2 中的一方为 1 时，才输出 1，其余都为 0。逻辑异或电路见表 4-1。

表 4-1　逻辑异或电路

x_1	x_2	y
0	0	0
1	0	1
0	1	1
1	1	0

为了便于读者理解，首先说一下或门，当 $(b, w_1, w_2) = (-0.5, 1, 1)$ 时，满足或门的真值表。此时感知机可表示为

$$y = \begin{cases} 0(0.5 + x_1 + x_2 \leqslant 0) \\ 1(0.5 + x_1 + x_2 > 0) \end{cases} \tag{4-22}$$

根据式（4-22）可以得知，直线 $0.5 + x_1 + x_2 = 0$ 把空间分为两个部分，其中一个输出为 1，另一个输出为 0。或门如图 4-12 所示。

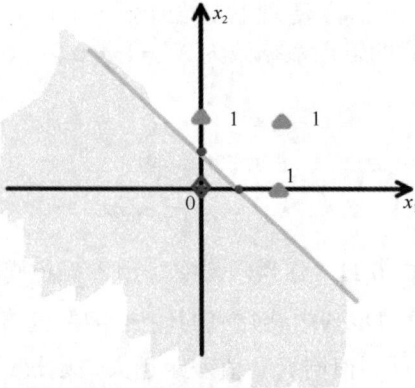

图 4-12　或门

其中黄色部分为感知机输出为 0 的区域，三角形表示 0，菱形表示 1，要想实现感知

机，只需要把三角形和菱形分开即可。图中蓝色的直线也将三角形和菱形分开了。那么换成异或门来看看，异或门如图 4-13 所示。

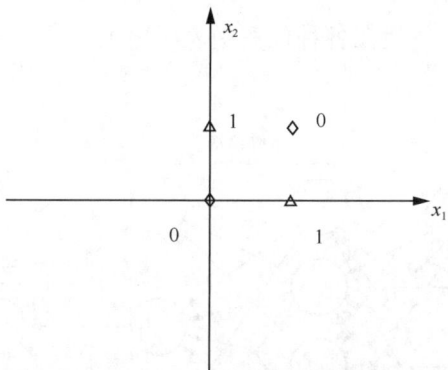

图 4-13 异或门

在图 4-13 中，无法用一条直线将三角形和菱形分开，但如果把"直线"这条限制去掉就可以了。感知机的局限性就在于它只能表示由一条直线分割的空间。弯曲的曲线就不能用感知机表示。这样由曲线分割而成的空间被称为非线性空间，由直线分割而成的空间被称为线性空间。

为了使感知机的适应范围更广，可以将多个感知机连接起来，构成多层感知机模型来适应更复杂的任务。多层感知机模型也被称作人工神经网络（ANN）。

4.4.2 BP 神经网络及其学习方法

1. BP 神经网络结构

神经网络是一种模拟人脑神经元网络结构的算法。通过多层神经元之间的连接和激活函数的作用，神经网络能够实现对复杂模式的学习和识别。每一层神经元都会对输入数据进行处理，并将结果传递给下一层，最终在输出层生成预测结果。

BP 神经网络是最基本的神经网络模型之一。在这种模型中，信息只能从输入层单向传递到输出层。BP 神经网络由输入层、隐藏层和输出层组成。输入层接收原始数据，隐藏层负责处理和提取特征，输出层生成最终的预测结果。通过调整各层之间的权重和偏置，BP 神经网络能够逐步优化其性能，从而更好地拟合数据。

反向传播算法是训练 BP 神经网络的常用算法。该算法通过计算预测值与真实值之间的误差，并将误差反向传播到网络中的每个神经元，从而更新权重和偏置。具体来说，反向传播算法首先在前向传播过程中计算出网络的预测值，然后计算预测值与真实值之间的差异（即误差），最后将误差逐层反向传播，调整各层的权重和偏置，以不断优化网络的性能。

基于误差反向传播学习算法的前向神经网络也被称为 BP 神经网络。多层神经网络结构如图 4-14 所示，该网络由 3 个层次组成，即输入层、隐藏层和输出层。隐藏层可以有一层或多层，前一层的神经元通过权系数与后一层的神经元相连。这种结构使神经网络能够处理复杂的非线性关系，从而在各种任务中表现出色。

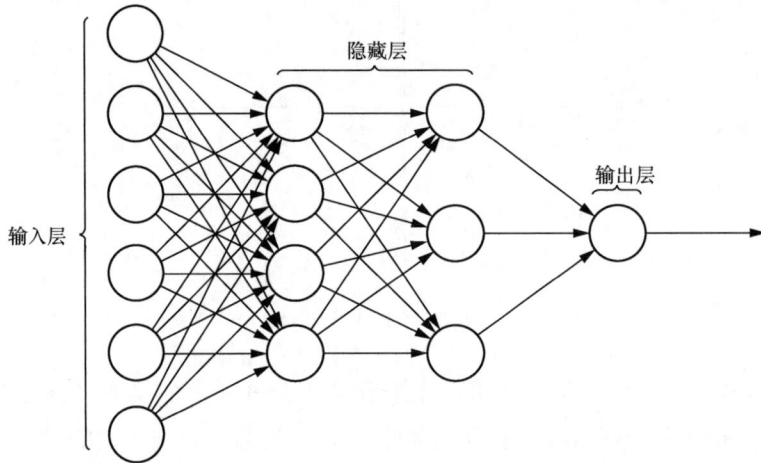

图 4-14　多层神经网络结构

对输入层的神经元来说，输入和输出二者是相等的。隐藏层、输出层这两层神经元输入的值都是上一层中的神经元所输出的值的加权和。图 4-14 中隐藏层、输出层这两层之间的连线所代表的含义是隐藏层中的神经元和输出层中的神经元的连接权值。隐藏层的神经元使用 S 形的作用函数来表示，输出层的神经元使用线性函数来表示，只要隐藏层中的神经元数量足够多，那么其就可以无限接近任何一个函数。

多层神经网络的学习在本质上属于有监督的学习，该部分的学习由两部分构成，一部分是信息的正向传播，另一部分是误差反向传播。当多层神经网络在进行正向传播时，需要传播的信息从输入层进入，经过隐藏层的处理，最终通过输出层输出，在这一过程中相邻层次的神经元产生一定的影响。如果输出层最终得到的值与期望输出值不一致，那么多层神经网络将会进行反向传播，在此期间对神经元的相应权值进行修改，使误差减小。

BP 神经网络结构是一种三层式的组织结构，BP 神经网络组织如图 4-15 所示，其中输入层向量为 $X = (x_1, \cdots, x_n)^T$，$x_0 = -1$ 是为隐藏层神经元引入阈值而设置的，隐藏层输出向量为 $Y = (y_1, \cdots, y_m)^T$，$y_0 = -1$ 是为输出层神经元引入阈值而设置的，输出层输出向量为 $O = (o_1, \cdots, o_l)^T$，期望输出向量为 $d = (d_1, \cdots, d_l)^T$。输入层到隐藏层之间的权值矩阵用 V 表示，$V = (V_1, V_2, \cdots, V_j, \cdots, V_m)^T$，其中列向量 V_j 为隐藏层第 j 个神经元对应的权向量；隐藏层到输出层之间的权值矩阵用 W 表示，$W = (W_1, W_2, \cdots, W_k, \cdots, W_l)^T$，其中 W_k 为输出层第 k 个神经元对应的权向量。下面分析各层信号之间的数学关系。

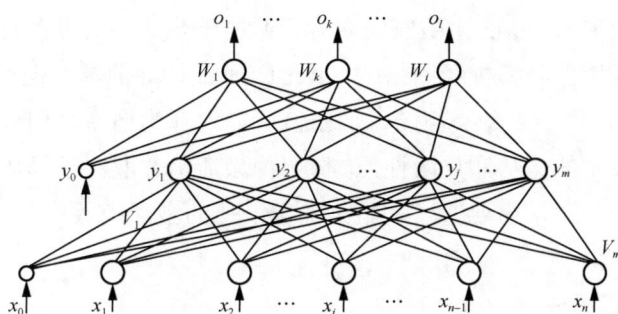

图 4-15　BP 神经网络组织

由图 4-15 可看出，输入层输入式和输出式为

$$o_k = f(net_k), k = 1, 2, \cdots, l \tag{4-23}$$

$$net_k = \sum_{j=0}^{m} w_{jk} y_j, k = 1, 2, \cdots, l \tag{4-24}$$

隐藏层输入式和输出式为

$$y_j = f(net_j), j = 1, 2, \cdots, m \tag{4-25}$$

$$net_j = \sum_{j=0}^{n} v_{ij} x_i, i = 1, 2, \cdots, m \tag{4-26}$$

$f(x)$是单极性的 Sigmoid 函数，表达式为

$$f(x) = \frac{1}{1 + e^{-x}} \tag{4-27}$$

$f(x)$ 具有连续、可导的特点，且有

$$f'(x) = f(x)[1 - f(x)] \tag{4-28}$$

上述公式共同构成了三层感知机的数学模型。

2．常见激活函数

激活函数就是在人工神经网络的神经元上运行的函数，负责将神经元的输入映射到输出端，旨在帮助网络学习数据中的复杂模式。

激活函数是神经网络中的一种非线性变换，它定义在每个神经元上，将神经元输入信号转换为输出信号。在深度学习中，激活函数非常重要，因为它们能够使神经网络捕捉到非线性关系，从而更好地逼近复杂的函数或映射。

在深度学习中，最常用的激活函数包括 Sigmoid 函数、Tanh 函数、ReLU 函数、Softmax函数等。这些激活函数具有不同的特点，其优缺点也不同，应根据具体的问题选择合适的激活函数。

例如，Sigmoid 函数在输出处的值域为[0,1]，可以将输出解释为概率，因此常用于二分类问题，但容易导致梯度消失；Tanh 函数输出是以零为中心的，有助于梯度传播，但同样容易导致梯度消失；ReLU 函数在输入为负数时输出为 0，可以有效地解决梯度消失问题，因此被广泛应用于卷积神经网络中，ReLU 函数计算简单，但可能存在死亡 ReLU 问题；Softmax 函数适用于多分类问题，输出值可以解释为概率，但计算复杂度较高。每种激活函数都有其特定的优势和局限性，选择哪种激活函数取决于具体的任务需求和网络结构。在实际应用中，通常需要通过实验来确定最佳的激活函数。

（1）Sigmoid 函数

Sigmoid 函数的数学表达式为

$$f(x) = \frac{1}{1 + e^{-x}} \tag{4-29}$$

导数表达式为

$$f'(x) = f(x)[1 - f(x)] \tag{4-30}$$

Sigmoid 函数如图 4-16 所示。

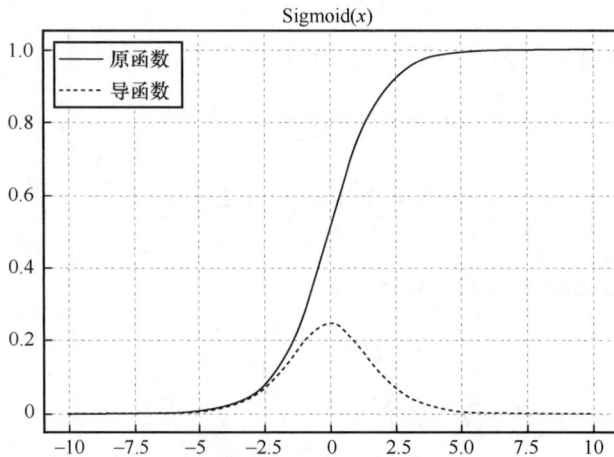

图 4-16　Sigmoid 函数

Sigmoid 函数的特点：将输出值压缩到(0, 1)之间，输出范围固定；输出平滑且连续，有助于梯度传播；适用于二分类问题，特别是作为输出层的激活函数。

Sigmoid 函数的优点：输出范围固定，有助于标准化输出；适用于概率预测，如逻辑回归；输出值可以解释为概率，便于理解和应用。

Sigmoid 函数的缺点：容易导致梯度消失问题，尤其是在深层网络中，因为导数在输入较大或较小时接近 0；计算复杂度较高，涉及指数运算；输出不是以零为中心的，可能导致后续层的梯度不稳定。

Sigmoid 函数的适用场景：二分类问题的输出层；需要输出值在(0, 1)之间的场景，如概率预测。

（2）Tanh 函数

Tanh 函数的数学表达式为

$$f(x) = \frac{e^x - e^{-x}}{e^x + e^{-x}} = \frac{2}{1 + e^{-2x}} - 1 \qquad (4\text{-}31)$$

导数表达式为

$$f'(x) = \frac{4}{(e^x + e^{-x})^2} = 1 - [f(x)]^2 \qquad (4\text{-}32)$$

Tanh 函数如图 4-17 所示。

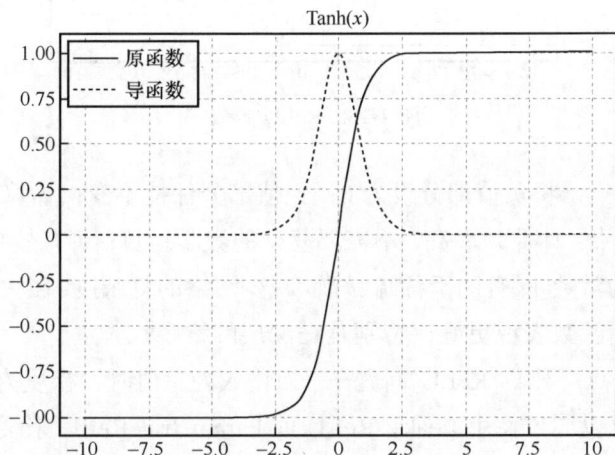

图 4-17　Tanh 函数

Tanh 函数的特点：将输出值压缩到（−1, 1）之间，输出是以零为中心的；与 Sigmoid 函数类似，输出范围固定但更大。

Tanh 函数的优点：输出是以零为中心的，有助于梯度传播；适用于输出范围为[−1, 1]的场景；在某些情况下，Tanh 函数相较于 Sigmoid 函数表现更好，因为它的输出是以零为中心的。

Tanh 函数的缺点：容易导致梯度消失问题，尤其是在深层网络中；计算复杂度较高，涉及指数运算；虽然输出范围更大，但仍然存在梯度消失的风险。

Tanh 函数的适用场景：需要以零为中心输出的场景；二分类问题的输出层，尤其是当输出范围为[−1, 1]时。

（3）ReLU 函数

ReLU 函数的数学表达式为

$$f(x) = \max(x, 0) = \begin{cases} x, & x \geqslant 0 \\ 0, & x < 0 \end{cases} \qquad (4\text{-}33)$$

导数表达式为

$$f(x) = \begin{cases} 1, & x \geqslant 0 \\ 0, & x < 0 \end{cases} \qquad (4\text{-}34)$$

ReLU 函数如图 4-18 所示。

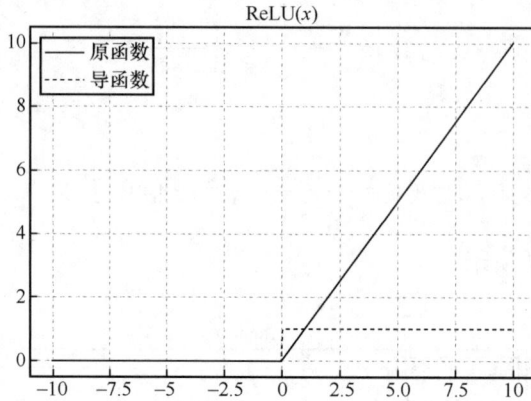

图 4-18   ReLU 函数

ReLU 函数的特点：将负值部分设为 0，正值部分保持不变；计算简单，速度快。

ReLU 函数的优点：计算效率高，不需要复杂的数学运算；可有效缓解梯度消失问题，因为导数在正区间为常数 1；有助于稀疏激活，减少网络的复杂度；在大多数情况下，ReLU 函数相较于其他激活函数表现更好，特别是在深层网络中。

ReLU 函数的缺点：死亡 ReLU 问题——当输入为负值时，梯度为 0，导致神经元可能永远无法激活，可以通过使用 Leaky ReLU 或 Parametric ReLU 来缓解这个问题；输出不是以零为中心的，可能会导致后续层的梯度不稳定。

ReLU 函数的适用场景：大多数深度学习任务的隐藏层；需要快速计算和高效训练的场景。

（4）Softmax 函数

Softmax 函数的数学表达式为

$$f(x) = \frac{e^{xi}}{\sum_{i=0}^{n} e^{xi}} \tag{4-35}$$

这里使用梯度无法求导，所以导函数图像是一个 $y = 0$ 的直线。

Softmax 函数如图 4-19 所示。

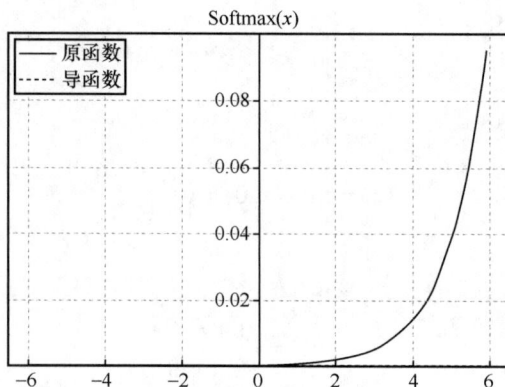

图 4-19   Softmax 函数

Softmax 函数的特点：将输入向量转换为概率分布，所有输出值之和为 1；适用于多分类问题的输出层。

Softmax 函数的优点：输出值可以解释为概率，便于理解和应用；适用于多分类任务，能够清晰地表示每个类别的概率；有助于模型的解释性和可解释性。

Softmax 函数的缺点：计算复杂度较高，涉及指数运算和求和；对于非常大的输入值，可能会导致数值不稳定，需要进行数值稳定性处理（如减去最大值）；在某些情况下，可能会导致梯度消失问题，尤其是在深层网络中。

Softmax 函数的适用场景：多分类问题的输出层；需要输出概率分布的场景，如分类任务。

3. 目标函数和损失函数

目标函数是神经网络训练过程中优化的目标，它衡量了模型预测值与真实值之间的差异。在监督学习中，目标函数通常是指损失函数，但在某些情况下，也可以包括正则化项等其他成分。损失函数用于量化单个训练样本上模型预测值与实际标签之间的误差。常见的损失函数有均方误差、交叉熵损失等。通过最小化损失函数，可以调整模型参数，使模型在训练数据上的表现更好。

在大多数情况下，目标函数和损失函数是同一个概念，特别是在监督学习任务中。但在一些复杂场景下，目标函数可能不仅仅包含损失函数，还可能包括正则化项、约束项等，以防止过拟合或满足特定的业务需求。

目标函数和损失函数是神经网络训练中非常重要的概念，它们直接影响模型的性能和泛化能力。选择合适的损失函数对于训练一个有效的神经网络至关重要。

算法的求解过程是对目标函数优化的过程。在分类或者回归问题中，通常使用损失函数（代价函数）作为其目标函数。损失函数被用来评价模型的预测值和真实值不同的程度，损失函数越好，通常模型的性能越好。不同的算法使用的损失函数不同。

下面以三层感知机为例介绍 BP 算法，然后将所得结论推广到一般多层感知机的情况。当网络输出与期望输出不同时，存在输出误差 E，定义如下。

$$E = \frac{1}{2}(\boldsymbol{d} - \boldsymbol{O})^2 = \frac{1}{2}\sum_{k=1}^{l}(d_k - o_k)^2 \tag{4-36}$$

将以上误差定义式展开至隐藏层，有

$$E = \frac{1}{2}\sum_{k=1}^{l}[d_k - f(net_k)]^2 = \frac{1}{2}\sum_{k=1}^{l}\left[d_k - f\left(\sum_{j=0}^{m}w_{jk}y_j\right)\right]^2 \tag{4-37}$$

进一步展开至输入层，有

$$E = \frac{1}{2}\sum_{k=1}^{l}\left\{d_k - f\left[\sum_{j=0}^{m}w_{jk}f(net_j)\right]\right\}^2 = \frac{1}{2}\sum_{k=1}^{l}\left\{d_k - f\left[\sum_{j=0}^{m}w_{jk}f\left(\sum_{i=0}^{n}v_{ij}x_i\right)\right]\right\}^2 \tag{4-38}$$

由式（4-38）可以看出，网络误差是各层权值 w_{jk}、v_{ij} 的函数，因此，调整权值可改

变误差 E（从最小化误差函数的角度看，误差函数也称为目标函数或代价函数）。

4．梯度下降法和误差反向传播

显然，调整权值的原则是使误差不断地减小，因此，应使权值的调整量与误差的梯度下降成正比，即

$$\Delta w_{jk} = -\eta \frac{\partial E}{\partial w_{jk}}, \ j = 1,2,\cdots,m, \ \ k = 1,2,\cdots,l \tag{4-39}$$

$$\Delta v_{ij} = -\eta \frac{\partial E}{\partial v_{ij}}, i = 1,2,\cdots,n, \ \ j = 1,2,\cdots,m \tag{4-40}$$

式中，负号表示梯度下降，常数 $\eta \in (0,1)$，表示比例系数，在训练中反映了学习速率。这类算法常被称为误差的梯度下降法。

梯度下降法是一种用于求解最小化问题的迭代优化算法。常用于机器学习中的参数优化，如线性回归、逻辑回归等模型的训练。从一个初始点开始，沿着目标函数梯度的负方向更新参数，梯度下降法可分为以下几种类型。

① 批量梯度下降：使用所有数据来计算梯度。

② 随机梯度下降：每次仅用一个样本进行梯度更新。

③ 小批量梯度下降：介于两者之间，每次使用一小批数据。

误差反向传播是一种在神经网络中高效计算梯度的算法，主要用于训练多层神经网络，从输出层到输入层逐层计算梯度，并更新权重，能够高效地利用链式法则计算梯度，适用于大规模神经网络。通过误差反向传播计算出的梯度来指导梯度下降法对模型参数进行优化。

前面的推导仅是对权值调整思路的数学表达，而不是具体的权值调整计算式。以下为推导三层 BP 算法权值调整的计算式。事先约定，在全部推导过程中，对输出层均有 $j = 0,1,2,\cdots,m$， $k = 1,2,\cdots,l$，对隐藏层均有 $i = 0,1,2,\cdots,n$， $j = 1,2,\cdots,m$。

$$\Delta w_{jk} = -\eta \frac{\partial E}{\partial w_{jk}} = -\eta \frac{\partial E}{\partial net_k} \frac{\partial net_k}{\partial w_{jk}} \tag{4-41}$$

$$\Delta v_{ij} = -\eta \frac{\partial E}{\partial v_{ij}} = -\eta \frac{\partial E}{\partial net_j} \frac{\partial net_j}{\partial v_{ij}} \tag{4-42}$$

对输出层和隐藏层各定义一个误差信号，令

$$\delta_k^o = -\frac{\partial E}{\partial net_k} \tag{4-43}$$

$$\delta_j^y = -\frac{\partial E}{\partial net_j} \tag{4-44}$$

综合以上和式（4-24）和式（4-26），权值调整式改写为

$$\Delta w_{jk} = \eta \delta_k^o y_j \tag{4-45}$$

$$\Delta v_{ij} = \eta \delta_j^y x_i \tag{4-46}$$

可以看出，只要计算出误差信号 δ_k^o 和 δ_j^y，权值调整量的计算推导即可完成。下面继续推导如何求 δ_k^o 和 δ_j^y。

对于输出层，δ_k^o 可展开为

$$\delta_k^o = -\frac{\partial E}{\partial net_k} = -\frac{\partial E}{\partial o_k}\frac{\partial o_k}{\partial net_k} = -\frac{\partial E}{\partial o_k} f'(net_k)$$

$$= -(d_k - o_k) f'(net_k) = (d_k - o_k) o_k (1 - o_k) \tag{4-47}$$

对于隐藏层，δ_j^y 可展开为

$$\delta_j^y = -\frac{\partial E}{\partial net_j} = -\frac{\partial E}{\partial y_j}\frac{\partial y_j}{\partial net_j} = -\frac{\partial E}{\partial y_j} f'(net_j)$$

$$= \left[\sum_{k=1}^{l}(d_k - o_k) f'(net_k) w_{jk}\right] f'(net_j) = \left(\sum_{k=1}^{l}\delta_k^o w_{jk}\right) y_j (1 - y_j) \tag{4-48}$$

至此两个误差信号的推导已完成，将式（4-47）、式（4-48）代入式（4-45）、式（4-46），得到三层感知机的 BP 算法权值调整计算公式。

$$\Delta w_{jk} = \eta \delta_k^o y_j = \eta(d_k - o_k) o_k (1 - o_k) y_j \tag{4-49}$$

$$\Delta v_{ij} = \eta \delta_j^y x_i = \eta\left(\sum_{k=1}^{l}\delta_k^o w_{jk}\right) y_j (1 - y_j) x_i \tag{4-50}$$

4.5　本章小结

① 机器学习的核心在于通过大量的数据输入训练模型，利用训练好的模型来预测未来或未见过的数据。机器学习通过对数据的学习和分析，让计算机系统自动提高其性能。简而言之，机器学习是一种从数据中学习规律和模式的方法，通过数据来预测、分类或者决策。

② 机器学习的核心可以归纳为 3 个要素，即模型、策略和算法。这 3 个要素共同决定了机器学习系统的性能和效果。

③ 线性回归中显著性检验包括两种检验，即线性关系检验、回归系数检验。

④ CART 算法是一种常用的决策树算法，可以用于分类和回归问题。它通过递归地将数据集划分为更小的子集，并在每个子集上构建一个决策树，最终形成一个二叉树结构。

CART 决策树的生成就是递归地构建二叉树，但是针对分类和回归，使用的策略是不一样的，对于回归树，使用的是均方误差最小化准则；而对于分类树，使用的是基尼系数最小化准则。

⑤ 神经元是神经系统的基本结构和功能单位，负责接收、处理和传递信息。受此启发，科研人员设计出基础的神经网络模型结构，即 M-P 神经元结构。

⑥ 多层神经网络的学习在本质上属于有监督的学习，该部分的学习由两部分构成，一部分是信息的正向传播，另一部分是误差反向传播。当多层神经网络进行正向传播时，需要传播的信息从输入层进入，经过隐藏层的处理，最终通过输出层输出，在这一过程中，相邻层次的神经元产生一定的影响。如果输出层最终所得到的值与期望输出值不一致，那么多层神经网络将会进行反向传播，在此期间对神经元的相应权值进行修改，使误差减小。

第 5 章　深度学习与大模型

📖 **学习目标**

（1）了解从生物神经网络到人工神经网络的发展历程；

（2）学习 BP 神经网络结构和误差反向传播学习算法；

（3）理解深度学习卷积神经网络的基本计算流程；

（4）了解大模型的关键技术。

5.1　深度学习

5.1.1　从神经网络到深度学习

从神经网络到深度学习是一个发展过程，起源于对生物大脑工作原理的模拟。起初，简单的神经网络模型，如前馈神经网络，试图通过连接处理单元（节点）并应用权重来解决特定的问题，如图像分类。

随着计算能力的提升和技术的进步，特别是非线性激活函数（如 Sigmoid 函数和 ReLU 函数）的引入，人们开始构建更深、更复杂的网络结构，即深度神经网络（DNN）。深度学习的核心在于多层次地表示学习，每一层可以捕捉数据的不同抽象特征，底层处理基础特征，高层处理高级概念。

关键组件包括卷积神经网络（CNN）、循环神经网络（RNN）、长短期记忆网络（LSTM）等变种，它们允许信息在网络内部持久传递。

深度学习的训练通常依赖于反向传播算法来更新权重，使其能够最小化预测误差，并通过大量的标注数据进行监督学习。这个过程极大地推动了人工智能在语音识别、自然语言处理、推荐系统等领域的发展。

深度学习的具体内容涉及以下几个方面。

① 网络架构：如 VGG、ResNet、Inception 系列等，每种都有其独特的设计，旨在解决特定任务的效率和性能优化。残差网络（ResNet）通过跨层跳接解决了深度学习中的梯

度消失问题。

② 损失函数：衡量模型预测结果与真实值之间差异的数学工具，常见的有交叉熵损失（用于分类）、均方误差、回归任务等。

③ 优化算法：如随机梯度下降（SGD）、Adam、Adagrad 等，它们调整模型参数使损失函数最小化。其中 Adam 因结合了动量和自适应学习率而广受欢迎。

④ 超参数调优：深度学习模型有许多需要预先设定的参数，如学习率、批次大小、网络层数等。常用的调参方法有网格搜索、随机搜索和贝叶斯优化等。

⑤ 预训练和微调：大型预训练模型（如 BERT、GPT 等）先在大规模数据集上训练，然后在特定任务上进行微调，能显著提高迁移学习的效果。

⑥ 正则化技术：防止过拟合，如 Dropout、L1/L2 正则化、批量归一化等。

⑦ 深度学习的应用领域：深度学习被广泛应用于计算机视觉（图像分类、目标检测、图像生成等）、自然语言处理（文本分类、语义理解、机器翻译）、语音识别、强化学习等领域。

5.1.2 卷积神经网络

卷积神经网络这个概念的提出可以追溯到 20 世纪 80—90 年代，但后来有一段时间这个概念被遗忘了，因为当时的硬件和软件技术比较落后，而随着各种深度学习理论相继被提出和数值计算设备的高速发展，卷积神经网络得到了快速发展。那究竟什么是卷积神经网络呢？以卷积神经网络手写数字识别为例，如图 5-1 所示。

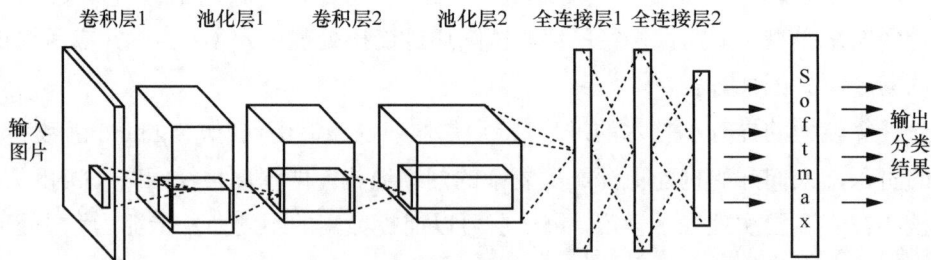

图 5-1　卷积神经网络手写数字识别

从图 5-1 中可以看到，整个过程需要在以下几层进行运算。

① 输入层：输入图像等信息。

② 卷积层：用来提取图像的底层特征。

③ 池化层：防止过拟合，将数据维度减小。

④ 全连接层：汇总卷积层和池化层得到的图像底层特征和信息。

⑤ 输出层：根据全连接层的信息得到概率最大的结果。

可以看出其中最重要的一层就是卷积层，这也是卷积神经网络名称的由来。

1．输入层

输入层的主要工作是输入图像等信息，因为卷积神经网络主要处理的是与图像相关的内容，但是我们人眼看到的图像和计算机处理的图像是不一样的。对于输入图像，首先要将其转换为对应的二维矩阵，这个二维矩阵是由图像中每一个像素的像素值组成的。我们可以看一个例子，数字 8 的灰度图像与其对应的二维矩阵如图 5-2 所示，对于手写数字“8”的图像，计算机读取后是以像素值组成的二维矩阵存储的图像。

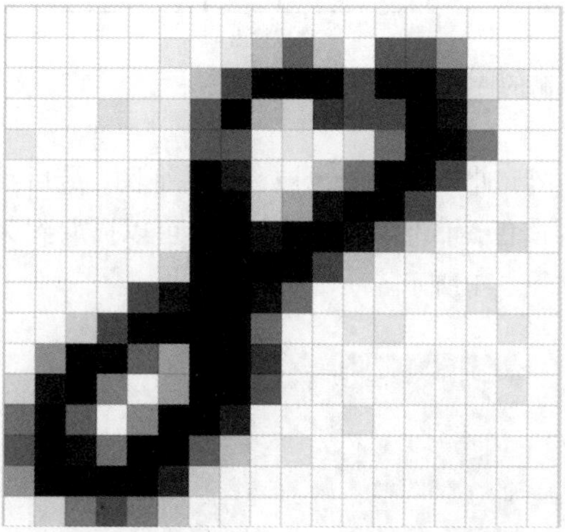

0	0	0	0	0	0	0	0	0	0	0	0	0	0	0	0	0	0
0	0	0	0	1	12	0	11	39	137	37	0	152	147	84	0	0	0
0	0	1	0	0	0	41	160	250	255	235	162	255	238	206	11	13	0
0	0	0	16	9	9	150	251	45	21	184	159	154	255	233	40	0	0
10	0	0	0	0	0	145	146	3	10	0	11	124	253	255	107	0	0
0	0	3	0	4	15	236	216	0	0	38	109	247	240	169	0	11	0
1	0	2	0	0	0	253	253	23	62	224	241	255	164	0	5	0	0
6	0	0	4	0	3	252	250	228	255	255	234	112	28	0	2	17	0
0	2	1	4	0	21	255	253	251	255	172	31	8	0	1	0	0	0
0	0	4	0	163	225	251	255	229	120	0	0	0	0	0	11	0	0
0	0	21	162	255	255	254	255	126	6	0	10	14	6	0	0	9	0
3	79	242	255	141	66	255	245	189	7	8	0	0	5	0	0	0	0
26	221	237	98	0	67	251	255	144	0	8	0	0	7	0	0	11	0
125	255	141	0	87	244	255	208	3	0	0	13	0	1	0	1	0	0
145	248	228	116	235	255	141	34	0	11	0	1	0	0	0	1	3	0
85	237	253	246	255	210	21	1	0	1	0	0	6	2	4	0	0	0
6	23	112	157	114	32	0	0	0	0	2	0	8	0	7	0	0	0

图 5-2　数字 8 的灰度图像与其对应的二维矩阵

图 5-2 被称为灰度图像，因为其每一个像素值的范围是 0～255（由纯黑色到纯白色），表示颜色强弱程度。另外还有黑白图像，每个像素值要么是 0（表示纯黑色），要么是 255（表示纯白色）。日常生活中最常见的是 RGB 图像，它有 3 个通道，分别是红色、绿色、蓝色。每个通道的每个像素值的范围也是 0～255，表示每个像素的颜色强弱。但是我们日常处理的基本是灰度图像，因为它操作比较简单（像素值范围较小，颜色较单一），有些 RGB 图像在输入神经网络之前被转化为灰度图像，也是为了方便计算，否则 3 个通道的像素计算量非常大。当然，随着计算机性能的高速发展，现在有些神经网络也可以处理 3 个通道的 RGB 图像。

输入层的作用是将图像转换为其对应的由像素值构成的二维矩阵，并将此二维矩阵存储，等待后面几层的操作。

2．卷积层

假设已经得到图片的二维矩阵，想要提取其中特征，那么卷积操作就会为存在特征的区域确定一个高值，否则确定一个低值。这个过程需要通过计算其与卷积核的乘积值来确定。假设现在输入的图片是一个人的脑袋，而人的眼睛是我们需要提取的特征，那么我们就将人的眼睛作为卷积核，通过在输入的图片上移动来确定哪里是眼睛，提取人的眼睛的特征的过程如图 5-3 所示。

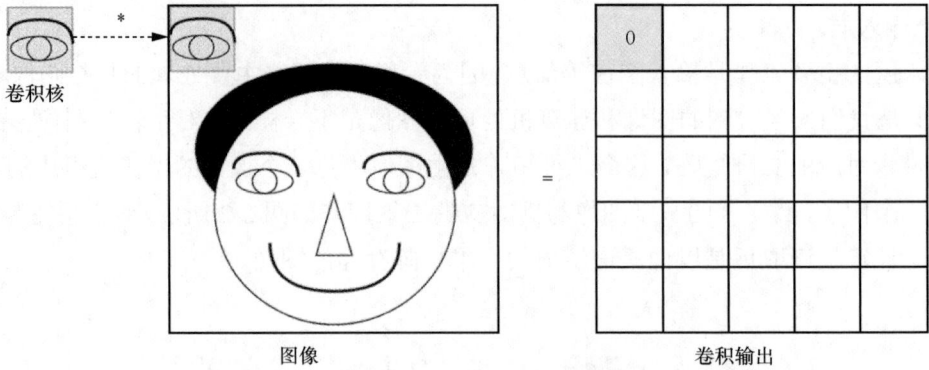

图 5-3 提取人的眼睛的特征的过程

通过整个卷积过程又得到一个新的二维矩阵，此二维矩阵也被称为特征图，最后我们可以对得到的特征图进行上色处理（如高值为白色，低值为黑色），最后可以提取到关于人的眼睛的特征，提取人的眼睛的特征结果如图 5-4 所示。

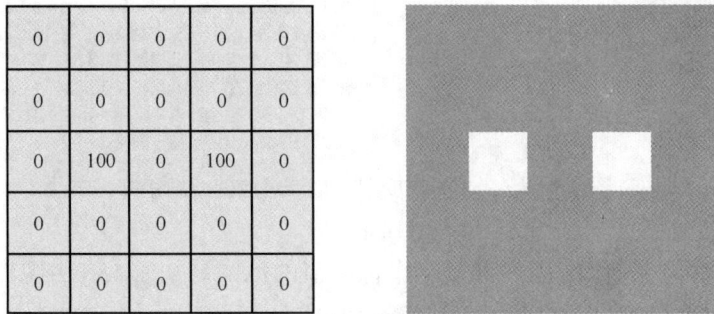

图 5-4 提取人的眼睛的特征结果

卷积核也是一个二维矩阵，当然这个二维矩阵要比输入图像的二维矩阵小或两者相等，卷积核在输入图像的二维矩阵上不停地移动，每一次移动都进行一次乘积的求和，作为此位置的值，卷积的过程如图 5-5 所示。

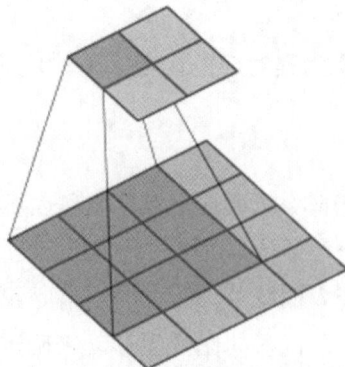

图 5-5 卷积的过程

可以看到，整个过程就是一个降维的过程，通过卷积核的不停移动来计算，可以提取图像中最有用的特征。我们通常将卷积核计算得到的新的二维矩阵称为特征图，如图 5-5 中，下方是卷积核，上方就是特征图。

每次卷积核移动的时候，中间位置都被计算了，而输入图像二维矩阵的边缘却只计算了一次，这样会不会导致计算结果不准确呢？

如果每次计算的时候，边缘只被计算一次，而中间被多次计算，那么得到的特征图也会丢失边缘特征，最终会导致特征提取不准确。为了解决这个问题，我们可以在原始的输入图像的二维矩阵周围再拓展一圈或者几圈，这样每个位置都可以被公平地计算到，也不会丢失任何特征，这种通过拓展解决特征丢失的方法又被称为 Padding。Padding 为 1 时卷积的过程如图 5-6 所示，Padding 为 2 时卷积的过程如图 5-7 所示。

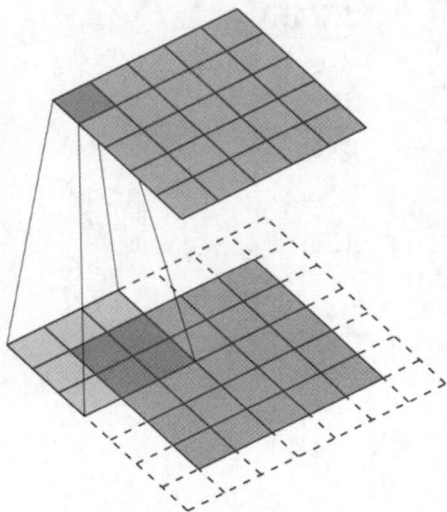

图 5-6　Padding 为 1 时卷积的过程

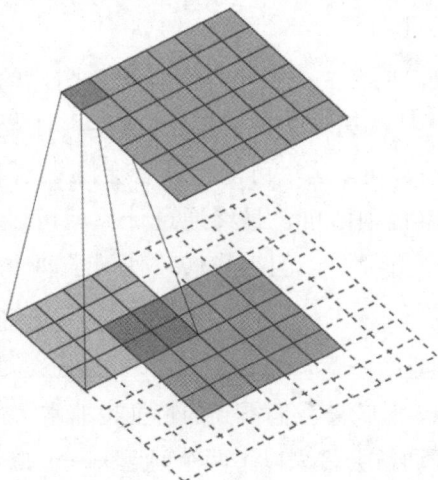

图 5-7　Padding 为 2 时卷积的过程

如果使用两个卷积核去提取一幅 RGB 图像呢？上文介绍过，RGB 图像都是 3 个通道，也就是说一幅 RGB 图像会有 3 个二维矩阵，我们仅以第一个通道示例。此时我们使用两组卷积核，每组卷积核都提取自己通道的二维矩阵的特征，只需要用两组卷积核的第一个卷积核来计算得到特征图，使用两个卷积核进行卷积的过程如图 5-8 所示。

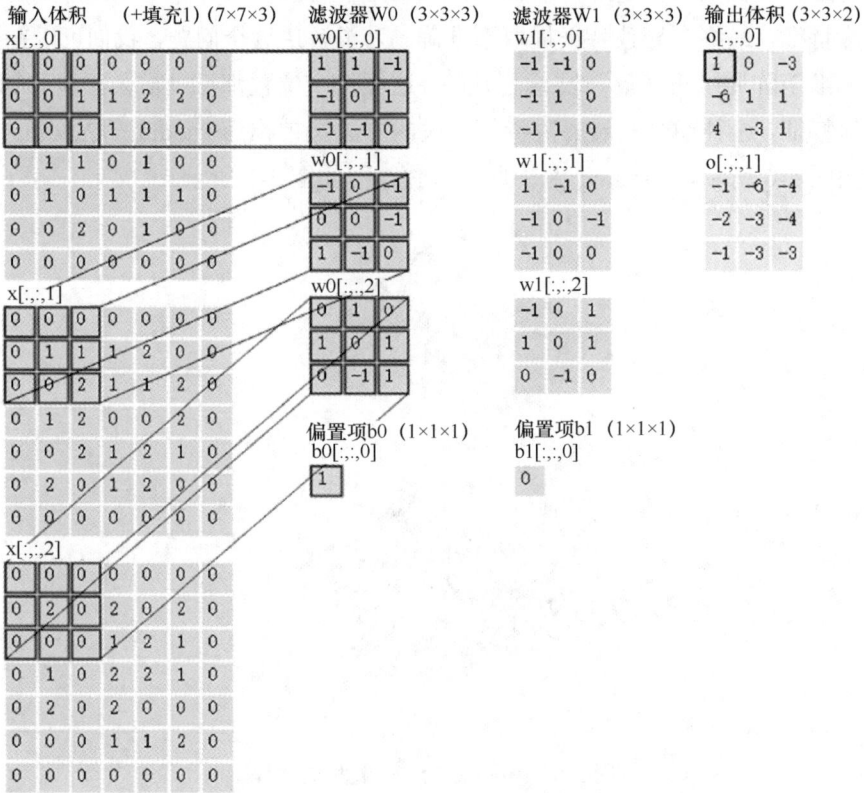

图 5-8　使用两个卷积核进行卷积的过程

输入图片是 RGB 图像，它有 3 个通道，所以输入图片的尺寸就是 $7 \times 7 \times 3$，而我们只考虑第一个通道，也就是从第一个 7×7 的二维矩阵中提取特征，那么只需要使用每组卷积核的第一个卷积核即可，这里可能有读者会注意到 Bias，其实它就是偏置项，最后计算的结果加上这个偏置顶即可，最终通过计算就可以得到特征图。从中可以发现，有几个卷积核就有几个特征图，因为我们只使用了两个卷积核，所以会得到两个特征图。

3．池化层

当特征图非常多的时候，意味着我们得到的特征也非常多，但是有很多特征是我们不需要的，而这些多余的特征通常会带来以下两个问题——过拟合和维度过高。

我们可以利用池化层来解决这个问题，池化层又称为下采样，也就是说，当我们进行卷积操作后，再对得到的特征图进行特征提取，将其中最具有代表性的特征提取出来，可以起到减小过拟合和降低维度的作用，池化过程如图 5-9 所示。

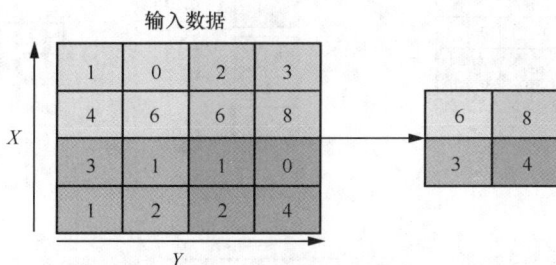

图 5-9　池化过程

池化过程类似于卷积过程，就是一个小方块在图片上移动，提取这个方框中最具有代表性的特征，如何提取到最有代表性的特征呢，通常有以下两种方法。

（1）最大池化

顾名思义，最大池化就是每次取正方形中所有值的最大值，这个最大值相当于当前位置最具有代表性的特征，最大池化过程如图 5-10 所示。

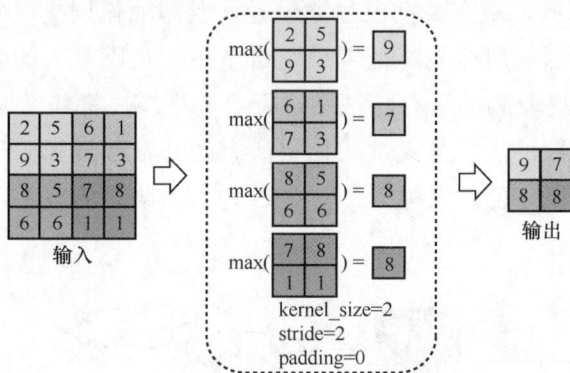

图 5-10　最大池化过程

这里有几个参数需要说明一下。

kernel_size = 2：池化过程使用的正方形尺寸是 2 × 2，如果是在卷积的过程中，就说明卷积核的大小是 2 × 2。

stride = 2：每次正方形移动两个位置（从左到右，从上到下），这个过程和卷积的操作过程一样。

padding = 0：如果此值为 0，说明没有进行拓展。

（2）平均池化

平均池化就是取此正方形区域中所有值的平均值，考虑到每个位置的值对此处特征的影响，平均池化计算比较简单，平均池化过程如图 5-11 所示。

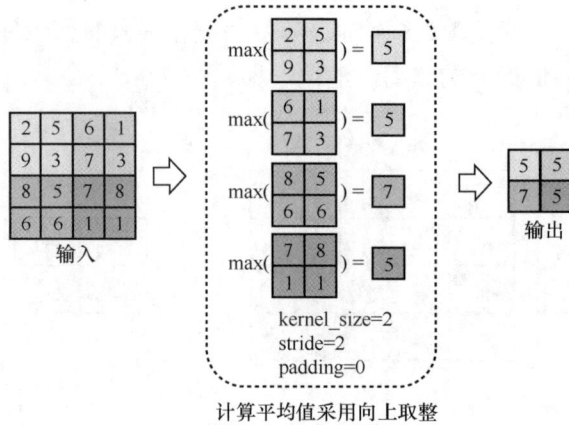

图 5-11　平均池化过程

其中的参数含义与最大池化一致，另外，需要注意计算平均池化时采用向上取整。

以上就是关于池化层的所有操作。经过池化，我们可以提取到更有代表性的特征，同时减少了不必要的计算，这对于我们现实中的神经网络计算大有裨益，在现实情况中神经网络非常大，而经过池化，可以明显地提高模型效率。

4．全连接层

还是以图 5-3 为例，现在我们已经通过卷积层和池化层提取到了图中的眼睛、鼻子和嘴的特征，如果想利用这些特征来识别这个图片是不是人的脑袋，该怎么做呢？此时，我们只需要将提取到的所有特征图进行"展平"，将其维度变为 $1 \times x$，这个过程就是全连接层的过程，也就是说，我们将所有的特征都展开并进行运算，最后会得到一个概率值，这个概率值就是输入图片是否为人的脑袋的概率，全连接层的过程如图 5-12 所示。

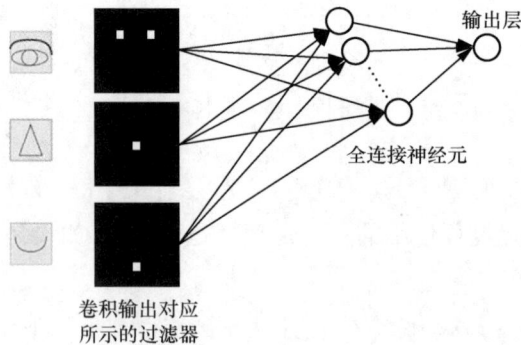

图 5-12　全连接层的过程

经过两次卷积和最大池化，得到最后的特征图，此时的特征都是经过计算得到的，代表性比较强，最后经过全连接层，展开为一维的向量，再经过一次计算，得到最终的识别概率，这就是卷积神经网络的整个过程。

5. 输出层

经过全连接层得到的一维向量再经过计算得到识别值的一个概率，当然，这个计算可能是线性的，也可能是非线性的。在深度学习中，我们需要识别的结果一般是多分类的，所以每个位置都会有一个概率值，代表识别为当前值的概率，取其中最大的概率值，即最终的识别结果。Softmax 输出层是一种常用于多分类问题的神经网络输出层。它将前一层的输出转换为一个概率分布，每个类别的概率值在 0 和 1 之间，且所有类别概率之和等于 1。Softmax 输出层能够将模型的原始输出转换为可解释的概率值，便于进行分类决策，输出层示意如图 5-13 所示。在训练过程中，可以通过不断地调整参数值来使识别结果更准确，从而达到最高的模型准确率。

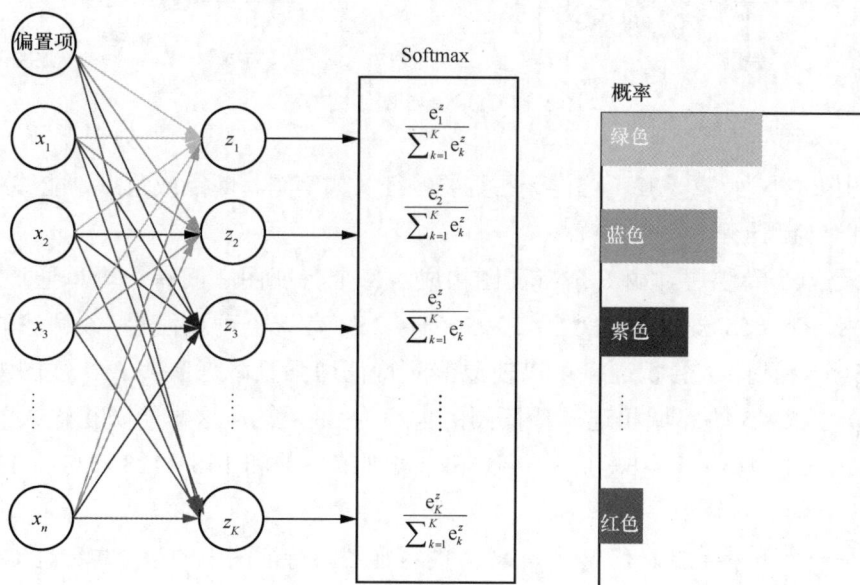

图 5-13 输出层示意

5.1.3 卷积神经网络的实例 LeNet-5

自 21 世纪以来，卷积神经网络开始被大量用于检测、分割、物体识别等领域，这些应用使用了大量的有标签数据，如交通信号识别、生物信息分割、面部探测、文本和行人及自然图形中人的身体部分的探测。近年来，卷积神经网络的一个重大成功应用是人脸识别，已经被用于大多数识别和探测任务。

杨立昆在贝尔实验室设计了一种基于卷积神经网络的手写数字识别系统 LeNet-5。该算法具有很高的准确性，美国大多数银行当年用它来识别支票上的手写数字，实现了其商用价值。

LeNet-5 共有 7 层，有两个卷积层和两个全连接层，每个卷积层包括卷积、非线性激活函数映射和下采样 3 个步骤。除了输入层，每层都包含可训练参数（连接权重），LeNet-5 网络结构如图 5-14 所示。LeNet-5 在两个卷积层上使用了不同数量的卷积核，第一层是 6 个，第二层是 16 个。

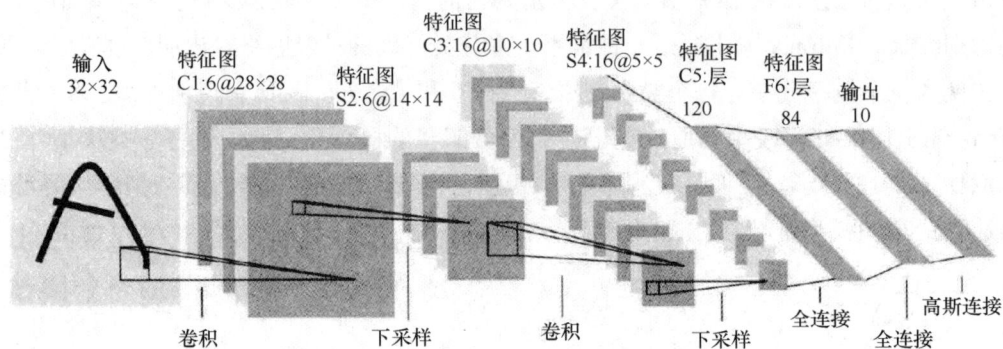

图 5-14　LeNet-5 网络结构

输入图像大小为 32×32。这样一些重要特征（如笔画、断点或角点）能够出现在最高层，以此来监测子感受域的中心。

C1 层是一个卷积层，由 6 个特征图构成。每个特征图之间有一个单通道滤波器，深度为 6，stride = 5。滤波器大小为 $5 \times 5 \times 1 = 25$，有一个可加偏置，6 种滤波器得到 C1 层的 6 个特征图。卷积运算可以使原信号特征增强且降低噪声。特征图中每个神经元与输入中 5×5 的邻域相连。特征图的大小为 28×28，这样能防止输入的连接掉到边界之外。C1 有 $(5 \times 5 \times 1 + 1) \times 6 = 156$ 个可训练参数和 $156 \times (28 \times 28) = 122304$ 个连接。

S2 层是一个下采样层，有 6 个 14×14 的特征图。特征图中的每个单元与 C1 层中对应特征图的 2×2 邻域相连接。C1 层每个单元的 4 个输入相加，乘以一个可训练参数，再加上一个可训练偏置，可得到 S2 层。每个单元的 2×2 感受野并不重叠，因此，S2 中每个特征图的大小是 C1 中特征图大小的 1/4（行和列各 1/2）。S2 层有 $6 \times (1 + 1) = 12$ 个可训练参数和 $14 \times 14 \times 6 \times (2 \times 2 + 1) = 5880$ 个连接。

C3 层也是一个卷积层，同样通过 5×5 的卷积核去卷积 S2 层，然后得到的特征图有 10×10 个神经元，但是它有 16 种不同的卷积核，所以就存在 16 个特征映射。这里需要注意的是，C3 层中的每个特征映射并不都连接到 S2 层中的所有特征映射，将连接的数量保持在合理范围内，而且使不同的特征图有不同的输入，迫使它们抽取不同的特征。这里用组合模拟人的视觉系统，底层的结构构成上层更抽象的结构，例如边缘构成形状或者目标的部分。

例如，C3 层的前 6 个特征图以 S2 层中 3 个相邻的特征图子集作为输入，接下来的 6 个特征图以 S2 层中的 4 个相邻特征图子集作为输入。后续 3 个特征图以不相邻的 4 个特征图子图作为输入，最后 1 个特征图以 S2 层中所有特征图作为输入。这样 C3 层有 1516 个可训练参数和 151600 个连接。

S4 层是一个下采样层，由 16 个 5×5 大小的特征图构成。特征图中的每个单元与 C3 层中相应特征图的 2×2 邻域相连接，同 C1 层和 S2 层之间的连接一样。S4 层有 16×(1+1)=32 个可训练参数（每个特征图有 1 个因子和 1 个偏置）和 2000 个连接。

C5 层是一个卷积层，有 120 个特征图。每个单元与 S4 层的全部 16 个单元的 5×5 邻域相连。由于 S4 层特征图的大小为 5×5，同滤波器一样，故 C5 特征图的大小为 1×1，这构成了 C4 和 C5 之间的全连接。C5 层有 120×(16×5×5+1)=48120 个可训练参数。

根据输出层的设计，F6 层有 84 个单元，与 C5 层全相连，有 84×(120+1)=10164 个可训练参数。如同经典神经网络，F6 层计算输入向量和权重向量之间的点积，再加上一个偏置，结果通过 Sigmoid 函数输出。全连接层共有 10 个节点，分别代表数字 0~9。如果节点 i 的值为 0，则网络识别的结果是数字 i。这采用的是径向基函数（RBF）的网络连接方式。RBF 是一个取值仅仅依赖于与原点距离的实值函数，欧氏距离是其中一个实例，即每个输出 RBF 单元计算输入向量和参数向量之间的欧氏距离。输入向量离参数向量越远，RBF 输出越大。常用的径向基函数有高斯分布函数等。

5.2　大模型

5.2.1　大模型概述

近年来，随着计算和信息技术的飞速发展，人工智能因深度学习的空前普及和成功而被确立为人类探索机器智能的前沿领域。基于此，一系列突破性的研究成果产生了，包括杨立昆提出的卷积神经网络和约书亚·本吉奥在深度学习因果推理领域的贡献。人工智能的先驱之一杰弗里·辛顿于 2006 年提出深度信念网络模型和反向传播优化算法。于尔根·施密德胡伯提出了应用最广泛的循环神经网络（RNN）、长短期记忆网络（LSTM）。它们已成功应用于许多领域，处理整个数据序列，如语音、视频和时间序列数据。2016 年 3 月，DeepMind 推出的人工智能围棋程序 AlphaGo 与世界顶尖人类围棋高手对战，在世界范围内引起了前所未有的关注。这场划时代的人机大战以人工智能的压倒性胜利而告终，成为将人工智能浪潮推向一个全新高度的催化剂。

2022 年以来，深度学习超大模型涌现，这些模型已经开始广泛应用于自然语言处理和图像处理，在迁移学习的帮助下处理各种各样的应用。例如，GPT-3.5 已经证明，具有高度结构复杂性和大量参数的大模型可以提高深度学习的性能。受 GPT-3.5 的启发，许多大规模的深度学习模型相继出现。

目前，与 GPT-3.5 的大模型类似，它们在零样本和小样本方面的学习能力主要来源于预训练阶段对海量语料的大量记忆，其次是语义编码能力、远距离依赖关系建模能力和文本生成能力的强化，以及利用自然语言进行任务描述等设计。而在训练目标方面，大模型并没有显式地引导去学习小样本泛化能力，因此，大模型在一些小众的语料、逻辑理解、数学求解等语言任务上出现翻车的现象也是能够理解的。

虽然大模型刚提出的时候，存在不少质疑的声音，但不可否认的是，大模型做到了早期预训练模型做不到、做不好的事情，例如对于自然语言处理中的文字生成、文本理解、自动问答等下游任务，大模型不仅生成的文本更加流畅，甚至内容的真实性也有了显著的改善。当然，大模型最终能否走向强人工智能仍是一个未知数，但是大模型有希望带领人工智能这一赛道。

1. 大模型的定义

大模型是指具有数千万甚至数亿参数的深度学习模型。近年来，随着计算机技术和大数据的快速发展，深度学习在各个领域取得了显著的成果，如自然语言处理、图片生成、工业数字化等。为了提高模型的性能，研究者不断尝试增加模型的参数数量，从而诞生了大模型这一概念。

大模型通常由深度神经网络构成，拥有数十亿甚至数千亿个参数。大模型的设计是为了提高模型的表达能力和预测性能，能够处理更加复杂的任务和数据。

大模型采用预训练+提示+微调的训练模式，在大规模数据上进行训练后，能快速适应一系列下游任务。预训练大模型和特定领域大模型如图 5-15 所示。

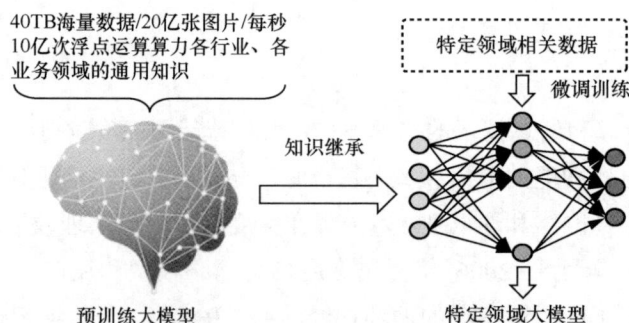

图 5-15　预训练大模型和特定领域大模型

那么，大模型和小模型有什么区别？具有轻量级、高效率、易于部署等优点，适用于数据量较小、计算资源有限的场景，如移动端应用、嵌入式设备、物联网等。

而当模型的训练数据和参数不断扩大，直到达到一定的临界规模后，其表现出一些未能预测的、更复杂的能力和特性，模型能够从原始训练数据中自动学习并发现新的、更高层次的特征和模式，这种能力被称为涌现能力。而具备涌现能力的机器学习模型被认为是独立意义上的大模型，这也是其和小模型最大的区别。

相较于小模型，大模型通常参数较多、层数较深，具有更强的表达能力和更高的准确度，但也需要更多的计算资源和时间来训练和推理，适用于数据量较大、计算资源充足的场景，如云计算、高性能计算、人工智能等。

2．大模型相关概念区分

大模型是指具有大量参数和复杂结构的机器学习模型，能够处理海量数据，完成各种复杂的任务，如自然语言处理、计算机视觉、语音识别等。

超大模型是大模型的一个子集，其参数量远超过大模型。

大语言模型通常是指具有大规模参数和计算能力的自然语言处理模型，如 OpenAI 推出的 GPT-3 模型。大语言模型可以通过大量的数据和参数进行训练，以生成与人类书写类似的文本或回答自然语言的问题。大语言模型在自然语言处理、文本生成和智能对话等领域有广泛应用。

GPT 和 ChatGPT 都是基于 Transformer 架构的语言模型，但它们在设计和应用上存在区别。GPT 模型旨在生成自然语言文本并处理各种自然语言处理任务，如文本生成、翻译、摘要等。它通常在单向生成的情况下使用，即根据给定的文本生成连贯的输出。

ChatGPT 则专注于对话和交互式对话。它经过特定的训练，以更好地处理多轮对话和上下文理解。ChatGPT 专门为提供流畅、连贯和有趣的对话体验而设计，以响应用户的输入并生成合适的回复。

3．大模型的发展历程

（1）萌芽期（1950—2005 年）

萌芽期是以卷积神经网络为代表的传统神经网络模型阶段。

1956 年，从计算机专家约翰·麦卡锡提出"人工智能"概念开始，人工智能发展由最开始基于小规模专家知识逐步发展为基于机器学习。

1980 年，卷积神经网络的雏形诞生。

1998 年，现代卷积神经网络的基本结构 LeNet-5 诞生，机器学习算法由早期基于浅层机器学习的模型，变为基于深度学习的模型，为自然语言生成、计算机视觉等领域的深入研究奠定了基础，对后续深度学习框架的迭代和大模型发展具有开创性的意义。

（2）探索沉淀期（2006—2019 年）

探索沉淀期是以 Transformer 为代表的全新神经网络模型阶段。

2013 年，自然语言处理模型 Word2Vec 诞生，首次将单词转换为向量的"词向量模型"，以便计算机更好地理解和处理文本数据。

2014 年，被誉为 21 世纪最强大算法模型之一的生成式对抗网络（GAN）诞生，这标志着深度学习进入生成模型研究的新阶段。

2017 年，谷歌颠覆性地提出了基于自注意力机制的神经网络结构——Transformer 架构，由此奠定了大模型预训练算法架构的基础。

2018 年，OpenAI 和谷歌（Google）分别发布了 GPT-1 与 BERT 大模型，意味着预训练大模型成为自然语言处理领域的主流。在探索期，以 Transformer 为代表的全新神经网络架构，奠定了大模型的算法架构基础，使大模型技术的性能得到了显著提升。

（3）迅猛发展期（2020 年至今）

迅猛发展期是以 GPT 为代表的预训练大模型阶段。

2020 年，OpenAI 公司推出了 GPT-3，模型参数规模达到了 1750 亿，成为当时最大的语言模型，并且在零样本学习任务中实现了巨大的性能提升。随后，更多策略开始出现，如基于人类反馈的强化学习（RHLF）、代码预训练、指令微调等开始出现，并被用于进一步提高推理能力和任务泛化。

2022 年 11 月，搭载了 GPT-3.5 的 ChatGPT 横空出世，其凭借逼真的自然语言交互与多场景内容生成能力，迅速引爆互联网。

2023 年 3 月，超大规模多模态预训练大模型——GPT-4 发布，其具备多模态理解与多类型内容生成能力。在迅猛发展期，大数据、大算力和大算法完美结合，大模型的预训练和生成能力及多模态多场景应用能力大幅提升。ChatGPT 的巨大成功，就是在微软 Azure 强大的算力和 wiki 等海量数据的支持下，在 Transformer 架构基础上，在坚持 GPT 模型及基于人类反馈的强化学习（RLHF）进行精调的策略下取得的。

从神经网络到大模型的发展历程如图 5-16 所示。

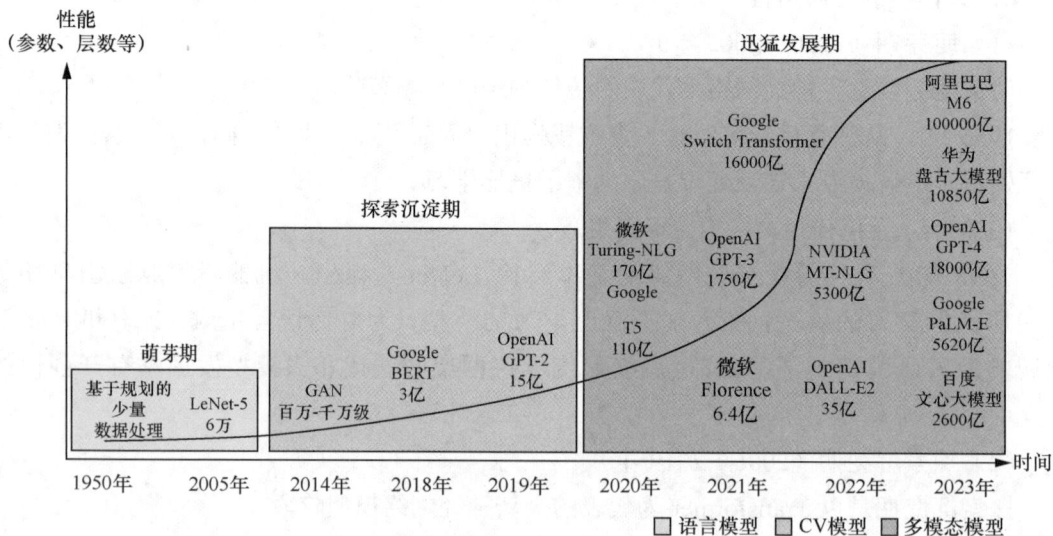

图 5-16　从神经网络到大模型的发展历程

大语言模型的进化树追溯了近年来大规模语言模型的发展，并突出了一些最著名的模型，大语言模型发展进化树如图 5-17 所示，同一分支上的模型具有更紧密的关系。右下角的条形图显示了模型数量≥2 的不同公司和机构。

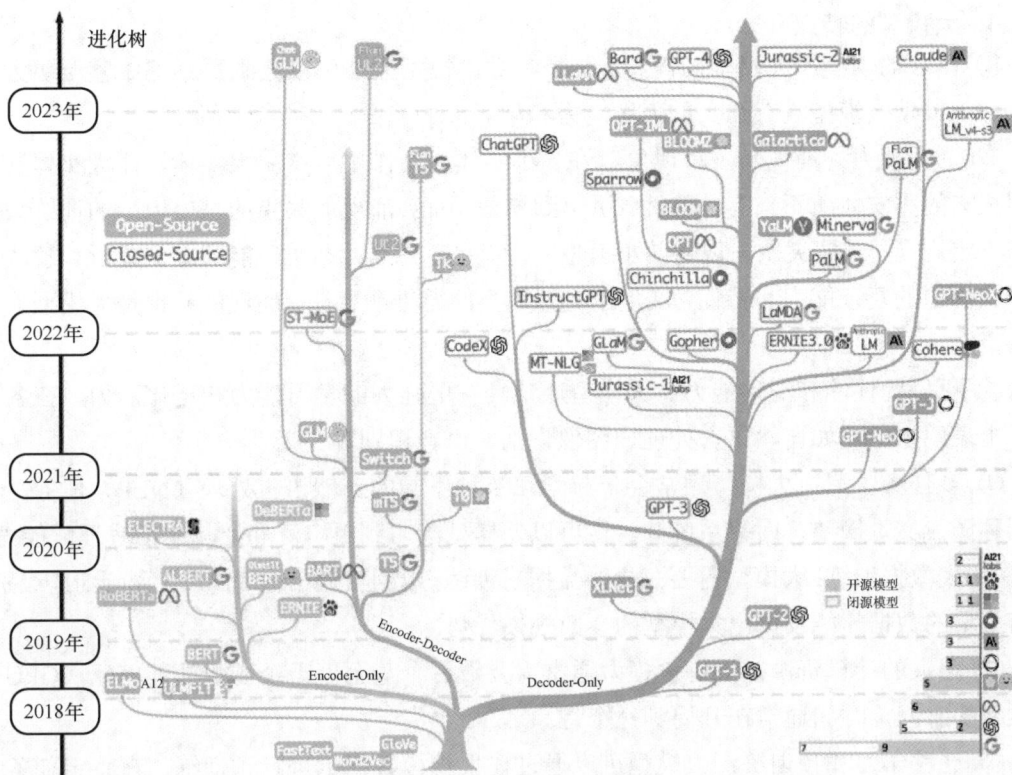

图 5-17　大语言模型发展进化树

目前，部分深度学习框架（如 PyTorch 和 TensorFlow）没有办法满足超大规模模型训练的需求，于是微软（Microsoft）基于 PyTorch 开发了 DeepSpeed，腾讯基于 PyTorch 开发了 PatricStar，阿里巴巴达摩院基于 TensorFlow 开发了分布式框架 Whale。华为昇腾的 MindSpore、百度的 PaddlePaddle、一流科技的 OneFlow 等对超大模型训练进行了深度的跟进与探索，并基于原生的人工智能框架支持超大模型训练。大模型训练框架如图 5-18 所示。

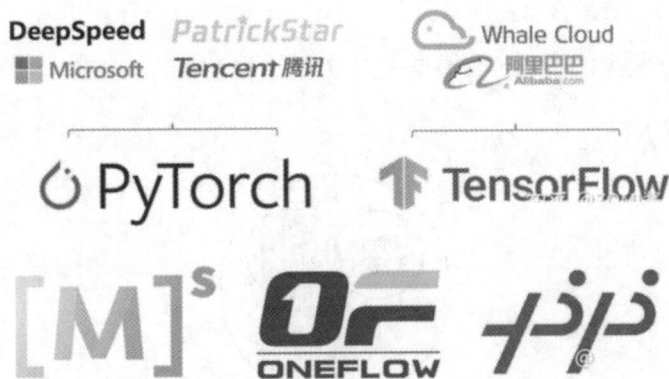

图 5-18　大模型训练框架

4．大模型的特点

① 巨大的规模：大模型包含数十亿个参数，模型大小可以达到数百 GB 甚至更大。巨大的规模使大模型具有强大的表达能力和学习能力。

② 涌现能力：涌现是一种现象，许多小实体相互作用后产生大实体，而大实体展现了组成它的小实体所不具有的特性。引申到模型层面，涌现能力指的是当模型的训练数据突破一定规模，模型突然出现之前小模型所没有的、意料之外的、能够综合分析和解决更深层次问题的复杂能力和特性，展现出类似人类的思维和智能。涌现能力也是大模型显著的特点之一。

③ 更好的性能和泛化能力：大模型通常具有更强大的学习能力和泛化能力，在各种任务上表现出色，如自然语言处理、图像识别、语音识别等。

④ 多任务学习：大模型通常会一起学习多种不同的自然语言处理（NLP）任务，如机器翻译、文本摘要、问答系统等。这可以使模型学习到更广泛和泛化的语言理解能力。

⑤ 大数据训练：大模型需要海量的数据来训练，数据集通常在 TB 以上甚至 PB 级别。只有大量的数据才能发挥出大模型的参数规模优势。

⑥ 强大的计算资源：训练大模型通常需要数百个甚至上千个图形处理单元（GPU）及大量的时间，时间通常在几周到几个月。

⑦ 迁移学习和预训练：大模型可以通过在大规模数据上进行预训练，在特定任务上进行微调，以提高模型在新任务上的性能。

⑧ 自监督学习：大模型可以通过自监督学习在大规模未标记数据上进行训练，从而减少对标记数据的依赖，提高模型的效能。

⑨ 领域知识融合：大模型可以从多个领域的数据中学习知识，并在不同领域中进行应用，促进跨领域的创新。

⑩ 自动化和效率：大模型可以使许多复杂的任务自动化，提高工作效率，如自动编程、自动翻译、自动摘要等。

5.2.2　大模型的分类

按照输入数据类型的不同，大模型主要分为以下 3 大类，大模型的 3 大类型如图 5-19 所示。

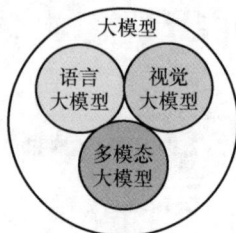

图 5-19　大模型的 3 大类型

① 语言大模型：是指在 NLP 领域中的一类大模型，通常用于处理文本数据和理解自然语言，如 GPT 系列（OpenAI）、Bard（Google）、文心一言（百度）。语言大模型的主要特点是在大规模语料库上进行了训练，以学习自然语言的各种语法、语义和语境规则。

② 视觉大模型：是指在计算机视觉（CV）领域中使用的大模型，通常用于图像处理和分析，如 ViT 系列（Google）、文心 UFO、华为盘古 CV。视觉大模型通过在大规模图像数据中进行训练，可以实现各种视觉任务，如图像分类、目标检测、图像分割、姿态估计、人脸识别等。

③ 多模态大模型：是指能够处理多种不同类型数据的大模型，如文本、图像、音频等多模态数据，如 DingoDB 多模向量数据库（九章云极 DataCanvas）、DALL-E（OpenAI）、悟空画画（华为）、Midjourney。多模态大模型结合了 NLP 和 CV 的能力，以实现对多模态信息的综合理解和分析，从而能够更全面地理解和处理复杂的数据。

按照应用领域的不同，大模型主要可以分为 L0、L1、L2 3 个层级。

① 通用大模型（L0）：是指可以在多个领域和任务上通用的大模型。它们利用大算力，使用海量的开放数据与具有巨量参数的深度学习算法，在大规模无标注数据上进行训练，以寻找特征并发现规律，进而形成可"举一反三"的强大泛化能力，可在不进行微调或少量微调的情况下完成多场景任务，相当于人工智能完成了"通识教育"。

② 行业大模型（L1）：是指那些针对特定行业或领域的大模型。它们通常使用行业相关的数据进行预训练或微调，以提高在该领域的性能和准确度，相当于人工智能成为"行业专家"。

③ 垂直大模型（L2）：是指那些针对特定任务或场景的大模型。它们通常使用任务相关的数据进行预训练或微调，以提高在该任务中的性能和效果。

5.2.3 大模型的关键技术

大模型之所以能在多个领域超越传统深度学习模型，主要是因为依赖于多种关键技术，这些技术共同作用，以确保模型的有效性和实用性，使大模型在处理复杂任务时表现出更强的能力。这些技术的综合运用，使大模型能够在多个领域取得突破性进展，以下对实现大模型所需的关键技术进行介绍。

1. 提示词工程

提示词工程就是一种和大模型交流的方法，它的作用就是让大模型更好地理解人类的需求。技术的出现是有先后顺序的，先有提示词，再有提示词工程；提示词工程是为提示词服务的，目的是怎么写出一个更好的提示词。简单来说就是，大家把写提示词的经验总结成一种方法，这种方法就叫作提示词工程。

在人工智能语境中，"Prompt（提示词）"通常指的是向模型提出的一个请求或问题，这个请求或问题的形式和内容会影响模型的输出。例如，在一个文本生成模型中，提示词可以是一个问题、一个话题或者一段描述，模型会根据这个提示词生成相应的文本。Prompt工程是指人们在向生成性人工智能服务输入提示词以生成文本或图像的过程中，对输入提示词进行设计和优化的过程。任何人都可以使用文言一心和 DALL-E 等生成器，通过自然语言来进行操作。这也是人工智能工程师在使用特定或推荐提示词对大语言模型（LLM）进行精炼时使用的技术。

例如，如果你在使用文言一心来进行你的简历的专业概述时，你可能会写下这样的提示词："为市场分析师编写一个样本专业概述。"对于文言一心的回答，你可能会给出"太正式"或"缩短到不超过 100 个词"这样的反馈。而 Prompt 工程就是不断整理优化每次的提示词，让 LLM 能够做出最符合人们需要的回答。在某些情况下，调整提示词可能是提高模型输出质量的唯一途径，特别是在使用那些不允许直接修改内部机制的预训练模型时。

提示词工程（即 Prompt 工程）是创建提示、询问或指令的过程，用以指导 ChatGPT 这样的语言模型的输出。它允许用户控制模型的输出，并生成根据他们的特定需求进行定制的文本。

ChatGPT 如果没有合适的指导，可能不会生成我们所需要的输出，而提示词工程通过指导我们提供清晰、具体的说明，让 ChatGPT 生成准确的、高质量的文本。

提示词通常由下列 3 个主要元素构成。

① 任务：清晰而简洁的陈述。

② 指令：模型在生成文本时应该遵循的指令。

③ 角色：模型在生成文本时应该扮演什么角色。

提示词工程通常发生在大模型的训练阶段。在训练过程中，提示词工程是一种技术，它通过提供预先设计好的文本上下文或任务描述来引导模型学习特定的任务或者约束其生成的内容。这种定制化的输入被称为提示词，它们可以帮助模型理解期望的行为模式，提高针对性和效率，尤其是在语言模型这种自监督学习场景中。

提示词工程不仅仅局限于训练，也可以应用于模型的微调过程，即在某些特定领域或任务上调整模型的表现，但它最初是为了优化模型的训练效果而设计的。

2. 上下文学习

上下文学习是在 GPT-3 中被首次提出的，它表明随着模型尺寸的增大，上下文学习的能力变得更加明显，那么什么是上下文学习呢？

在大模型领域，上下文学习也叫语境学习、任务相关的类比样本学习等，它可以看作模型语义理解能力的一种，即对于一个大规模预训练模型和不同的下游任务，不需要调整模型参数，它可以根据演示示例输出我们想要的结果。本质上，它相当于使用训练完好的语言模型估计给定示例条件下的条件概率分布模型。

根据给定示例的数量，上下文学习分为 Zero-Shot、One-Shot、Few-Shot。

例如，对于情感分类任务，将给定示例与待分类文本一起输入模型中，暗示模型根据示例生成输出，上下文学习如图 5-20 所示。

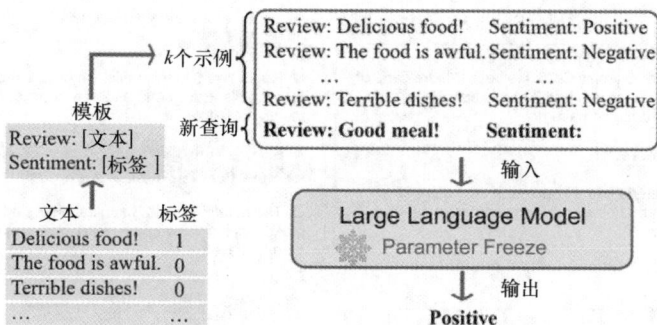

图 5-20 上下文学习

上下文学习和提示词工程虽然都涉及模型对周围环境或前文信息的理解,但在技术细节上有所不同。

上下文学习是大模型的一种特性,强调的是模型能够在处理任务时考虑整个序列的信息,不仅关注当前输入,还会参考前面的信息。这种能力有助于建立更丰富的语义理解,并且在长距离依赖的任务(如机器翻译、聊天机器人等)中有重要作用。

提示词工程是一种新兴的训练策略,特别是在自然语言处理中。它不是改变模型本身的结构,而是通过巧妙设计引导式问题或指令(提示)来调整模型的输出,使其适应特定的任务或应用场景。提示词工程有时可以看作一种"无监督"的形式,因为它不需要额外的数据标签,只需要重新组织输入的方式。

总体来说,上下文学习是模型固有的能力,而提示词工程则是一个外加的训练或使用技巧。上下文学习侧重于模型自身内部的信息整合,而提示词工程则侧重于外部输入如何影响模型的表现。

3．思维链

思维链(CoT)是指通过逐步推理和任务分解,将复杂的问题分解成一系列简单的子任务,从而引导模型逐步生成解决方案。CoT 通常用于需要多步推理的任务,如数学问题求解、逻辑推理等。强调的是逐步推理和任务分解,帮助模型理解复杂任务的结构和步骤。强大的逻辑推理是大语言模型的核心能力之一。而推理能力的关键在于 CoT。

CoT 是一种改进的 Prompt 技术,目的在于提升 LLM 在复杂推理任务上的表现,对于复杂问题尤其是复杂的数学题,大模型很难直接给出正确答案,如算术推理、常识推理、符号推理。CoT 通过要求模型在输出最终答案之前,显式输出中间逐步的推理步骤,来增强大模型的算术、常识和符号推理能力。这种方式简单但有效。

CoT 如图 5-21 所示。

与传统的 Prompt 从输入直接到输出的映射<input→output>的方式不同,CoT 完成了从输入到思维链再到输出的映射,即<input→CoT→output>。如果将使用 CoT 的 Prompt 分解,则可以更加详细地观察到 CoT 的工作流程。

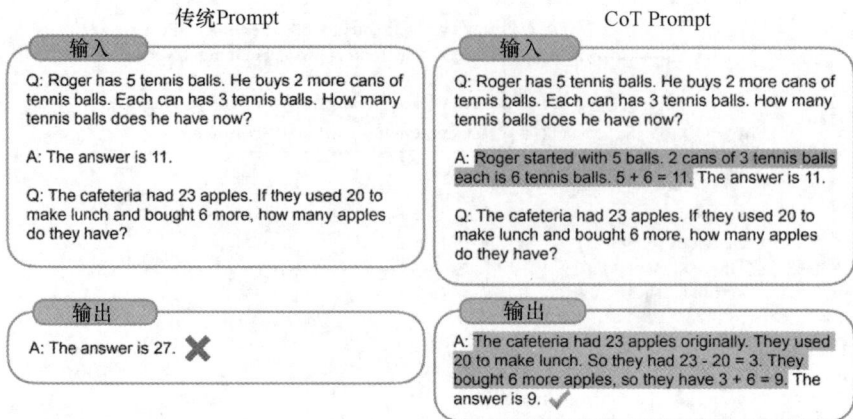

图 5-21 CoT

一个完整的包含 CoT 的 Prompt 往往由指令、逻辑依据、示例 3 个部分组成。

① 指令：用于描述问题并且告知大模型的输出格式。

② 逻辑依据：指 CoT 的中间推理过程，可以包含问题的解决方案、中间推理步骤、与问题相关的任何外部知识。

③ 示例：指以少样本的方式为大模型提供输入输出对的基本格式，每个示例都包含问题、推理过程与答案。

以是否包含示例为区分，可以将 CoT 分为 Zero-Shot-CoT 与 Few-Shot-CoT。

① Zero-Shot-CoT：不添加示例而仅仅在指令中添加一行经典的 "Let's think step by step"，就可以 "唤醒" 大模型的推理能力。

② Few-Shot-Cot：在示例中详细描述了 "解题步骤"，让模型 "照猫画虎" 得到推理能力。

CoT 大幅度提高了大模型在复杂推理任务上的性能，并且输出的中间步骤方便使用者了解模型的思考过程，提高了大模型推理的可解释性。目前，CoT 推理已经成为大模型处理复杂任务的一个常用手段。

4．基于人类反馈的强化学习

基于人类反馈的强化学习（RLHF），即以强化学习方式依据人类反馈优化语言模型。

RLHF 是一种先进的人工智能系统训练方法，它将强化学习与人类反馈相结合。它是一种通过将人类训练师的智慧和经验纳入模型训练过程中，创建更健壮的学习过程的方法。该技术涉及使用人类反馈创建奖励信号，然后通过强化学习来改善模型的行为。

简单来说，强化学习是一个过程，其中人工智能代理通过与环境的交互和以奖励或惩罚的形式获得的反馈来学习并做出决策。代理的目标是随时间最大化累积奖励。RLHF 通过用人类生成的反馈替换或补充预定义的奖励函数，允许模型更好地捕捉复杂的人类偏好和理解，从而增强了强化学习的过程。

RLHF 的过程可以分为以下几个步骤。

① 初始模型训练：一开始，人工智能模型使用监督学习进行训练，人类训练者提供正确行为的标记示例。模型学习根据给定的输入预测正确的动作或输出。

② 收集人类反馈：在初始模型被训练之后，人类训练者提供对模型表现的反馈。他们根据质量或正确性对不同的模型生成的输出或行为排名。这些反馈被用来创建强化学习的奖励信号。

③ 强化学习：使用近端策略优化（PPO）算法或类似的算法对模型进行微调，这些算法将人类生成的奖励信号纳入其中。模型通过人类训练者提供的反馈学习来不断提高其性能。

④ 迭代过程：收集人类反馈并通过强化学习改进模型的过程是重复进行的，这会使模型的性能不断提高。

5. 检索增强生成

检索增强生成（RAG）是指对大语言模型的输出进行优化，使其能够在生成响应前引用训练数据以外的权威知识库。RAG 是一种结合检索和生成的混合模型架构，旨在通过从大规模外部的知识库中检索相关信息来增强生成模型的表现。传统生成模型依赖内部训练数据的记忆，而 RAG 在生成过程中动态检索外部知识，从而能够提供更准确、更新颖的信息。RAG 适用于需要实时获取最新信息或特定领域知识的任务，如问答系统、对话系统和内容创作等。

RAG 的工作流程通常分为两个模块——检索和生成。在检索模块，模型根据输入从知识库中查询并提取相关文档或片段；在生成模块，模型利用检索到的信息与输入共同生成最终输出。RAG 不仅提高了生成内容的相关性和准确性，还降低了对大规模预训练数据的完全依赖，使模型更加灵活和高效。此外，RAG 支持端到端训练，可以同时优化检索模块和生成模块的性能。

RAG 的发展经历了 3 个阶段：简单的检索增强生成（Naive RAG）、高级的检索增强生成（Advanced RAG）和模块化的检索增强生成（Modular RAG）。

（1）Naive RAG

Naive RAG 是 RAG 的基础阶段，其核心思想是将传统的信息检索技术与预训练语言模型结合。在这个阶段，首先检索模块基于原始内容从外部知识库中提取相关文档或片段，然后检索结果与原始内容作为输入一起传递给模型，以便生成输出。Naive RAG 依赖独立工作的检索模块和生成模块，检索结果直接作为生成模型的输入，无须复杂的交互机制。尽管实现简单且易于部署，但检索与生成之间的耦合较弱，可能导致生成内容的相关性不足。

Naive RAG 的工作机制具体如下。

① 输入处理：原始内容被传递到检索模块。

② 检索模块：使用传统的信息检索技术（如 TF-IDF、BM25、基于向量相似度的检索方法），从外部知识库中提取与原始内容相关的文档或片段。收到用户查询后，Naive RAG 采用与索引阶段相同的编码模型，将查询转换为向量，并计算索引语料库中查询向量与块向量的相似性得分。Naive RAG 的优先级和检索最高 K 块显示最大的相似性查询，

随后这些块被用作 Prompt 中的扩展上下文。查询向量化，匹配向量空间中相近的组块。

③ 生成模块：将检索结果与原始内容一起传递给生成模型（如 GPT 或 T5）。用户提出的查询和选定的组块被合成一个连贯的提示，大语言模型负责对其生成回复。大语言模型的回复可能因具体任务而异，允许它利用其固有的参数知识或者限制对所提供文件中所包含的信息的回复。在正在进行的对话中，任何现有的对话都可以整合到提示中，使模型能够有效地进行多轮对话交互。生成模型根据这些信息生成最终输出。

Naive RAG 存在一定局限性，具体如下。

① 检索与生成的耦合较弱：检索结果可能与生成模型的需求不完全匹配，导致生成内容的相关性不足。

② 缺乏动态调整能力：检索过程是静态的，无法根据生成过程中的上下文动态调整检索策略。

③ 性能瓶颈：由于检索模块和生成模块的独立性，整体性能可能受到限制。

（2）Advanced RAG

Advanced RAG 在 Naive RAG 的基础上进行显著改进，重点优化检索模块和生成模块之间的协作能力，采用检索前和检索后策略，提高检索质量。Advanced RAG 引入联合训练机制，检索模块和生成模块可以同时进行端到端训练，通过共享梯度优化两者的协同性能，确保检索结果与生成需求高度匹配。此外，Advanced RAG 支持动态检索，即根据生成过程中的上下文动态调整检索策略，确保生成内容始终与当前状态相关。Advanced RAG 还扩展了多模态支持，能够处理文本以外的数据类型（如图像、音频），进一步拓宽应用场景，如复杂问答系统、多轮对话等。Advanced RAG 提高了生成内容的相关性和连贯性，更适合复杂任务，如长文档生成等。

Advanced RAG 的工作机制具体如下。

① 检索模块：采用更先进的检索算法（如 DPR），利用深度学习模型计算输入与文档的语义相似度。

② 生成模块：基于 Transformer 的生成模型，能够更好地理解检索结果并生成高质量输出。

③ 交互机制：引入注意力机制或记忆网络，增强检索和生成模块之间的信息流动。

（3）Modular RAG

Modular RAG 是 RAG 的高级阶段，强调模块化设计和灵活性。在这一阶段，检索模块和生成模块被拆分为独立但可组合的模块，每个模块可以单独更新或替换，从而适应不同的任务需求。Modular RAG 引入额外的组件以增强检索和处理能力，支持插件式扩展，允许通过添加新的模块（如不同的检索算法或生成模型）来增强功能。此外，Modular RAG 通过优化检索和生成流程降低计算成本，提高运行效率；通过引入缓存机制或近似检索技术，进一步加速推理过程。模块化设计不仅提升了灵活性和可扩展性，还为持续改进和创新提供了便利，使 Modular RAG 成为未来 RAG 发展的主要方向之一。

Modular RAG 的工作机制具体如下。

① 检索模块：支持多种检索算法（如稀疏检索、稠密检索、混合检索）。

② 生成模块：支持不同类型的生成模型（如自回归模型、非自回归模型）。

③ 交互机制：通过标准化接口实现模块间的高效通信，确保整体性能最优。

6．微调

大模型的全面微调涉及调整所有层和参数，以适配特定任务。此过程通常采用较小的学习率和特定任务的数据，充分利用预训练模型的通用特征，但可能需要更多的计算资源。

参数高效微调（PEFT）旨在通过最小化微调参数的数量和计算复杂度，提升预训练模型在新任务中的表现，从而减轻大型预训练模型的训练负担。即使在计算资源受限的情况下，PEFT 也能够利用预训练模型的知识快速适应新任务，实现有效的迁移学习。因此，PEFT 不仅能提升模型效果，还能显著缩短训练时间和计算成本。

PEFT 包括 LoRA、QLoRA、适配器调整（Adapter Tuning）、前缀调整（Prefix Tuning）、提示词调整（Prompt Tuning）、P-Tuning 及 P-Tuning v2 等多种方法。

大模型微调的工作原理如图 5-22 所示，其中标识了 7 种主流微调方法在 Transformer 网络架构中的作用，下面详细介绍每一种方法。

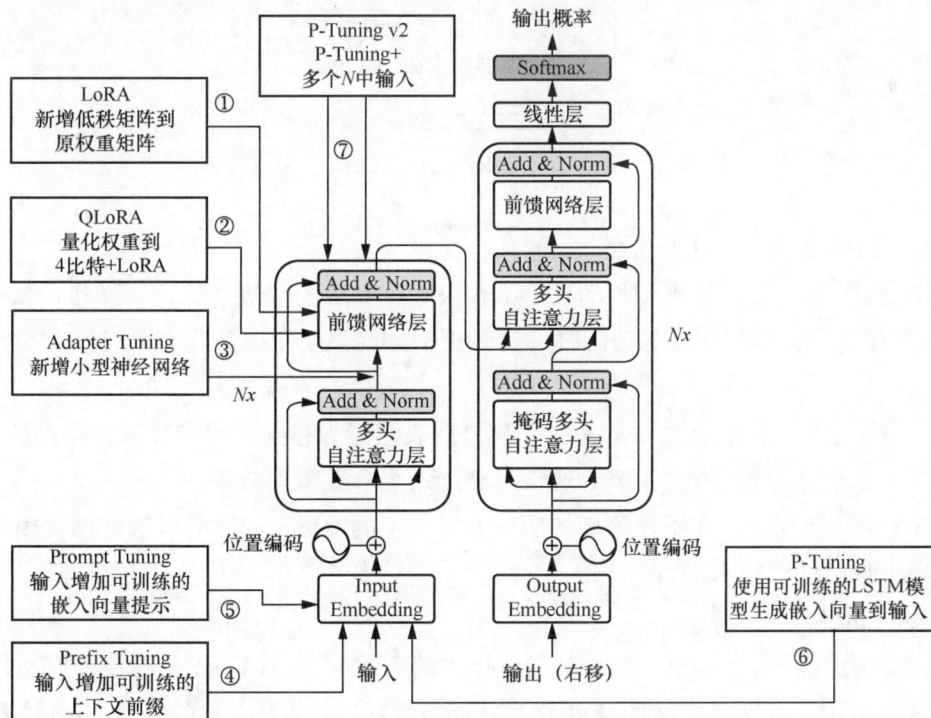

图 5-22　大模型微调的工作原理

（1）LoRA

LoRA 是一种旨在微调大型预训练语言模型（如 GPT-3 或 BERT）的技术。其核心在于，在模型的决定性层次中引入小型、低秩的矩阵来实现模型行为的微调，无须对整个模型结构进行大幅度修改。

假设预训练模型的权重矩阵 $W \in R^{d \times k}$（如 Transformer 中的 W_q、W_v），微调时的参数更新 ΔW 具有低秩特性，即存在两个低秩矩阵 $A \in R^{d \times r}$ 和 $B \in R^{r \times k}$（$r \leqslant \min(d, k)$），使得 $\Delta W = AB$，这就是低秩近似理论。

微调后的权重矩阵为

$$W_{\text{new}} = W + \alpha \cdot AB \tag{5-1}$$

其中，α 是缩放系数（通常固定为常数），r 是秩（超参数）。

注意，仅对部分权重矩阵（如自注意力层的 W_q、W_v）添加旁路矩阵。在前向传播时，原始输入 x 分别经过 W 和 AB 两条路径，结果相加得到

$$h = Wx + \alpha \cdot (AB)x \tag{5-2}$$

训练时仅更新 A 和 B，冻结 W。LoRA 的计算过程如图 5-23 所示。

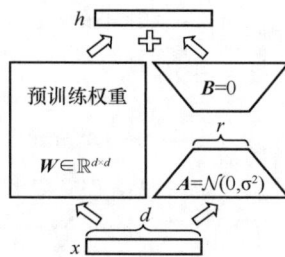

图 5-23　LoRA 的计算过程

LoRA 的数学意义有以下几点。

① 低秩约束：通过限制 ΔW 的秩，减少可训练参数的数量（从 $d \times k$ 降到 $r \times (d+k)$）。

② 内在假设：模型在任务适配时，参数更新方向集中在少数几个主成分上（低秩性假设）。

③ 秩的选择与影响：秩（r）越大，模型的表达能力越强，但参数量和计算量增加。实验表明，在自然语言任务中，$r=8$ 通常足够接近全参数微调效果。

LoRA 的优势在于，在不显著增加额外计算负担的前提下，能够有效地微调模型，同时保留模型原有的性能水准。

（2）QLoRA

QLoRA 是一种结合 LoRA 与深度量化技术的高效模型微调手段，其核心原理是 4 比特量化技术将预训练模型的权重 W 量化为 4 比特整数（如 NF4 格式，一种非线性量化方法），并存储对应的缩放因子（scale）和零点（zero-point），即

$$W_{\text{quant}} = \text{quantize}(W, \text{bits} = 4) \tag{5-3}$$

反量化公式如下

$$W_{\text{dequant}} = \text{dequantize}(W_{\text{quant}}, \text{scale}, \text{zer}) \tag{5-4}$$

QLoRA 采用双适配器设计，在量化后的权重基础上，叠加 LoRA 的低秩矩阵 $\boldsymbol{A}$ 和 $\boldsymbol{B}$。在前向传播时，输入 x 经过量化权重和 LoRA 分支，得到

$$h = W_{\text{dequant}}x + a \cdot \boldsymbol{AB}x \tag{5-5}$$

QLoRA 关键技术有以下几点。

① 分块量化：将大矩阵分块量化，减少量化误差。

② 梯度计算：使用反量化后的权重计算梯度，但仅更新 LoRA 参数（量化权重保持冻结）。

③ 内存优化：4 比特量化将模型显存占用减少至 1/4，适合单卡微调百亿级模型。

QLoRA 的计算过程如图 5-24 所示。

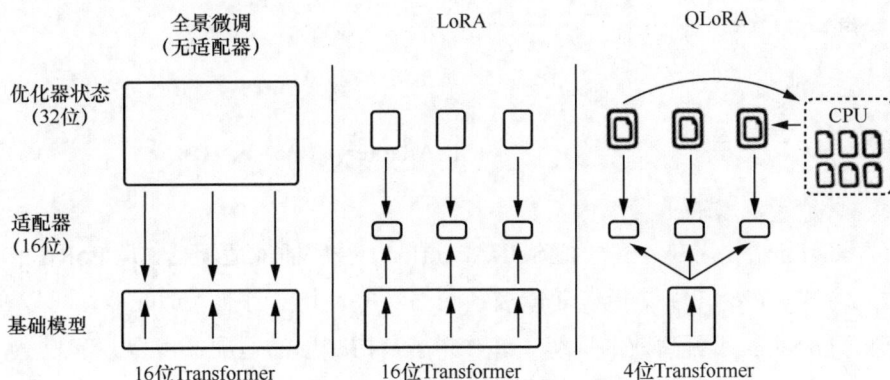

图 5-24　QLoRA 的计算过程

（3）适配器调整（Adapter Tuning）

与 LoRA 技术类似，适配器调整的目标是在保留预训练模型原始参数不变的前提下，使模型能够适应新的任务。适配器调整的方法是在模型的每层或选定层之间插入小型神经网络模块，即适配器。这些适配器是可训练的，而原始参数保持不变。适配器结构如图 5-25 所示。

在 Transformer 层的某个位置（如多头自注意力后）插入一个小型神经网络模块。

全连接层公式如下

$$\text{Adapter}(h) = W_{\text{down}} \cdot \sigma(W_{\text{up}} \cdot h) \tag{5-6}$$

其中，$W_{\text{down}} \in R^{r \times d}$，$W_{\text{up}} \in R^{d \times r}$，$\sigma$ 是激活函数（如 ReLU），r 是瓶颈维度（如 64）。

在 LoRA 和 QLoRA 中，残差连接是实现高效微调的关键机制，其核心思想是：适配器的输出与原特征进行相加操作，避免破坏原始信息流。基础模型的输出直接传递到下一层，不受适配器修改的影响，适配器仅生成一个微小的增量，通过加法操作叠加到原始输出上，而非覆盖或替换。

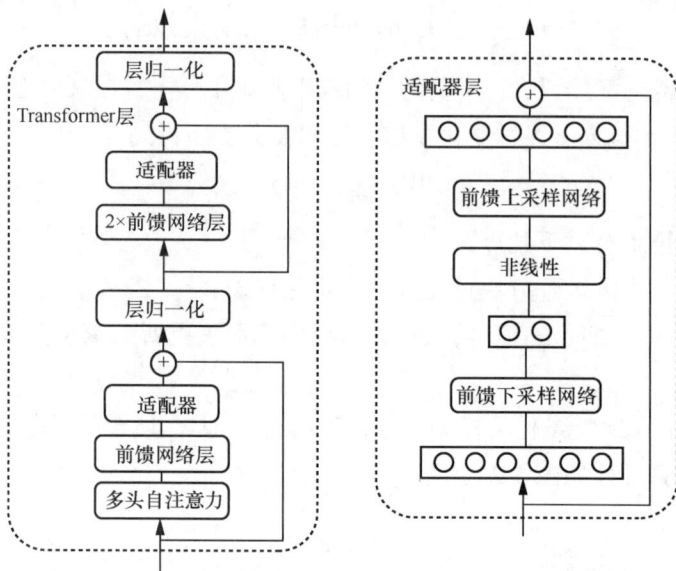

图 5-25 适配器结构

$$h_{out} = h + \lambda \cdot \text{Adapter}(h) \tag{5-7}$$

其中，λ 是适配器输出的缩放系数。

Post-Attention 是指在自注意力（Self-Attention）层后插入适配器，是 LoRA 和 QLoRA 的标准插入方式。Pre-FFN 是指在前馈神经网络（FFN）层前插入适配器，可以在某些情况下带来更好的性能或更高效的训练。参数共享是指跨层的适配器可以共享权重，进一步减少参数数量。通过参数共享，可以在保持模型性能的同时，显著降低模型的参数量和计算复杂度。这些设计变体和机制共同作用，使得 LoRA 和 QLoRA 在保持高性能的同时，具有极低的参数量和计算成本，适合资源受限的场景。

（4）前缀调整（Prefix Tuning）

与传统的微调范式不同，前缀调整提出了一种新的策略，即在预训练的语言模型输入序列前添加可训练、任务特定的前缀，从而实现针对不同任务的微调。这意味着可以为不同任务保存不同的前缀，而不是为每个任务保存一整套微调后的模型权重，节省了大量的存储空间和微调成本。前缀调整与微调的对比如图 5-26 所示。

在图 5-26 中，前缀实际上是一种连续可微的虚拟标记，与离散的 Token 相比，前缀更易于优化且效果更佳。前缀调整的优势在于不需要调整模型的所有权重，只需要在输入中添加前缀来调整模型的行为，从而节省大量的计算资源，同时使单一模型能够适应多种不同的任务。前缀可以是固定的（即手动设计的静态提示），也可以是训练得到的（即模型在训练过程中学习的动态提示）。

（5）提示词调整（Prompt Tuning）

提示词调整是一种在预训练语言模型输入中引入可学习嵌入向量作为提示的微调方法。可训练的提示向量在训练过程中更新，以指导模型输出更适合特定任务的响应。

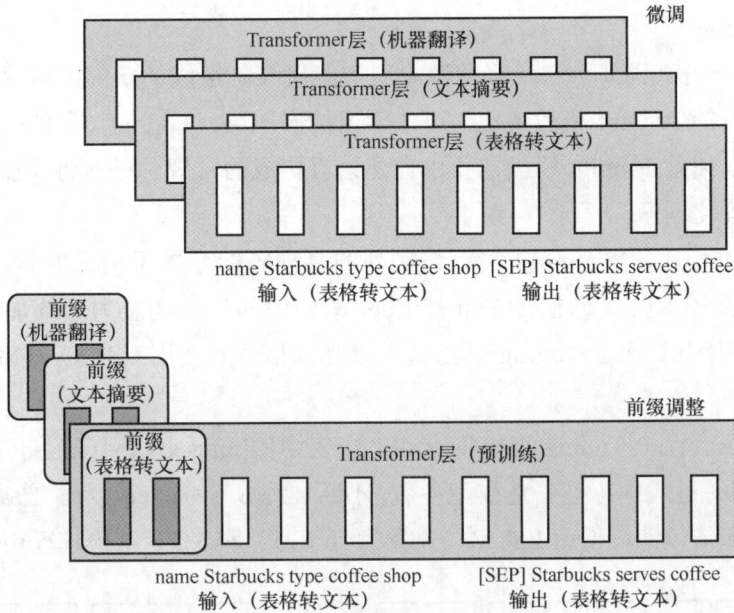

图 5-26　前缀调整与微调的对比

提示词调整的核心有以下两点。

① 可学习提示嵌入：在输入 Token 序列前插入 k 个可学习的向量$[p_1, p_2, \cdots, p_k]$，输入变为

$$\text{input}= [p_1; p_2; \cdots; p_k; x_1; x_2; \cdots; x_n] \tag{5-8}$$

其中，$p_i \in R^d$，x_n 是原始输入 Token 的嵌入。

② 参数初始化策略：随机初始化，即直接随机初始化提示向量；任务相关初始化，即从任务相关的关键词嵌入中采样（如分类任务使用类别名称）。

通过调整提示向量，预训练模型在拼接后的输入上直接生成目标输出（如分类标签），数学上等价于在输入空间中对齐任务分布。微调与提示词调整的对比如图 5-27 所示。

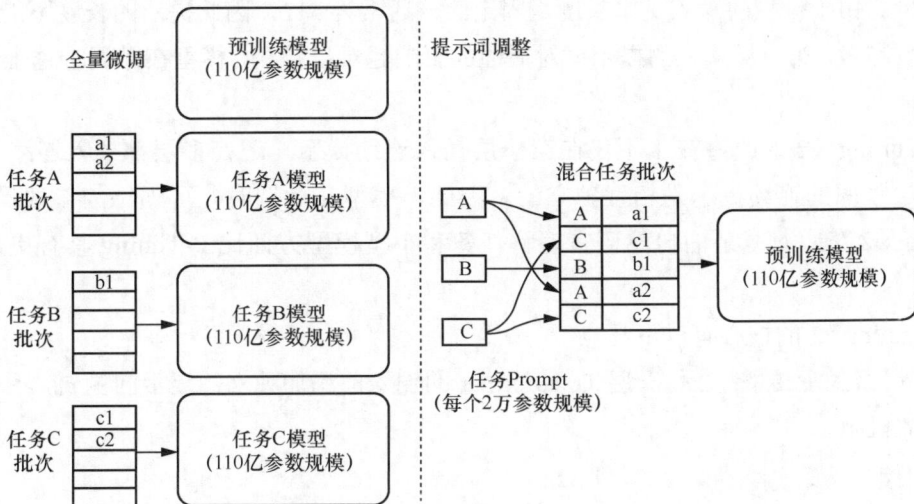

图 5-27　微调与提示词调整的对比

（6）P-Tuning

P-Tuning 是由清华大学和北京智源人工智能研究院组成的研究团队提出的一种创新方法，它将传统的 Prompt 模板转化为可以学习的嵌入层，直接对该层的参数进行优化。P-Tuning 打破了以往 Prompt 模板需要由自然语言构成的常规思路，将模板构建问题转化为连续参数的优化问题。

与前缀调整相比，P-Tuning 没有将额外的可训练部分置于输入的 Token 前，而是置于不固定的位置。前缀调整在 Transformer 架构中的每个注意力层都加入前缀，并使用 MLP 进行初始化。而 P-Tuning 只在输入时加入嵌入，使用 LSTM 和 MILP 结构进行初始化。

如图 5-28 所示，P-Tuning 直接将 BERT 词表中的[unused1]～[unused6]共 6 个 Token 作为模板，在训练过程中冻结其他模型参数，不断训练 6 个 Token。为了增强加入的 Token 之间的关联性和依赖性，使用 LSTM（设置为可学习）和 MLP 结构进行初始化。

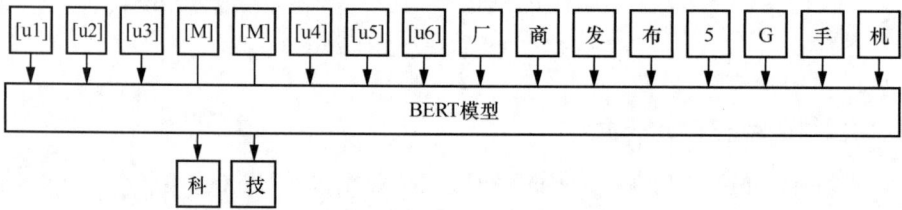

注：[u1]指[unused1]，依此类推。

图 5-28　P-Tuning 将[unused]Token 用于构建模板

（7）P-Tuning v2

P-Tuning v2 是 P-Tuning 的改进版，在 P-Tuning 中，连续提示被插入输入序列的嵌入层中，除了语言模型的输入层，其他层的提示嵌入都来自上一层。这种设计限制了优化参数的数量。由于模型的输入文本长度是固定的，通常为 512，因此提示的长度不能过长。模型层数越多，第一层输入的提示词对后面的影响越难以预测，模型在微调时越难以保证其稳定性。

P-Tuning v2 的改进在于不仅在第一层插入连续提示，还在多层都插入连续提示，且层与层之间的连续提示是相互独立的。因此，模型在微调时，可训练的参数量增加，P-Tuning v2 在应对复杂的自然语言理解任务和小型模型方面比 P-Tuning 具有更出色的效能。

P-Tuning v2 的核心有以下几点。

① 层级提示传播：在每一层 Transformer 的输入前添加独立的提示向量 p_0，形成深度提示传播机制。

对于第 i 层，输入为

$$X_{\text{new}}^{(i)} = [p^{(i)}; x^{(i)}] \tag{5-9}$$

其中，$p^{(i)} \in R^{l \times d}$ 是第 i 层的提示。

② 参数共享策略：独立参数，每层提示完全独立灵活性高但参数量大；跨层共享，不同层的提示共享部分参数（如低秩矩阵），减少冗余。

P-Tuning v2 的优势具体如下。

① 深层对齐：通过多层提示逐层调整特征表示，更接近微调的效果。

② 可扩展性：适用于千亿参数模型仅需微调 0.1%～1% 的参数。

7. RAG、微调、提示词工程对比

RAG、微调和提示词工程是当前大模型应用中的 3 种重要技术手段，它们在各个方面存在一定区别，具体如下。

（1）核心原理

RAG：基于检索与生成的协同机制，通过实时查询外部知识库（如文档、数据库）动态补充生成所需信息。

微调：通过领域特定数据调整预训练模型的参数分布，使其适配垂直任务。

提示词工程：通过设计输入指令、示例或格式模板，操控模型的注意力焦点，引导输出结果。

（2）数据依赖

RAG：依赖外部结构化/非结构化知识库的构建和维护。

微调：需要大量高质量标注数据（通常需千级以上样本）。

提示词工程：仅需少量示例或自然语言指令描述即可。

（3）计算成本

RAG：需承担检索系统（如向量数据库）的计算开销及生成模型的推理成本。

微调：成本高，但可采用 LoRA 等高效微调技术降低成本。

提示词工程：零训练成本，仅涉及推理过程。

（4）优劣势对比

RAG：优势是有效减少模型幻觉，可处理训练数据外的长尾知识；劣势是检索延迟显著，知识覆盖度受限于外部库的质量。

微调：优势是在专业领域任务中表现精准（如医学文本生成）；劣势是存在过拟合风险，且数据标注成本高。

提示词工程：优势是无须训练即可快速验证需求，灵活性极强；劣势是复杂任务需反复调试提示模板，效果不稳定。

（5）技术互补性

RAG、微调和提示词工程三者可以形成技术栈组合。例如，基于微调优化的领域模型，配合 RAG 实现动态知识扩展，再通过提示词工程细化输出格式控制，形成端到端的增强解决方案。

5.2.4 开源大模型 DeepSeek

大语言模型是人工智能革命中的核心驱动力，它们建立在 Transformer 架构的稳固基础之上，并根据缩放定律不断演进。简而言之，缩放定律揭示了一个重要原则：随着数据规模的扩大、参数数量的增加和计算能力的提升，模型的能力将迈向新的巅峰。正是通过预先训练海量的文本数据，大语言模型才展现出了卓越的对话和任务处理能力，成为现代人工智能领域的璀璨星辰。

尽管如此，如今备受欢迎的巨型模型（如 ChatGPT 和 Bard）都建立在专有且闭源的基础之上，这为它们的使用设立了重重障碍，也导致了技术信息的透明度不高。

因此，开源大语言模型逐渐崭露头角，它不仅显著增强了数据的安全性和隐私保护，更为用户节省了大量成本，减少了对外部依赖的需求。更重要的是，开源大语言模型让代码更加透明，使模型得以被个性化定制，推动整个领域的创新与发展，为科技进步注入新的活力。

1. 发展历程

深度求索（DeepSeek）公司是一家专注于通用人工智能技术研发的公司。自成立起，DeepSeek 公司就致力于大模型创新，其发展历程如图 5-29 所示。

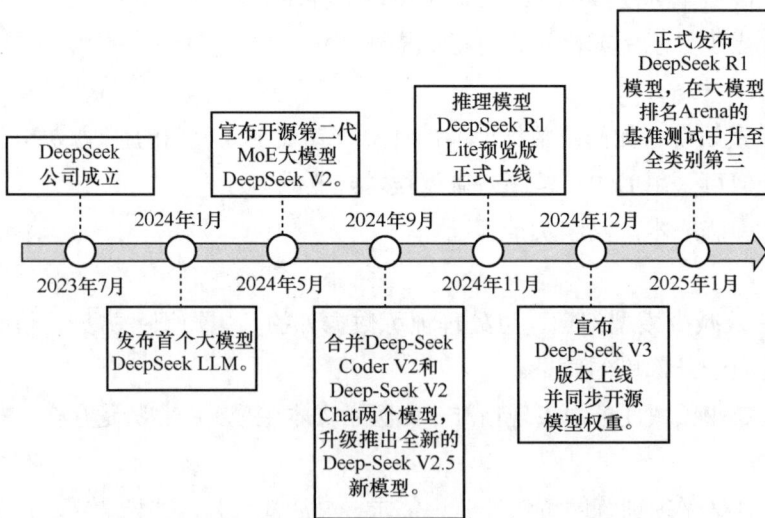

图 5-29　DeepSeek 公司的发展历程

① 2023 年 7 月：DeepSeek 公司成立。这是 DeepSeek 的起点，团队在进行基础研究、技术积累及规划未来的发展方向。

② 2024 年 1 月：发布首个大模型 DeepSeek LLM。这是 DeepSeek 在大模型领域的首次亮相，标志着其在技术研发上取得了初步成果。DeepSeek LLM 的发布为后续版本的迭

代奠定了基础，也展示了公司在 AI 领域的实力。

③ 2024 年 5 月：DeepSeek 宣布开源第二代基于混合专家（MoE）架构的大模型 DeepSeek V2。MoE 架构能够有效提升模型的性能和效率。DeepSeek V2 的开源不仅体现了公司对技术创新的追求，还促进了社区的共同进步。该版本在模型容量、训练效率等方面有显著提升。

④ 2024 年 9 月：合并 DeepSeek Coder V2 和 DeepSeek V2 Chat 两个模型，升级推出全新的 DeepSeek V2.5 新模型。通过合并不同功能的模型，DeepSeek V2.5 在代码生成和对话能力上得到了增强，提供了更全面的解决方案。该版本展示了 DeepSeek 在模型功能融合和优化方面的努力。

⑤ 2024 年 11 月：推理模型 DeepSeek R1 Lite 预览版正式上线。DeepSeek R1 Lite 预览版的上线意味着公司在推理模型方面取得了重大进展。该版本在保持核心功能的同时，优化了资源占用和运行效率，适合更广泛的用户群体。

⑥ 2024 年 12 月：宣布 DeepSeek V3 版本上线并同步开源模型权重。DeepSeek V3 的发布是公司在大模型研发上的一座里程碑。开源模型权重进一步增强了社区的参与度，促进了技术的共享和创新。该版本在多个方面进行了升级，如模型架构、训练数据、应用场景等，但主要在生成任务上表现出色，适用于需要大量文本输出的场景，强调内容的丰富性和创造性。

⑦ 2025 年 1 月：正式发布 DeepSeek R1 模型，其在大模型排名 Arena 的基准测试中升至第三，充分肯定了 DeepSeek R1 的强大性能和竞争力，是对 DeepSeek 技术实力的认可，标志着公司在推理模型领域达到了新的高度。DeepSeek R1 在推理任务上有显著优势，适合需要逻辑分析和决策支持的场景应用，注重解决问题的准确性和效率。

2．技术创新

DeepSeek 通过系统性的技术创新，在大模型架构、训练效率和资源优化方面实现突破，其创新成果可概括为以下五大核心内容。

（1）稀疏 MoE 架构：重新定义模型的效率边界

DeepSeek 通过稀疏 MoE 架构彻底革新了大模型架构设计，打破传统稠密模型的"一刀切"计算模式。其核心突破在于动态路由机制——根据任务类型智能激活特定专家模块。实际测试显示，MoE 架构的推理速度提高 40%，内存占用减少 35%，同时适配国产算力环境，突破芯片性能限制。

（2）MLA 机制：构建认知金字塔

多级注意力（MLA）机制通过分层认知网络实现语义解析的精细化，具体分为微观层（词汇级关联）、中观层（句子逻辑）、宏观层（篇章级意图）。在 Lambda 测试中，MLA 使长文本连贯性评分提升 22%，复杂指令准确率提高 18%。

（3）FP8 训练范式：低精度计算的极限挑战

8 位浮点数（FP8）训练框架通过动态范围自适应算法平衡梯度精度，在 4096 张 GPU

集群上实现训练吞吐量提升 3.1 倍，显存占用减少 45%，千亿模型训练周期缩短至 14 天。该技术被机器学习性能基准测试 2025 列为推荐方案。

（4）MoE 通信优化：破解分布式训练的"带宽诅咒"

针对全互联（All-to-All）通信的瓶颈，DeepSeek 提出以下两点。

① 拓扑感知路由：优化专家节点分配。

② 混合梯度压缩算法：通信数据量压缩 78%，万卡规模训练效率提升 2.7 倍，支撑全球首个万亿参数模型训练。

（5）MTP 训练流水线：工业化 AI 的引擎

模型训练流水线（MTP）包含：智能容错，中断后 10 分钟自动恢复；动态调度，异构集群利用率达 89%；参数差分更新，增量训练效率提升 40%。该系统已支持 50+企业千亿模型定制，交付周期缩短至 3 周。

（6）强化学习 GRPO

DeepSeek R1 的核心突破在于其通过强化学习技术，显著提升模型的推理能力，使其在数学、编程和自然语言推理等任务上表现出色。DeepSeek 的强化学习组内相对策略优化（GRPO）算法是其核心技术之一。该算法创新性地结合了策略优化的稳定性和效率优势。GRPO 通过引入组内相对奖励机制，将传统 PPO 的绝对奖励评估转化为组内策略的相对比较，有效缓解奖励稀疏性和偏差问题；同时采用动态信赖域约束策略更新幅度，在数学推理、代码生成等复杂任务中实现更高的训练稳定性和样本效率。相较于 PPO，GRPO 在小学数学 8000 题（GSM8K）基准上准确率提升 19.3%，代码生成任务中错误率降低 32%，训练资源消耗减少 40%，为多模态任务和超大规模模型的强化学习微调提供了高效解决方案。

创新技术不仅推动了 DeepSeek 自身的发展，还为整个 AI 行业带来了新的思路和可能性。

3. 性能与优势

（1）高性能：以技术创新实现行业领先

DeepSeek 通过 MLA 和 MoE 的深度融合，在资源效率与模型性能之间实现了突破性平衡。MLA 机制通过词汇、句子、篇章三级语义解析，显著提升复杂场景的理解能力——在多任务语言理解（MMLU）测试中以 83.5%的准确率超越 LLaMA 3.1，GSM8K 任务中以 92.3%的成绩与 Claude 3.5 Sonnet 持平。MoE 架构的动态专家路由技术，使代码生成场景的模块调用精准度达 96%，推理速度较传统稠密模型提升 40%。在实际应用中，智能客服系统在阿里巴巴生态中将复杂问题解决率提升 28%，知乎平台的内容审核误报率降低 41%，展现出与 GPT-4o 等模型比肩的实战能力。

（2）低成本：重构 AI 经济模型

DeepSeek 通过算法创新与工程优化的双重突破，将大模型使用门槛降低至普惠级别。FP8 低精度训练技术，使千亿参数模型推理显存需求减少 52%；MoE 架构结合动态资源分配策略，使万亿参数训练能耗下降 43%。在商业化层面，DeepSeek V2 API 定价仅为

GPT-4 的 1/300，企业级服务的总拥有成本（TCO）降低 57%。某金融案例显示，风险预测系统的硬件投入减少 75%，推理响应速度反而提升 3.2 倍，真正实现了"降本不降效"的技术承诺。

（3）开源生态：驱动技术民主化进程

作为全球最大的中文开源 AI 社区构建者，DeepSeek 开放了包含 7B/67B 全系列基座模型、2.6TB 训练数据集及量化扩展（QuantEx）工具链的完整技术栈。其商业友好协议允许企业自由修改并闭源部署，激发创新活力——GitHub 衍生项目超 3700 个，华为基于开源版本开发的端侧部署方案使手机端推理速度提升 200%。社区开发者贡献代码可兑换算力积分，形成可持续的技术共生体系。这种开放策略推动复旦大学医疗团队开发出诊断符合率达 91.2% 的专科问诊模块。

4．本地部署

DeepSeek 的本地部署方案旨在为用户提供一个高效、安全且灵活的 AI 模型运行环境。通过本地部署，用户可以将 DeepSeek 的强大功能集成到自己的系统中，无须依赖外部网络，确保数据的安全性和处理的实时性。本地部署不仅适用于企业级应用，还适用于研究机构和个人开发者，满足不同场景下的需求。

DeepSeek 的本地部署需要一定的硬件和软件环境支持。在硬件方面，推荐使用高性能的服务器或工作站，配备足够的计算资源（如多核 CPU、大容量内存和高速存储）以及专业的 GPU 加速卡，以确保模型运行的稳定性和效率。在软件方面，DeepSeek 的本地 Ollama 部署方案为用户提供了在本地环境中高效运行和管理 AI 模型的能力。Ollama 是一个开源的模型服务器，专为简化大型语言模型的部署和使用而设计。通过将 DeepSeek 集成到 Ollama 中，用户可以在本地轻松部署和调用各种 AI 模型，不需要复杂的配置和管理。

Dify 是一个低代码平台，旨在帮助开发者快速构建和部署 AI 应用。DeepSeek 与 Dify 的集成，使用户能够在 Dify 平台上充分利用 DeepSeek 的强大 AI 能力，实现各类智能应用的开发。用户只需在 Dify 平台上选择 DeepSeek 模型作为服务组件，即可将其嵌入自己的应用中。Dify 提供了丰富的接口和工具，支持用户通过简单的拖拽操作完成模型的配置和调用，无须深入理解底层技术细节。

DeepSeek 的本地 Ollama 部署方案和 Dify 应用集成，分别从不同角度提升了 AI 模型的可用性和灵活性。本地 Ollama 部署强调数据安全、高性能和灵活可控，适用于对数据隐私和实时性要求较高的场景；Dify 应用集成则注重易用性和应用，帮助开发者快速构建各类智能应用。两者相辅相成，共同推动 AI 技术在各行业中的普及和创新应用。

5．应用案例

DeepSeek 的能力图谱如图 5-30 所示，包括自然语言处理、知识与推理、数据分析、交互能力、文本生成与创作、翻译与转换、语言理解等多个领域的强大能力。这些能力不仅能够独立发挥作用，还可以相互协同，为用户提供更加智能、高效的服务。例如，在客户服务场景中，DeepSeek 可以通过情感回应提供人性化的对话体验，通过知识推理提供专业建议，通过数据分析辅助决策，从而全面提升服务质量和效率。

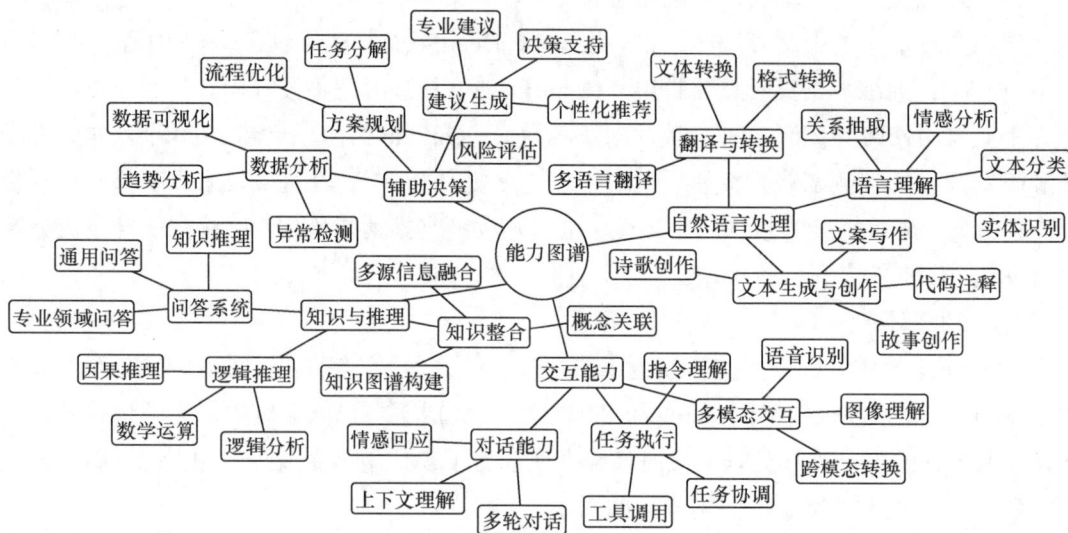

图 5-30　DeepSeek 的能力图谱

总之，DeepSeek 作为一个开源的大规模语言模型，凭借多样的模型规模、优秀的性能表现、广泛的多语言支持和活跃的社区支持，成为自然语言处理领域的热门选择。无论是学术研究还是工业应用，DeepSeek 都展示出巨大的潜力和价值，为其广泛应用奠定了坚实基础，推动了人工智能技术的不断进步和创新。

5.3　本章小结

① 卷积神经网络包括以下几种运算。

输入层：输入图像等信息。

卷积层：提取图像的底层特征。

池化层：防止过拟合，将数据维度减小。

全连接层：汇总卷积层和池化层得到的图像的底层特征和信息。

输出层：根据全连接层的信息得到概率最大的结果。

② 按照输入数据类型的不同，大模型主要可以分为以下三大类，即语言大模型、视觉大模型、多模态大模型。

③ 提示词工程就是一种和大模型交流的方法，它的作用就是让大模型更好地理解人类的需求。技术的出现是有先后顺序的，先有提示词，再有提示词工程；提示词工程是为

提示词服务的，目的就是写出一个更好的提示词。简单来说就是，大家把写提示词的经验总结成一种方法，这种方法就叫作提示词工程。

④ RAG 发展经历了 3 个阶段，分别为 Naive RAG、Advanced RAG 和 Modular RAG。

⑤ 参数高效微调（PEFT）旨在通过最小化微调参数的数量和计算复杂度，提升预训练模型在新任务上的性能，从而减轻大型预训练模型的训练负担。PEFT 包括 LoRA、QLoRA、适配器调整、前缀调整、提示调整、P-Tuning 和 P-Tuning v2 等多种方法。

第6章 强化学习

（1）理解马尔可夫决策过程（MDP）的基本实现原理；

（2）理解强化学习的定义和基本实现；

（3）掌握基于价值的强化学习技术和应用；

（4）了解基于策略的强化学习技术和应用。

6.1 强化学习的定义

6.1.1 强化学习的基本概念

强化学习（RL）通常被认为属于人工智能三大学派中的行为主义。行为主义强调通过与环境的交互来学习行为，认为智能来源于对外部世界的直接体验和反馈。强化学习关注的是智能体如何通过与环境的交互来学习最优的行为策略，这与行为主义心理学家的观点非常相似，即行为是通过与环境的交互（通过奖励和惩罚）来学习的。因此，强化学习被认为是行为主义的典型代表。

值得注意的是，现代人工智能的三大学派并不是完全孤立的。随着研究的深入，各个学派之间的界限逐渐模糊，出现了多种融合的方法和技术。例如，深度强化学习是连接主义（通过深度神经网络）和行为主义（通过强化学习）的结合。这种结合使智能体不仅能够通过与环境的交互学习行为策略，还能够处理高维度的数据（如图像或声音）。

强化学习是一种机器学习方法，了解强化学习的第一步是了解其中的若干概念。

① 智能体：学习并做出决策的主体，可以是软件程序或机器人等。在不同的状态下，智能体可以选择不同的动作。

② 环境：智能体所处的世界或系统。智能体的动作会影响环境的状态，环境也会给予智能体反馈。

③ 状态：描述当前的环境情况，智能体根据状态来决定采取何种行动。

④ 动作：智能体可以执行的操作。动作会影响环境的状态，并导致智能体进入一个新的状态。

⑤ 奖励：环境对智能体执行某个动作后的反馈。奖励可以是正的，也可以是负的，用来表示动作的好坏。智能体的目标是最大化长期累积奖励。

⑥ 策略：定义智能体在给定状态下选择动作的规则。策略可以是确定性的（给出一个确切的动作）或是概率性的（给出每个动作的概率）。

⑦ 价值函数：用于评估状态的价值或某个状态下执行某个动作的价值。通常有两种形式，一种是状态价值函数[$v(s)$]，评估状态 s 的价值；另一种是状态-动作价值函数[$q(s,a)$]，评估在状态 s 下执行动作 a 的价值。

⑧ 探索与利用：探索是指智能体尝试新的动作以发现更好的策略；利用是指智能体根据已知信息选择最佳动作。在学习过程中，智能体需要在这两者之间找到平衡。

强化学习的目的是找到一个最优策略，使智能体在环境中采取的动作序列能够最大化其长期累积奖励。为了达到这个目的，强化学习通常需要解决探索与利用的问题，并且可能需要使用 Q-learning、深度 Q 网络（DQN）、策略梯度等算法。

6.1.2　马尔可夫决策过程

马尔可夫决策过程（MDP）是强化学习的核心，描述了智能体与环境交互的数学模型。本节探讨 MDP 的基础概念，包括马尔可夫性、随机过程、马尔可夫过程和马尔可夫决策过程，旨在帮助读者理解强化学习的工作原理。

1. 为什么需要 MDP

强化学习的基本框架如图 6-1 所示，它描述的是智能体与环境交互的过程，具体如下。

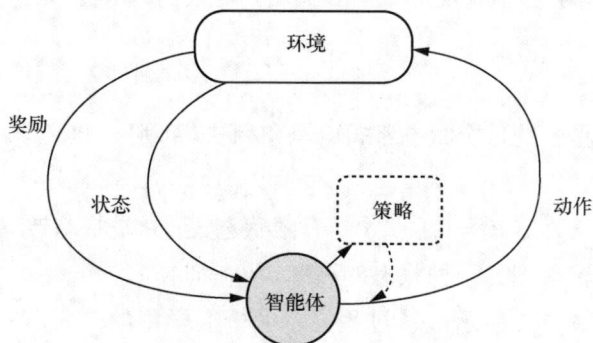

图 6-1　强化学习的基本框架

智能体从初始状态开始，根据当前策略选择一个动作并执行选定的动作。环境根据智能体的动作返回一个新状态和相应的奖励。智能体根据接收到的奖励和新状态更新策略。

不断重复上述过程，直到达到某个终止条件（如达到目标状态或完成一定数量的迭代）为止。

通过不断试错，智能体逐渐学习到如何在环境中采取最优动作以最大化累积奖励。以实际任务为导向，强化学习基于这些数据可以让智能体做出更正确的决策。MDP 就是通过数学方式描述上述过程，是强化学习的基础。

2. 马尔可夫性

马尔可夫性是指系统未来的状态仅依赖当前状态，与过去的状态无关。这个性质在许多领域都有重要应用，特别是强化学习和随机过程分析。在数学上，未来状态 S_{t+1} 的概率分布只取决于当前状态 S_t，而不受之前状态的影响。

在强化学习中，马尔可夫性使智能体能够基于当前状态做出决策，而无须考虑历史状态。这降低问题的复杂性，使算法更加高效。例如，在一个迷宫导航任务中，智能体只需关注当前位置，而不需要记住它是如何到达当前位置的。马尔可夫性还适用于其他领域，如自然语言处理中的隐马尔可夫模型和金融市场的预测模型，这些模型都假设未来状态仅依赖于当前状态。

3. 随机过程

随机过程是一系列随机变量的集合，这些随机变量按照某种顺序（通常是时间顺序）排列。每个随机变量代表特定时间点上的状态或事件。随机过程可以描述随时间变化的不确定现象，如股票价格波动、天气变化等。在数学中用来描述随机变量序列的方式就是随机过程。

随机过程在多个领域中都有广泛的应用。在金融领域，随机过程用于建模股票价格和利率的变化，帮助投资者进行风险管理和投资决策。在通信领域，随机过程用于分析和优化信号传输过程，提高通信系统的可靠性和效率。在生物科学领域，随机过程用于模拟种群动态和基因表达的变化，帮助科学家理解生物系统的复杂性。此外，随机过程还在气象学、物理学、计算机科学等领域发挥着重要作用，为人们理解和预测各种复杂现象提供了强大的工具。

4. 马尔可夫过程

如果一个随机过程中的每个状态都符合马尔可夫性，那么称这个随机过程为马尔可夫过程。

马尔可夫过程定义为 (S,P)。其中，S 是有限状态集；P 是状态转移概率，是一个矩阵，描述 S 中每一种状态转移到另一种状态的概率。

马尔可夫过程如图 6-2 所示，该过程展示了一名学生的 7 种状态及每种状态的转换概率。

由图 6-2 可知，某同学一天的状态可能为"课 1→课 2→课 3→考试→睡觉"，这样一组状态序列被称为马尔可夫链，由此可以看出，从一个状态出发，选择不同的动作可以产生多组马尔可夫链。

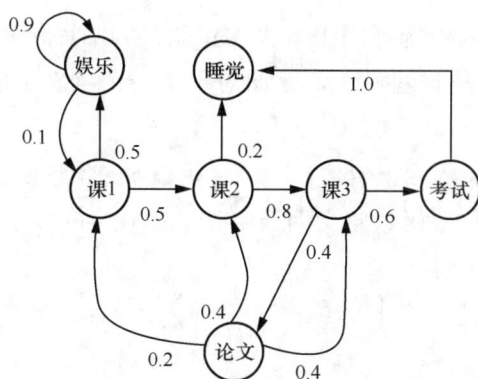

图 6-2　马尔可夫过程

5. MDP

MDP 是一种用于建模决策过程的数学框架，适用于具有随机性的环境。在马尔可夫过程的基础上加上动作和反馈就是 MDP，定义为（S, A, P, R, γ）。其中，S 为有限状态集，A 为有限动作集，P 为状态转移概率，R 为回报函数，γ 为折扣因子（用来计算累积回报）。

MDP 在强化学习和决策理论中有着广泛的应用。在强化学习中，MDP 提供了一个形式化的框架，使智能体能够通过与环境的交互学习最优策略。

6.1.3　强化学习问题定义

MDP 虽然被广泛用于描述强化学习问题中智能体与环境的交互过程，但并不能对智能体选择动作的方法进行建模。为了形式化定义强化学习问题，有必要建立智能体选择动作的模型，如式（6-1）所示。

$$S_0 \to A_0 \to R_1 \to S_1 \to A_1 \to R_2 \to S_2 \to A_2 \to R_3 \to \cdots \qquad (6\text{-}1)$$

这就是策略函数 $\pi:S \times A \to [0,1]$，$\pi(s,a)$ 表示智能体在状态 s 下采取动作 a 的概率。策略函数可以是概率性的，也可以是确定性的。确定的策略函数是指在给定状态 s 的情况下，只有一个动作 a 使概率 $\pi(s,a)$ 取值为 1。对于确定的策略函数，为了简化符号，记 $a=\pi(s)$。

一个好的策略函数能够使智能体在采取一系列行动后得到最佳奖励，即最大化每个时刻的回报值，如式（6-2）所示。

$$G_t = R_{t+1} + \gamma R_{t+2} + \gamma^2 R_{t+3} + \cdots \qquad (6\text{-}2)$$

从 G_t 的定义可知，G_t 根据一次包含终止状态的轨迹序列来计算，因此定义状态价值函数和动作价值函数。已知 MDP(S, A, P, R, γ)，我们可以设定各种各样的策略 π，而强化学习的目标就是从众多的策略中选择回报最大的策略，为了评价每种策略 π 的回报值，定义累计回报。由于策略 π 具有随机性，因此对于某一个状态 s 可以有多条马尔可夫链，即可以得到多个累计回报 G。

为了评价某一个状态 s 的回报价值，我们将状态 s 的累计回报期望作为评价指标，称之为状态价值函数。状态价值函数定义为 $v:S{\rightarrow}R$，如式（6-3）所示。

$$v(s) \;=\; E_\pi\left[G_t\,|\,S_t = s\right] = E_\pi\left[\sum_{k=0}^{\infty}\gamma^k R_{t+k+1}\,|\,S_t = s\right] \tag{6-3}$$

其中，$v(s)$ 表示智能体在时刻 t 处于状态 s 时，按照策略 π 采取行动所获得回报的期望。状态价值函数衡量了某个状态的价值，反映了智能体从当前状态出发后在将来还能获得多少好处。

状态-动作价值函数定义为 $q:S{\times}A{\rightarrow}R$，如式（6-4）所示。

$$q_\pi\left(s,a\right) = E_\pi\left[G_t\,|\,S_t = s, A_t = a\right] = E_\pi\left[\sum_{k=0}^{\infty}\gamma^k R_{t+k+1}\,|\,S_t = s,\ A_t = a\right] \tag{6-4}$$

其中，$q_\pi(s,a)$ 表示智能体在时刻 t 处于状态 s 时选择了动作 a，在 t 时刻后根据策略 π 采取行动所获得回报的期望。

状态价值函数和状态-动作价值函数反映了智能体在某一策略下对应状态序列获得回报的期望，它比回报本身更加准确地刻画了智能体的目标。注意，状态价值函数和状态-动作价值函数的定义之所以能够成立，离不开马尔可夫决策过程所具有的马尔可夫性，即位于当前状态 s 时，无论其取值是多少，一个策略回报值的期望是一定的（当前状态只与前一个状态有关，与时间无关）。

至此，强化学习可以转化为一个策略学习问题，其定义为：给定一个 MDP $= (S, A, \boldsymbol{P}, R, \gamma)$，学习一个最优策略 π，对任意 $s \in S$ 使 $v_\pi(s)$ 的值最大。

6.1.4　贝尔曼方程

贝尔曼方程又叫动态规划方程，是以理查德·贝尔曼（Richard Bellman）的名字命名的，表示动态规划问题中的相邻状态关系。某些决策问题可以按照时间或空间分成多个阶段，每个阶段做出决策，从而使整个过程取得最优效果。多阶段决策问题可以用动态规划方法求解。某一阶段最优决策的问题，通过贝尔曼方程转化为下一阶段最优决策的子问题，从而使初始状态的最优决策可以通过最终状态的最优决策（一般易解）问题逐步迭代求解。贝尔曼方程是动态规划方法能得到最优解的必要条件。大多数用最优控制理论可以解决的问题，也可以通过构造合适的贝尔曼方程来求解。

贝尔曼方程说明优化问题可以用迭代的方式转化成子问题，因此，证明状态价值函数同样可以用贝尔曼方程的形式表示，这样状态价值函数就可以通过迭代来计算。

由状态价值函数的定义式可以得到状态价值函数的贝尔曼方程为

$$v(s) = E_\pi \left[G_t \mid S_t = s \right] = E_\pi \left[\sum_{k=0}^{\infty} \gamma^k R_{t+k+1} \mid S_t = s \right] = E_\pi \left[R_{t+1} + \gamma v(S_{t+1}) \mid S_t = s \right] \tag{6-5}$$

同样，我们可以得到状态-动作价值函数的贝尔曼方程为

$$q_\pi(s,a) = E_\pi \left[G_t \mid S_t = s, A_t = a \right] = E_\pi \left[\sum_{k=0}^{\infty} \gamma^k R_{t+k+1} \mid S_t = s, \ A_t = a \right]$$
$$= E_\pi \left[R_{t+1} + \gamma q(S_{t+1}) \mid S_t = s, \ A_t = a \right] \tag{6-6}$$

状态价值函数的具体计算过程如图 6-3 所示。

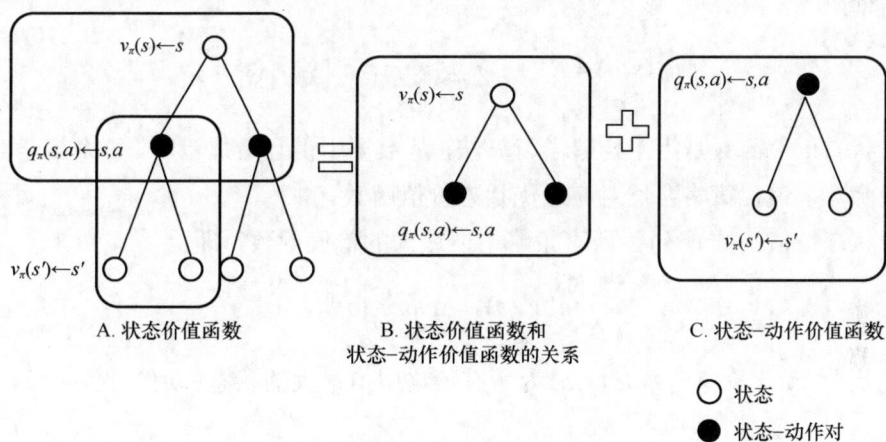

图 6-3   状态价值函数的具体计算过程

在图 6-3 中，B 的计算公式为

$$v_\pi(s) = \sum_{a \in A} \pi(a \mid s) q_\pi(s,a) \tag{6-7}$$

式（6-7）给出了状态价值函数和状态-动作价值函数之间的关系。图 6-3 中的状态-动作价值函数为

$$q_\pi(s,a) = R_s^a + \gamma \sum_{s'} P_{ss'}^a v_\pi(s') \tag{6-8}$$

进而推出

$$v_\pi(s) = \sum_{a \in A} \pi(a \mid s) \left(R_s^a + \gamma \sum_{s'} P_{ss'}^a v_\pi(s') \right) \tag{6-9}$$

状态-动作价值函数的具体计算过程如图 6-4 所示。

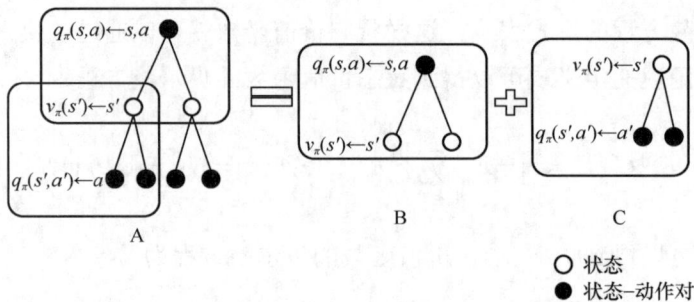

○ 状态
● 状态–动作对

图 6-4 状态–动作价值函数的具体计算过程

在图 6-4 中，C 的计算公式为

$$v_\pi(s') = \sum_{a' \in A} \pi(a' \,|\, s') q_\pi(s', a') \tag{6-10}$$

进而推出

$$q_\pi(s, a) = R_s^a + \gamma \sum_{s'} P_{ss'}^a \sum_{a' \in A} \pi(a' \,|\, s') q_\pi(s', a') \tag{6-11}$$

计算状态价值函数是为了构建学习算法，从数据中得到最优策略。每个策略对应一个状态价值函数，最优策略自然对应最优状态价值函数。

最优状态价值函数 $v^*(s)$ 为所有策略中值最大的价值函数，即

$$v^*(s) = \max_\pi v_\pi(s) \tag{6-12}$$

最优状态–动作价值函数 $q^*(s, a)$ 为所有策略中值最大的状态–动作价值函数，即

$$q^*(s, a) = \max_\pi q_\pi(s, a) \tag{6-13}$$

由式（6-12）和式（6-13）可以得到最优状态价值函数和最优状态–动作价值函数的贝尔曼最优方程为

$$v^*(s) = \max_a R_s^a + \gamma \sum_{s'} P_{ss'}^a v^*(s') \tag{6-14}$$

$$q^*(s, a) = R_s^a + \gamma \sum_{s'} P_{ss'}^a \max_{a'} q^*(s', a') \tag{6-15}$$

若已知最优状态–动作价值函数，则最优策略可通过直接最大化 $q^*(s, a)$ 来决定。

$$\pi^*(a \,|\, s) = \begin{cases} 1 , & \text{if } a = \mathrm{argmax}\, q^*(s, a) \\ 0 , & \text{otherwise} \end{cases} \tag{6-16}$$

至此，我们对强化学习的基本理论介绍完毕。以下对强化学习算法进行形式化描述。

定义一个离散时间有限的折扣马尔可夫决策过程 $M = (S, A, \boldsymbol{P}, r, \rho_0, \gamma, T)$。其中，$S$ 为状态集，A 为动作集，$\boldsymbol{P}: S \times A \times S \to R$ 为转移概率，$r: S \times A \to [-R_{\max}, R_{\max}]$ 为立即回报函数，$\rho_0: S \to R$ 为初始状态分布，$\gamma \in [0,1]$ 为折扣因子，T 为水平范围（即步数）。假设 τ 为

一个轨迹序列，即 $\tau = (s_0, a_0, s_1, a_1, \cdots)$，累积回报为 $R = \sum_{t=0}^{T} \gamma^t r_t$。强化学习的目标是找到最优策略 π，使该策略下的累积回报期望最大，即 $\max_{\pi} \int R(\tau) p_{\pi}(\tau) \mathrm{d}\tau$。

6.2 基于价值的强化学习

在模型无关的强化学习中，算法并不显式地对 $\boldsymbol{P}$ 和 R 进行建模，而是将其隐式地表示在其他模型构件中，通过对这些模型构件进行求解，找到最优策略，其大致可以分为基于价值函数的算法和基于直接策略搜索的算法。前者通过估计价值函数来得到最优策略，而后者则尝试直接对策略进行参数建模，通过优化某个目标来指导策略参数的更新。这些算法大部分遵循"策略评估→策略改进"的迭代框架。在每次迭代中，对当前策略 π 进行评估：使用当前策略在环境中采样，获取轨迹数据，就此数据计算或更新 $Q(s,a)$（当然不同的算法，更新 $Q(s,a)$ 会有所区别，这里以 Q 为例），然后定义新的策略为

$$\pi(a\,|\,s) = \mathrm{argmax}\, q(s,a) \tag{6-17}$$

因此，大部分强化学习的更新过程本质上都是在执行式（6-17），只不过其表现形式各不相同。需要指出的是，如果用于策略评估的数据是完全使用当前策略 π 来进行采样的，那么策略很容易陷入局部解。因此在数据采样过程中，需要有效地引入探索，使智能体有机会执行一些与当前策略不同的动作。而对于某个状态，将同时有可能采样到更优的动作或更差的动作，其带来的判别信息对于后面的策略提升是至关重要的。常用的探索策略有 e-greedy、Softmax 和置信区间上界（UCB）算法等。

6.2.1 Q-Learning

状态价值函数和状态–动作价值函数实际上是计算返回值的期望，动态规划的方法是利用模型计算该期望。在没有模型时，我们可以采用蒙特卡罗方法计算该期望，即利用随机样本估计期望。在计算价值函数时，蒙特卡罗方法利用经验平均回报代替随机变量的期望。此处，我们要注意两个词：经验和平均。

在强化学习中，虽然无法直接通过值迭代来计算 Q，但是可以通过蒙特卡罗方法采样得到累计期望奖励的一个近似值，即

$$Q^{\pi}(s_t, a_t) = \frac{1}{m} \sum_{i=1}^{m} R(\tau_i) \tag{6-18}$$

其中，τ_i 是从 (s_t, a_t) 之后执行策略 π 得到的轨迹数据，$R(\tau_i)$ 是这条轨迹上的累积奖励，当然 m 越大，近似值越精确。如果每一步迭代都进行 m 次轨迹采样，尤其 m 需要很

大的时候，这在实际中几乎是不可行的，那么一种直接的改进方法是，每次采样后，对采样轨迹中的每一对 s_t 和 a_t 进行增量更新 $Q^{\pi}(s_t, a_t)$，于是得到经典的蒙特卡罗方法，即

$$Q(s_t, a_t) \leftarrow Q(s_t, a_t) + \alpha(R - Q(s_t, a_t)) \tag{6-19}$$

式中，$\alpha = \dfrac{1}{c(s_t, a_t) + 1}$，$c(s_t, a_t)$ 为状态动作对的更新次数。

蒙特卡罗方法需要等到每次试验结束才能更新 Q，所以学习速度慢，学习效率不高。通过对蒙特卡罗方法和动态规划的比较，我们会很自然地想到：能不能借鉴动态规划方法中的自举法（bootstrapping），在试验未结束时就估计当前的价值函数呢？答案是肯定的，这是时间差分方法的精髓。时间差分方法结合了蒙特卡罗方法中的采样（即做试验）和动态规划方法中的 bootstrapping（利用后继状态的价值函数估计当前价值函数）。设 α 为一个超参数，同时 R 通过当前奖励和下一个状态动作对的价值函数之和进行近似，即 $R \approx r_t + \gamma Q(s_{t+1}, a_{t+1})$，就得到了著名的时间差分方法。

$$Q(s_t, a_t) \leftarrow Q(s_t, a_t) + \alpha[r_t + \gamma Q(s_{t+1}, a_{t+1}) - Q(s_t, a_t)] \tag{6-20}$$

式（6-20）的含义为：现在的 Q 值 = 原来的 Q 值 + 学习率 ×（立即回报 + 折扣因子 × 后继状态的最大 Q 值 − 原来的 Q 值）。

在式（6-20）中，α 表示学习率，r_t 是 t 时刻的奖励值。$Q(s_{t+1}, a_{t+1}) - Q(s_t, a_t)$ 表示时序差分，即下一个时刻的动作价值减去当前时刻的动作价值，$Q(s_{t+1}, a_{t+1})$ 中的 a_{t+1} 是下一步一定会执行的动作。由于状态 s_{t+1} 的不确定性，因此前面乘以折扣因子 γ。该公式表示在 t 时刻、状态 s_t 下选择动作 a_t 的价值是 $Q(s_t, a_t)$，它是当前时刻的奖励与时间差分价值的折扣之和，是一种单步更新 Q 表格的方法。

时间差分方法包括同策略的 Sarsa 算法和异策略的 Q-Learning 算法。Sarsa 算法的行动策略和评估策略都是 ε-贪婪（ε-greedy）策略。Q-Learning 算法的行动策略为 ε-greedy 策略，目标策略为贪婪策略。Sarsa 算法在做动作时有两种方法，一种是以一定概率€从动作集合中探索，随机选择一个动作；另一种是以（1−€）的概率利用已有的 Q 表格，选取价值最大的动作，即 $a = \mathrm{argmax} Q(s_t, a_t)$。在 Q-Learning 算法中，Q 表格的更新不需要下一个状态，因为智能体的动作更加激进，每次选择价值最大的动作，即 $a = \mathrm{argmax} Q(s_t, a_t)$，其更新 Q 函数的方式是

$$Q(s_t, a_t) \leftarrow Q(s_t, a_t) + \alpha[r_t + \gamma(\max Q(s_{t+1}, a_{t+1}) - Q(s_t, a_t))] \tag{6-21}$$

可以看到，与 Sarsa 算法不同的是，Q-Learning 算法在更新 Q 表格的时候，不需要下一时刻的状态 s_{t+1}。

这样一来，不需要运行完整的轨迹就可以对模型进行更新。再说明一下 a_{t+1} 如何选取。一种选择是使用采样轨迹中在下一个状态上实际执行的动作，这种更新被称为"on-policy"，对应 Sarsa 算法，因为其需要记录下一个状态的实际执行动作，所以其训练数据通常为五元组 $(s_t, a_t, r_t, s_{t+1}, a_{t+1})$。另一种选择是使用当前策略，为下一个状态计算一个最优动作，即 $a_{t+1} = \pi(s_{t+1})$，这种更新被称为"off-policy"，对应 Q-Learning 算法。

6.2.2　DQN

DQN 算法由 DeepMind 团队提出，是深度神经网络和 Q-Learning 算法相结合的一种基于价值的深度强化学习算法。

Q-Learning 算法构建了一个状态–动作价值的 Q 表格，其维度为(s,a)，其中 s 是状态的数量，a 是动作的数量，根本上是 Q 表格将状态和动作映射到 Q 值。此算法适用于状态数量能够计算的场景。但是在实际场景中，状态的数量可能很大，构建 Q 表格难以解决相应问题。为解决该问题，使用 Q 函数来代替 Q 表格的作用，Q 函数将状态和动作映射到 Q 值的结果相同。

DQN 对 Q-Learning 算法的修改主要体现在以下 3 个方面。

① DQN 利用深度卷积神经网络逼近价值函数。

② DQN 利用经验回放训练强化学习的学习过程。

③ DQN 独立设置目标网络来单独处理时间差分算法中的偏差。

下面，我们对这 3 个方面进行简要介绍。

1.　卷积神经网络逼近

由于神经网络擅长对复杂函数进行建模，因此将其当作函数近似器来估计此 Q 函数，这就是 DQN。此网络将状态映射到可从该状态执行的所有动作的 Q 值，即只要输入一个状态，网络就会输出当前可执行的所有动作分别对应的 Q 值。卷积神经网络逼近的过程如图 6-5 所示，神经网络的输入是状态 s，输出是对所有动作 a 的打分。神经网络通过学习网络的权重，输出最佳 Q 值。

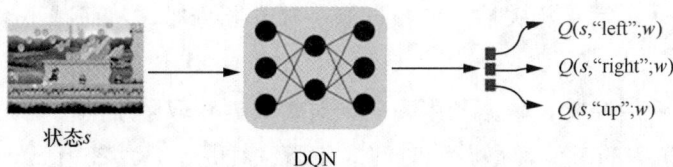

图 6-5　卷积神经网络逼近的过程

神经网络的训练是一个最优化问题，需要表示网络输出和标签值之间的差值，以此作为损失函数。想要让损失函数最小化，方法是通过误差反向传播，并使用梯度下降法更新神经网络的权重参数。

DQN 训练过程如图 6-6 所示。

① 初始化 Q 网络，输入状态 s_t，输出 s_t 下所有动作的 Q 值。

② 利用策略选择一个动作 a_t，把 a_t 输入环境，获得新状态 s_{t+1} 和回报奖励 r。

③ 计算时间差分目标，即

$$y_t = r_t + \gamma \times \max_\alpha Q(s_{t+1}, a; w) \tag{6-22}$$

④ 计算损失函数，即

$$L = \frac{1}{2}[y_t - Q(s, a; w)]^2 \tag{6-23}$$

⑤ 更新 Q 参数，使 $Q(s_t, a_t)$ 尽可能接近，可以把它当作回归问题，利用梯度下降进行更新工作。

⑥ 通过以上步骤得到一个四元组转换（transition）：(s_t, a_t, r_t, s_{t+1})，用完之后将其丢弃。

⑦ 输入新的状态，重复更新工作。

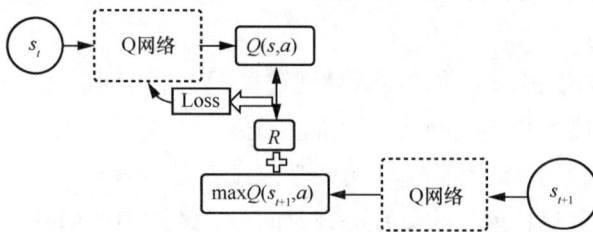

图 6-6　DQN 训练过程

2．经验回放

在理解经验回放之前，先了解原始 DQN 算法的缺点，具体如下。

① 用完一个 transition:(s_t, a_t, r_t, s_{t+1})就丢弃，造成经验的浪费。

② 之前我们按顺序使用 transition，前一个 transition 和后一个 transition 相关性很强，不利于学习 Q 网络。

经验回放可以克服以上两个缺点，具体如下。

① 把序列打散，消除相关性，使数据满足独立同分布，从而减小参数更新的方差，提高收敛速度。

② 能够重复使用经验，数据利用率高，对于数据获取困难的情况尤其有用。

在进行强化学习的时候，最花费时间的步骤往往是与环境交互，训练网络反而是比较快的，因为用 GPU 训练很快。回放缓冲区可以减少与环境交互的次数，经验不需要都来自某一个策略，一些由过去的策略得到的经验可以在回放缓冲区中被多次使用。

回放缓冲区如图 6-7 所示，存储 n 条 transition，被称为经验。

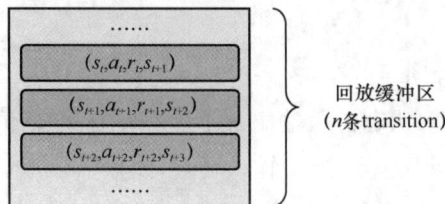

图 6-7　回放缓冲区

某一个策略 π 与环境交互，收集多条 transition 放入回放缓冲区。回放缓冲区中的经验 transition 可能来自不同的策略。

回放缓冲区只有在它装满的时候才会把旧的数据丢掉。

每次随机抽出批量的 transition 数据训练网络，算出多个随机梯度，用梯度的平均更新 Q 网络参数 w。

3．目标网络

在训练网络的时候，动作价值估计和权重 w 有关。当权重变化时，动作价值的估计也会发生变化。在学习的过程中，动作价值试图追逐一个变化的回报，这容易出现不稳定的情况。

目标网络是在 2015 年的论文 *Human-level control through deep reinforcement learning* 中提出的，即目标网络 $Q(s,a;w^-)$，其网络结构和原来的网络 $Q(s,a;w)$ 一样，只是参数不同，即 $w^- \neq w$，原来的网络被称为评估网络。

两个网络的作用不一样，评估网络 $Q(s,a;w)$ 负责控制智能体，收集经验；目标网络 $Q(s,a;w^-)$ 用于计算时间差分目标。目标函数值的计算如下

$$y_t = r_t + \gamma^* \max_\alpha Q(s_{t+1}, a; w^-) \tag{6-24}$$

在更新过程中，只更新评估网络 $Q(s,a;w)$ 的权重 w，目标网络 $Q(s,a;w^-)$ 的权重 w^- 保持不变。在更新固定次数后，再将更新过的评估网络的权重复制给目标网络，进行下一批更新，这样目标网络也能得到更新。由于目标网络在没有变化的一段时间内回报的目标值是相对固定的，因此目标网络的引入增加了学习的稳定性。目标网络如图 6-8 所示。

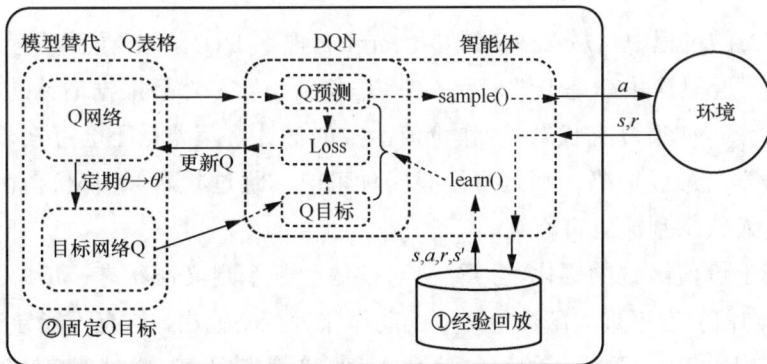

图 6-8　目标网络

4．DQN 模型伪代码

DQN 算法的步骤如下。

第一步，初始化经验池为一个容量为 N 的队列 D。

第二步，随机初始化评估网络 Q 的权重为 θ，目标网络 $\hat{Q}$ 的权重为 θ'。

第三步，For episode= I, M do:

选取初始状态 S_0，进行预处理得到 $\phi_0 = \phi(S_0)$；

For t = 1, T do：

① 以 ε-greedy 策略选取动作 a；

② 执行动作 a，并观察得到的奖励和下一时间步的状态；

③ 将经验样本 $(\phi_t, a_t, r_t, \phi_{t-1})$ 存入经验池 D；

④ 从 D 中随机抽取样本 $(\phi_j, a_j, r_j, \phi_{j-1})$ 计算时间差分目标；

$$y_j = \begin{cases} r_j, \text{if episode terminates at step } j+1 \\ r_j + \gamma \max_a Q^{\wedge}(\phi_{j-1}, a'; \phi'), \text{otherwise} \end{cases}$$

对 $(y_j - Q(\phi_j, a_j; \theta))^2$ 执行梯度下降，并更新网络 Q 的参数：

每 C 步将网络 Q 的参数复制给 $Q^{\wedge}$；

　　End for

　End for

6.3　基于策略的强化学习

6.3.1　策略梯度

在强化学习的过程中，从 Sarsa 到 Q-Learning 再到 DQN，本质上都是价值函数近似算法。价值函数近似算法都是先学习状态–动作价值函数，然后根据估计的状态–动作价值函数选择动作。如果没有状态–动作价值函数的估计，策略就不会存在。但是，强化学习的目标是学习最优策略。那么有没有一种可能，跳过状态–动作价值函数的评估环节，直接从输入状态到输出策略呢？

传统的基于价值函数的强化学习算法通过估计一个定义在状态–动作对上的价值函数，直接返回当前状态下最大函数值对应的动作作为策略输出，这有可能导致所谓的"策略退化"现象。因此，模型无关的强化学习，即直接策略搜索，尝试直接在策略空间通过监督学习或优化算法寻找一个最优策略来最大化长期累积收益。相应的工作包括模仿学习、策略梯度算法和基于演化算法的强化学习等。其中，策略梯度算法比其他两种算法理论更完善、影响更深远、应用更广泛，因此我们进一步介绍策略梯度算法。

前文讲解的是价值函数的近似，然后根据价值函数来制定策略。此处策略 $P(a|s)$ 将从一个概率集合变成函数本身 $\pi(s, a)$，借助策略相关的目标函数梯度的引导，寻找目标函数的极值，进而得到最优策略。6.3.1 节将直接参数化策略本身，同时参数化的策略将不再是一个概率集合，而是一个函数，即从离散变为连续。

$$\pi_\theta(s,a) = P(a \mid s, \theta) \tag{6-25}$$

策略梯度算法通过直接在参数空间进行梯度上升来最大化累积期望奖赏,以优化一个带参策略,避免了基于价值函数的算法带来的策略退化现象,近年来吸引了越来越多研究者的关注。我们对一个参数化的策略 π 寻找最优的 θ,使强化学习的目标—累积回报的期望最大。

算法在每个回合会与环境交互形成若干条轨迹序列,一个回合结束后采样轨迹组合的数据,对网络参数进行多次迭代更新。更新网络参数时,目标损失函数为

$$U(\theta) = E\left(\sum_{t=0}^{H} R(s_t, u_t); \pi_\theta\right) = \sum_\gamma P(\tau; \theta) R(\tau) \tag{6-26}$$

寻找最优的 θ,使

$$\max_\theta U(\theta) = \max_\theta \sum_\tau P(\tau; \theta) R(\tau) \tag{6-27}$$

式中,$R(\tau) = \sum_{t=0}^{H} R(s_t, u_t)$,表示轨迹 τ 的回报;$P(\tau; \theta)$ 表示轨迹 τ 的出现概率。

这时,策略搜索算法实际上变成了一个优化问题。解决优化问题有很多算法,如最速下降法、牛顿法、内点法等。其中最简单、最常用的是最速下降法,此处称为策略梯度算法,即 $\theta_{\text{new}} = \theta_{\text{old}} + \alpha \nabla_\theta U(\theta)$,问题的关键是计算策略梯度 $\nabla_\theta U(\theta)$。

对目标函数求导

$$\nabla_\theta U(\theta) = \nabla_\theta \sum_\tau P(\tau; \theta) R(\tau) = \sum_\tau P(\tau, \theta) \nabla_\theta \log P(\tau; \theta) R(\tau) \tag{6-28}$$

最终,策略梯度变成求 $\nabla_\theta \log P(\tau; \theta) R(\tau)$ 的期望,这可以利用经验平均估算。因此,当当前策略 π 采样 m 条轨迹后,可以利用 m 条轨迹的经验平均逼近策略梯度,即

$$\nabla_\theta U(\theta) \approx \frac{1}{m} \sum_{i=1}^{m} \nabla_\theta \log P(\tau; \theta) R(\tau) \tag{6-29}$$

其中,$\nabla_\theta \log P(\tau; \theta)$ 表示轨迹 τ 的概率随参数 θ 变化最陡的方向,参数在该方向更新时,若为正方向,则该轨迹出现的概率会变大;反之则变小。

$R(\tau)$ 控制了参数更新的方向和步长。$R(\tau)$ 为正且越大,则参数更新后该轨迹的概率越大;$R(\tau)$ 为负,则该轨迹的概率降低,抑制该轨迹的发生。

于是推导出策略梯度的计算公式为

$$\nabla_\theta U(\theta) \approx \frac{1}{m} \sum_{i=1}^{m} \nabla_\theta \log P(\tau; \theta) R(\tau) = \frac{1}{m} \sum_{i=1}^{m} \left(\sum_{t=0}^{H} \nabla_\theta \log \pi_\theta(a_t^{(i)} \mid s_t^{(i)}) R(\tau^{(i)}) \right) \tag{6-30}$$

式中,$\pi_\theta(a_t^{(i)} \mid s_t^{(i)})$ 表示策略网络。

策略梯度算法在强化学习中具有独特的优势,特别是在处理连续动作空间和直接优化策略方面。然而,策略梯度算法也存在一些明显的缺点,如大方差、样本效率低和计算复杂度高等。下面分别阐述策略梯度算法的优缺点。

（1）优点

① 直接优化策略：策略梯度算法可以直接优化策略，避免了价值函数估计中的误差传播问题，使学习过程更加稳定。

② 适用于连续动作空间：策略梯度算法可以直接处理连续动作空间，而基于价值函数的方法通常需要将动作空间离散化，这可能导致性能下降。

③ 探索性更强：策略梯度算法通过概率分布输出动作，具备探索性，可以在学习过程中更好地平衡探索和利用。

④ 易于结合先验知识：策略梯度算法可以通过设计策略网络结构或初始化参数来融入先验知识，提高学习效率。

（2）缺点

① 方差大：策略梯度算法的梯度估计通常具有较大的方差，导致学习过程不稳定，收敛速度慢。为了降低方差，通常需要引入基线或使用重要性采样等技术。

② 样本效率低：策略梯度算法通常需要大量的样本才能收敛到好的策略，尤其是在高维状态和动作空间中，样本需求量更大。

③ 局部最优解：策略梯度算法容易陷入局部最优解，特别是在非凸优化问题中，可能无法找到全局最优策略。

④ 计算复杂度高：策略梯度算法通常需要较多的计算资源，特别是在使用深度神经网络作为策略函数时，训练过程可能非常耗时。

综上所述，在实际应用中，需要根据具体问题的特点选择合适的算法，并结合其他技术（如基线、重要性采样等）来克服这些缺点。

6.3.2　近端策略优化（PPO）

PPO 是一种强化学习算法，由约翰·舒尔曼（John Schulman）等人在 2017 年提出。PPO 属于策略梯度算法，直接对策略（即模型的行为）进行优化，试图找到使期望回报最大化的策略。PPO 旨在改进和简化以前的策略梯度算法，例如信任域策略优化（TRPO），它通过几个关键的技术创新提高了训练的稳定性和效率。

PPO 的主要特点如下。

① 裁剪的概率比：PPO 使用一个目标函数，其中包含了一个裁剪的概率比，即旧策略和新策略产生动作概率的比值。这个比值被限制在一个范围内，防止策略在更新时做出太大的改变。

② 多次更新：在一个数据批次上可以安全地进行多次更新，这对于样本效率非常重要，尤其是在高维输入和实时学习环境中。

③ 简单实现：与 TRPO 相比，PPO 更容易实现和调整，因为它不需要复杂的数学运算来保证策略更新的安全性。

④ 平衡探索与利用：PPO 尝试在学习稳定性和足够的探索之间取得平衡，以避免局部最优并改进策略性能。

PPO 已被广泛应用于各种强化学习场景，包括游戏、机器人控制及自然语言处理中的序列决策问题，是目前最流行的强化学习算法之一。

PPO 是基于对策略梯度算法的改进，它主要包括以下几个关键的步骤。

① 收集数据：通过在环境中执行当前策略来收集一组交互数据，这些数据包括状态、动作、奖励及可能的下一个状态。

② 计算优势估计：为了评价一个动作相较于平均水平的好坏，需要计算优势函数。这通常是通过某种形式的时间差分估计或者广义优势估计来完成的。

③ 优化目标函数：PPO 使用一个特殊设计的目标函数，涉及概率比 $r_t(\theta) = \dfrac{\pi_\theta(a_t \mid s_t)}{\pi_{\theta\text{old}}(a_t \mid s_t)}$，其中 π_θ 表示新策略，$\pi_{\theta\text{old}}$ 表示旧策略。目标函数的形式通常为

$$L(\theta) = \hat{E}[\min(r_t(\theta)\hat{A}_t, \text{clip}(r_t(\theta), 1-\varepsilon, 1+\varepsilon)\hat{A}_t] \tag{6-31}$$

其中，$\hat{A}_t$ 是优势函数的估计，ε 是一个小的正数（如 0.1 或 0.2），clip 函数限制了 $r_t(\theta)$ 的变化范围，防止更新变化过大。

④ 更新策略：使用梯度上升算法来更新策略参数 θ，即 $\theta \leftarrow \theta + \alpha\nabla_\theta L(\theta)$，其中 α 是学习率。

⑤ 重复步骤：使用新的策略参数重复以上步骤，直到满足某些停止准则，例如策略性能不再提升或者已经达到一定的迭代次数。

PPO 的关键之处在于它通过限制策略更新的幅度，使学习过程更加稳定。在每次更新时，$r_t(\theta)$ 被限制在 $(1-\varepsilon, 1+\varepsilon)$，防止单个数据点导致极端策略更新，这有助于避免策略性能的急剧下降。同时，PPO 允许在每次迭代中使用相同的数据进行多次策略更新，这提高了数据效率。

6.4　深度强化学习的应用

6.4.1　深度强化学习在游戏 AI 中的应用

回顾人工智能的发展历程，可以明显地看到深度强化学习（DRL）的出现在游戏 AI 领域掀起了一场不小的革命。就像 DeepMind 的 AlphaGo 击败世界围棋冠军一样，DRL 展现了其在策略游戏中的巨大潜力。但是，DRL 的影响远不止于此。在各种类型的游戏中，DRL 都在推动着智能体的性能边界不断扩展，从复杂的多人在线战场到经典的 Arcade 游戏，DRL 使 AI 可以学会我们之前认为只有人类才能掌握的复杂策略和决策过程。

举个例子，经过 DRL 训练的智能体能够在《星际争霸Ⅱ》这种实时策略游戏中做出近似专家级的决策。这不仅是在模仿游戏操作，还是在理解和适应不断变化的游戏状态。与传统的以规则为主导的 AI 不同，DRL 智能体通过与游戏环境的持续互动，得以自主学习并优化其策略，这种"从经验中学习"的能力是其核心。

AlphaGo 是一款由谷歌 DeepMind 团队研发的围棋人工智能程序。它结合了深度学习和强化学习两种先进的机器学习技术，通过深度神经网络的模型处理棋盘的状态，并通过蒙特卡罗树搜索算法进行决策。

强化学习在这里起到了关键作用。AlphaGo 的强化学习部分是一种基于奖励的学习过程，它会不断尝试各种落子策略，每一步都会对结果有一个评估（奖励）。如果某个策略能够赢得比赛，那么这个策略就会获得正向的高奖励；反之，如果输掉或平局，则这个策略会得到负向或较低的奖励。通过大量的自我对弈，AlphaGo 逐渐优化其策略，能够更好地预测对手的行为并做出最优决策。

AlphaGo 的胜利标志着人工智能在复杂策略游戏中取得了突破，也推动了全球对深度学习和强化学习研究的关注。

AlphaGo 的强化学习具体工作流程如下。

① 环境互动：AlphaGo 首先将当前的棋盘状态通过一个数值表示，这是它的输入特征向量；然后，它会执行一次决策，如选择下一步的位置。

② 动作执行：选定位置后，AlphaGo 会在现实环境中（对于模拟游戏来说就是虚拟棋盘）做出相应的操作，这一步会产生新的棋盘状态。

③ 反馈接收：AlphaGo 会接收到一个新的反馈，即新棋盘状态及对这个状态的评价，通常以胜率、得分或其他形式的奖励来衡量。

④ 价值评估：使用预先训练好的神经网络，AlphaGo 会对新状态的价值进行评估，判断其是一个好状态还是坏状态。

⑤ 更新模型：利用强化学习的策略梯度算法，AlphaGo 会调整其内部的决策模型，以便在未来遇到相似情况时选择更优的行动，以此提高长期的累积奖励。

⑥ 迭代过程：这个循环反复进行，直到达到预设的训练轮数或达到某个停止条件。随着经验的积累，AlphaGo 的棋艺不断提高。

AlphaGo 及其后续版本通过结合深度学习和强化学习技术，在围棋这一复杂策略游戏中取得了突破性的成就。其核心在于通过自我对弈生成高质量的训练数据，并使用策略梯度和价值函数优化算法不断改进策略网络和价值网络。这些技术不仅在围棋中成功应用，还为其他复杂决策任务提供了重要的参考。

6.4.2　强化学习在应用落地中存在的问题

尽管强化学习在多个领域展现了巨大的潜力，但在实际应用中仍存在诸多问题。

①　样本效率低。强化学习算法通常需要大量的交互样本来进行训练，这在现实中是一项巨大的挑战。在物理世界的应用中，每次尝试都可能涉及昂贵的物理成本和时间开销，如机器人控制任务。因此需要引入领域知识来指导探索，减少样本需求量，采用元学习等来提高算法的学习效率。

②　泛化能力不足。训练好的模型在面对未见过的环境或任务时，表现往往不佳，这限制了模型在实际应用中的鲁棒性和适应性。因此需要使用多任务学习、迁移学习等算法来提高模型的泛化能力。

③　安全性和可靠性。在某些关键领域，如自动驾驶领域和医疗领域，随机的控制策略可能导致严重的后果，限制了强化学习在这些领域的应用。因此需要开发安全的探索策略，确保在探索过程中不会造成不可逆的损害；引入监督机制，确保模型行为符合安全标准。

④　可解释性差。强化学习模型通常是黑盒模型，难以理解其决策过程，在需要透明度和可解释性的领域（如金融领域和医疗领域）应用受限。因此需要开发可解释的强化学习模型，提高模型的透明度和可解释性。

⑤　超参数调优困难。强化学习算法的性能高度依赖于超参数的选择，而超参数调优通常需要大量的人工干预和试验，增加了模型开发和调试的成本。因此需要使用自动超参数优化算法，如贝叶斯优化和进化算法。

⑥　长期信用分配问题。在长序列任务中，强化学习算法难以有效地将奖励分配给早期的决策，导致模型表现不佳。因此需要使用分层强化学习和元学习等算法，帮助模型更好地处理长期依赖关系。

⑦　环境动态变化。现实中的环境往往是动态变化的，而强化学习模型通常假设环境是静态的，模型在面对环境变化时表现不稳定。因此需要开发自适应的强化学习算法，使模型能够快速适应环境的变化。

⑧　计算资源需求高。强化学习算法通常需要大量的计算资源，尤其是在大规模和高维度的任务中，增加了模型训练和部署的成本。因此需要优化算法设计，减少计算复杂度；利用分布式计算和云计算资源。

综上所述，虽然强化学习在理论和实验中展现出巨大的潜力，但在实际应用中仍需解决以上问题。不断的研究和技术创新有望推动强化学习在更多领域被广泛应用。

6.5　本章小结

①　强化学习是人工智能中行为主义的典型代表。强化学习关注的是智能体如何通过与环境交互来学习最优的行为策略，这与行为主义心理学家的观点非常相似，即行为是通过与环境的交互（通过奖励和惩罚）来学习的。

②　在马尔可夫过程的基础上加上动作和反馈就是 MDP，定义为 MDP(S,A,P,R,γ)，S

为有限状态集，A 为有限动作集，P 为状态转移概率，R 为回报函数，γ 为折扣因子（用来计算累积回报）。强化学习可以转化为一个策略学习问题，其定义为：给定一个 MDP = (S, A, P, R, γ)，学习一个最优策略 π，对任意 $s \in S$ 使 $v_\pi(s)$ 的值最大。

③ 在模型无关的强化学习算法中，算法并不显式地对 P 和 R 进行建模，而是将其隐式地表示在其他模型构件中，通过对这些模型构件进行求解以找到最优策略，大致可以分为基于价值函数的算法和基于直接策略搜索的算法。前者通过估计价值函数来得到最优策略，而后者则尝试直接对策略进行参数建模，通过优化某个目标来指导策略参数的更新。

④ DQN 对 Q-Learning 的修改主要体现在以下 3 个方面：DQN 利用深度卷积神经网络逼近价值函数；DQN 利用经验回放训练强化学习的学习过程；DQN 独立设置目标网络来单独处理时间差分算法中的偏差。

第7章 自然语言处理与认知智能

学习目标

（1）了解自然语言处理的研究内容、应用领域和常见算法；

（2）理解对话系统架构；

（3）认识 Transformer 深度学习模型架构。

7.1 自然语言处理概述

自然语言处理是人工智能的一个重要分支，旨在使计算机能够理解、解释、生成和操作人类使用的语言，从而实现人机之间的有效沟通。

人类语言是抽象的信息符号，蕴含着丰富的语义信息，人类可以很轻松地理解其中的含义。而计算机只能处理数值化的信息，无法直接理解人类语言，所以需要对人类语言进行数值化转换。不仅如此，人类之间的沟通交流是有上下文信息的，这对计算机来说是一项巨大的挑战。

认知智能是指计算机系统模拟人类认知能力的一系列技术和方法。这些技术旨在让计算机具备类似于人类的认知功能，包括感知、学习、推理、决策和理解等，通俗来讲就是"能理解会思考"。人类有语言，才有概念，才有推理，所以概念、意识、观念等都是人类认知智能的表现。

自然语言处理与认知智能是相互补充且紧密相关的领域。自然语言处理专注于理解和生成人类语言，而认知智能则关注计算机如何模拟人类的认知能力。通过结合这两种技术，可以实现更高级的应用，如智能客服、医疗健康和智能写作等。未来，自然语言处理和认知智能将继续朝着更高级的模型、更高的可解释性和更强的伦理保障方向发展，为各行各业带来更多创新和便利。

7.1.1 研究内容

自然语言处理是一门交叉学科，其涉及的领域和分支不断增加，而且其中的研究内容不断细化，包括语音识别、语音合成、中文自动分词、词性标注、句法分析、自然语言生成、文本分类、问答系统、知识图谱、机器翻译等，具体如表 7-1 所示。

表 7-1　自然语言处理的研究内容

研究内容	说明
语音识别	机器通过识别和理解过程把语音信号转变为相应的文本或命令
语音合成	通过机械的、电子的方法产生人造语音的技术
中文自动分词	使用机器自动对中文文本进行词语的切分，像英文一样使中文句子中的词与词之间以空格标识
词性标注	对语料库内单词的词性按其含义和上下文内容进行标记的文本数据处理
句法分析	对句子的词语语法功能进行分析
自然语言生成	使机器具有像人一样的表达和写作能力
文本分类	机器按照一定的分类体系或标准对文本集（或其他实体）进行自动分类标记
问答系统	用准确、简洁的自然语言回答用户用自然语言提出的问题
知识图谱	利用知识库来辅助理解语言
机器翻译	利用机器将一种自然语言（源语言）转换为另一种自然语言（目标语言）的过程

7.1.2　应用领域

自然语言处理应用广泛，如图 7-1 所示，包括但不限于以下内容。

图 7-1　自然语言处理应用

1. 情感分析

情感分析是一种自然语言处理技术，用于识别和提取文本中的主观信息，如情感、态度和情绪。

情感分析的应用场景如下。

① 社交媒体监控：监测用户在社交媒体上的反馈，了解公众对某一事件或产品的看法。

② 产品评论分析：分析在线购物平台上的用户评论，帮助商家改进产品和服务。

③ 市场趋势预测：通过分析新闻和社交媒体数据，预测市场趋势和消费者行为。

2．聊天机器人

聊天机器人是一种能够与人类进行自然对话的程序,通过自然语言处理技术理解和生成文本。

聊天机器人的应用场景如下。

① 客户服务:自动回答用户的常见问题,减轻客服人员的工作负担。

② 娱乐互动:提供娱乐和陪伴功能,如虚拟助手、游戏角色等。

③ 教育辅导:辅助学生学习,提供个性化的教学资源和反馈。

3．语音识别

语音识别是一种将人类的语音信号转换为可读文本的技术。

语音识别的应用场景如下。

① 语音助手:如 Siri、Alexa 等,通过语音命令控制设备和获取信息。

② 电话客服系统:自动接听电话并处理客户的查询和投诉。

③ 语音输入:在移动设备上通过语音输入文字,提高输入效率。

4．机器翻译

机器翻译是将自然语言自动翻译成另一种自然语言的技术。

机器翻译的应用场景如下。

① 跨语言通信:帮助具有不同语言背景的人进行交流。

② 文档翻译:快速翻译大量文档,提高工作效率。

③ 多语言网站:为网站提供多种语言版本,扩大受众范围。

5．社交媒体分析

分析社交媒体上的用户评论和反馈,进行情感分析和舆情监测。例如,分析微博、Twitter 上的用户评论,判断产品或服务的情感倾向;实时监控社交媒体上的热点事件,及时发现并处理负面舆情;通过分析用户的社交媒体行为,构建用户画像,用于个性化推荐。

6．智能写作

自动生成新闻报道、文章摘要等;辅助写作,提供语法和风格建议。例如,使用模板和生成模型自动生成新闻报道;使用抽取式或生成式摘要技术生成文章摘要;使用自然语言处理技术检查文章的语法错误和风格一致性。

7.1.3 算法介绍

常见的自然语言处理算法有以下几种。

1．词嵌入

① Word2Vec:通过连续词袋模型(CBOW)或跳字模型(Skip-gram)将词语转换为高维向量。

② GloVe：全局向量词嵌入，通过统计词共现矩阵来生成词向量。

③ FastText：扩展了 Word2Vec，考虑了词内部的子词信息，适用于低频词。

2. 语言模型

① N-gram 模型：基于前（$n-1$）个词预测下一个词的概率。

② 循环神经网络（RNN）：通过递归结构处理序列数据，适用于文本生成和语言建模。

③ 长短期记忆（LSTM）网络：改进的 RNN，解决了梯度消失问题，适用于长序列数据。

④ Transformer：基于自注意力机制的模型，显著提升了处理长依赖关系的能力。

3. 词性标注

① 隐马尔可夫模型（HMM）：通过状态转移概率和观测概率进行词性标注。

② 条件随机场（CRF）：基于序列标签的模型，考虑了上下文信息。

4. 命名实体识别

① Bi-LSTM + CRF：结合双向 LSTM 和 CRF，捕捉上下文信息并进行标签预测。

② BERT：基于 Transformer 的预训练模型，通过上下文信息进行命名实体识别。

5. 依存句法分析

① 图解析器：通过构建依存树来解析句子结构。

② 移进–规约解析器：通过一系列动作逐步构建依存树。

6. 机器翻译

① 统计机器翻译：基于统计模型进行翻译，如 IBM 模型。

② 神经机器翻译：基于神经网络的端到端翻译模型，如 Seq2Seq 模型和 Transformer。

7. 情感分析

① 基于规则的方法：通过预定义的规则和词典进行情感分类。

② 基于机器学习的算法：使用监督学习算法（如支持向量机、随机森林）进行情感分类。

③ 基于深度学习的算法：使用 CNN、RNN、BERT 等模型进行情感分析。

8. 文本分类

① 朴素贝叶斯：基于贝叶斯定理的简单分类器。

② 支持向量机：通过寻找最优超平面进行分类。

③ 卷积神经网络：通过卷积层提取文本特征，适用于短文本分类。

④ 递归神经网络：通过递归结构处理序列数据，适用于长文本分类。

⑤ BERT：基于 Transformer 的预训练模型，通过上下文信息进行文本分类。

9. 问答系统

① 基于检索的算法：通过搜索引擎或知识库检索答案。

② 基于生成的算法：使用 Seq2Seq 模型生成答案。

③ 基于预训练模型的算法：使用 BERT、RoBERTa 等模型进行答案抽取和生成。

综上所述，自然语言处理算法涵盖了从传统的统计方法到现代的深度学习模型，每种算法都有其适用场景和优缺点。随着技术的不断发展，新的算法和模型不断涌现，推动了自然语言处理技术的快速发展。

7.2　对话系统

对话系统是一种能够与用户进行自然语言交互的计算机系统。这些系统通常用于用户服务、虚拟助手、聊天机器人等应用场景，旨在通过自然语言处理技术理解和生成人类语言，实现流畅的对话体验。对话系统的核心目标是理解用户的意图，管理对话流程，并生成合适的回应。对话系统流程如图 7-2 所示。

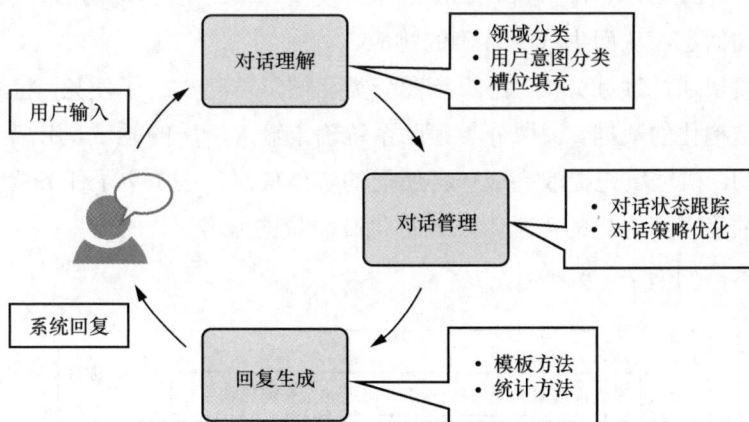

图 7-2　对话系统流程

7.2.1　对话理解

对话理解模块是对话系统的核心组成部分之一，负责解析用户的自然语言输入，提取其中的关键信息和意图。这一模块的目标是将用户的输入转化为结构化的数据，以便对话管理系统能够根据这些信息做出合理的决策。对话理解模块通常包括以下几个子任务，即领域分类、用户意图分类和槽位填充。

1．领域分类

领域分类是指将用户的输入归类到特定的领域或主题。不同的领域对应不同的业务逻辑和服务。例如，一个客服对话系统可能涉及"订单查询""账户管理""技术支持"等多个领域。通过领域分类，系统可以快速确定用户的输入属于哪个领域，从而调用相应的处理模块。领域分类通常使用分类算法，如支持向量机、随机森林或深度学习模型（如卷积神经网络）来实现。

2．用户意图分类

用户意图分类是指识别用户输入的具体意图或目的。意图是用户希望系统执行的具体任务或操作。例如，在一个订餐系统中，用户的意图可能是"预订餐桌""查询菜单"或"取消订单"。用户意图分类通常基于用户的自然语言输入，使用分类算法来识别最可能的意图。常见的用户意图分类算法包括传统的机器学习算法（如逻辑回归、朴素贝叶斯）和深度学习模型（如循环神经网络、Transformer）。

3．槽位填充

槽位填充是指从用户的输入中提取具体的实体信息，这些实体信息通常被称为"槽位"。槽位是完成特定任务所需的关键信息。例如，在预订餐厅的场景中，槽位可能包括"日期""时间""人数"等。槽位填充通常使用序列标注技术来实现，常见的算法包括CRF、双向长短期记忆（BiLSTM）网络和Transformer模型。通过槽位填充，系统可以获取完成任务所需的详细信息，从而生成更准确的响应。

对话理解模块通过领域分类、用户意图分类和槽位填充3个子任务，将用户的自然语言输入转化为结构化的数据。领域分类帮助系统确定输入所属的领域，用户意图分类识别用户的具体意图，槽位填充提取完成任务所需的实体信息。这3个子任务相互配合，确保对话系统能够准确理解用户的需求，从而提供高质量的服务。

对话理解示例如图7-3所示。

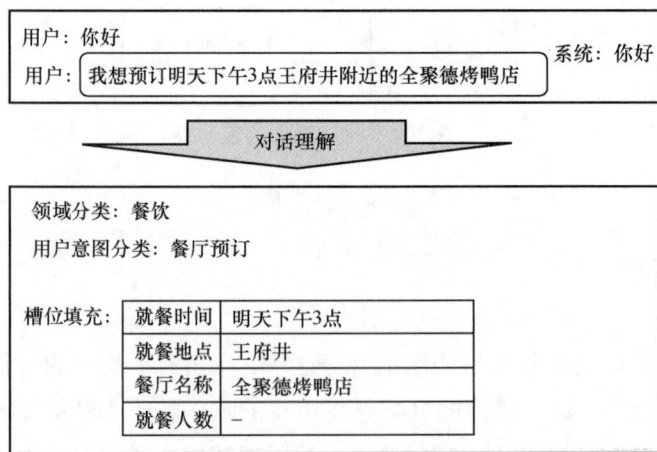

图7-3　对话理解示例

在图7-3中，对于用户当前的输入"我想预订明天下午3点王府井附近的全聚德烤鸭店"，领域分类判断该输入属于"餐饮"领域，用户意图分类判断该输入对应的用户意图是"餐厅预订"，槽位填充从该输入中抽取出"就餐时间""就餐地点"和"餐厅名称"这3个槽位对应的槽位值分别是"明天下午3点""王府井"和"全聚德烤鸭店"。注意，为了完成餐厅预订任务，对话系统还需要获得"就餐人数"这个槽位对应的槽位值。由于当前输入并未包含该信息，因此对应的槽位值为空（用"–"表示）。

领域分类和用户意图分类同属分类任务，因此二者可以采用同一套算法完成。早期的分类算法主要基于统计学习模型，如最大熵和支持向量机等。近年来，基于深度学习的分类模型被广泛用于领域分类和用户意图识别任务，如基于深度信念网络的分类算法、基于深度凸网络的分类算法、基于循环神经网络和卷积神经网络的分类算法等。这类算法无须由人工指定特征，能够针对分类任务直接进行端到端的模型优化，并且在大多数分类任务上已经取得了最好的效果。

槽位填充属于序列标注任务，每个任务对应的槽位信息由一系列键–值对构成。每个键对应一个具体的槽位，如餐厅预定任务中的就餐时间、就餐地点、餐厅名称和就餐人数等；每个值对应当前槽位对应的具体赋值。基于 CRF 模型是最常见的早期序列标注算法。与其他统计学习模型类似，CRF 模型同样需要人工指定特征用于完成序列标注任务。近年来，基于深度学习的序列标注算法在槽位填充任务上取得了主导地位，如基于递归循环网络的槽位填充算法、基于编码器–解码器的槽位填充算法、基于多任务学习的槽位填充算法等。

7.2.2　对话管理

对话管理模块是对话系统中的核心组件之一，负责根据对话理解模块提供的信息和当前的对话状态，决定系统的下一步行动。对话管理模块的主要任务是维护对话状态、制定对话策略，并生成合适的对话动作。这一模块确保对话系统能够有效地与用户进行多轮交互，实现流畅和自然的对话体验。

对话管理示例如图 7-4 所示，通过对话状态跟踪和对话策略优化两个核心任务确保对话系统的有效运行。对话状态跟踪维护和更新对话状态，确保系统在每一轮对话中都能准确了解当前的情况。对话策略优化通过学习和调整对话策略，使系统能够在不同的对话状态下选择最优的行动，从而实现流畅和自然的对话体验。这两项任务相辅相成，共同推动对话系统的发展和应用。

1．对话状态跟踪

对话状态跟踪是指在多轮对话中维护和更新对话状态的过程。对话状态通常包括用户的意图、已知的槽位信息及其他与对话相关的上下文信息。对话状态跟踪的目的是确保系统在每一轮对话中都能准确地了解当前的对话情况，从而做出合理的决策。

① 维护对话历史：记录用户和系统的每一回合对话，包括用户的输入、系统的回应及中间的对话状态。

② 更新槽位信息：根据用户的输入动态更新槽位信息，确保系统掌握最新的关键信息。

③ 处理不确定性：在某些情况下，用户的输入可能不明确或有歧义，对话状态跟踪需要处理这些不确定性，确保对话的连贯性。

领域分类：餐饮		
用户意图分类：餐厅预订		

槽位填充：	就餐时间	明天下午3点
	就餐地点	王府井
	餐厅名称	全聚德烤鸭店
	就餐人数	—

对话管理

对话状态跟踪：

	就餐时间	明天下午3点	0.90
	就餐地点	王府井	0.85
	餐厅名称	全聚德烤鸭店	0.90
	就餐人数	—	0.10

对话策略优化：询问就餐人数（）

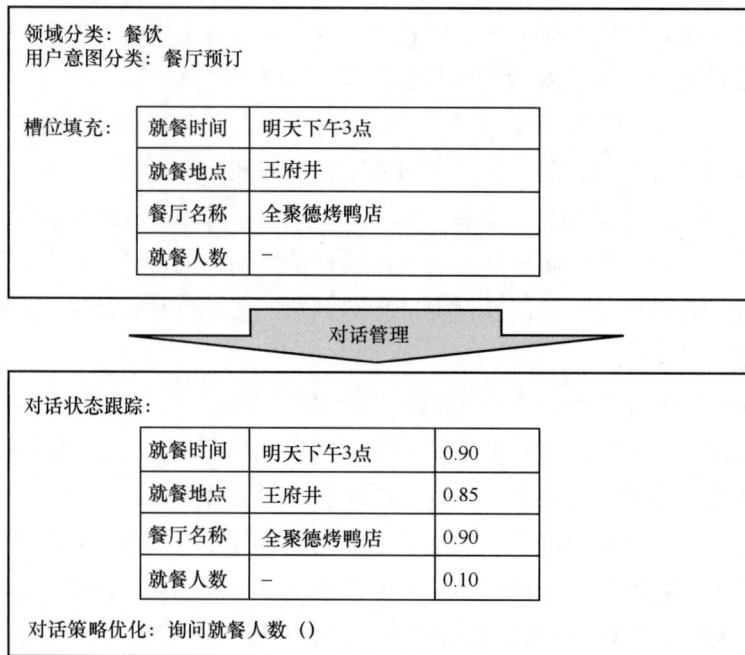

图 7-4　对话管理示例

2．对话策略优化

对话策略可以被看作一个决策函数，根据当前的对话状态输出系统的下一步动作。对话策略优化的目标是最大化累积奖励，即在多轮对话中实现用户满意度的最大化。

① 基于规则的策略：早期的对话系统通常采用基于规则的策略，通过预定义的规则和条件来决定系统的行动。这种算法简单直观，但在复杂场景下的灵活性较差。

② 基于模型的策略：使用 MDP 或部分可观测马尔可夫决策过程建模对话过程，通过求解最优策略来指导系统的行动。这种算法需要精确的环境模型，但在实际应用中往往难以获得。

③ 基于强化学习的策略：近年来，基于强化学习的算法在对话策略优化中取得了显著进展。通过与环境的交互，系统可以学到最优的对话策略。常见的强化学习算法包括 Q-Learning、策略梯度算法（如 REINFORCE 和 PPO）等。部分可观测马尔可夫决策过程（POMDP）的算法属于数据驱动算法。该类算法基于真实对话数据，将语音识别和自然语言理解模块的不确定性引入模型。相较于基于显式人工规则，此类算法的鲁棒性更好。具体而言，POMDP 方法将对话过程看作一个 MDP，并用转移概率 $P(s_t | s_{t-1}, a_{t-1})$ 来表示从对话状态 s_{t-1} 到对话状态 s_t 的转移。这里的每个对话状态 s_t 对应一个变量，该变量无法直接被观察到。POMDP 将自然语言理解模块的输出 o_t 看作带有噪声的、基于用户输入的观察值，这个观察值的概率为 $P(s_t | o_t)$。上述提到的状态转移概率和观察值生成概率采用基于随机统计的对话模型 M 表示。每轮对话中系统采取的具体行动指令则由策略模型 P 来决定。对话过程中，每步通过使用回报函数 R 来衡量已经进行的对话的质量。对话模型

M 和策略模型 P 的优化通过最大化回报函数的期望来实现。

7.2.3　回复生成

回复生成是对话系统中的关键组件之一，负责将对话管理模块的决策转化为自然语言输出，其示例如图 7-5 所示。这一模块的目标是生成符合语法和语义规范的回应，确保与用户的交流自然、流畅。回复生成模块通常包括以下 3 个步骤：确定回复内容、生成自然语言文本、处理多模态信息（如有必要）。

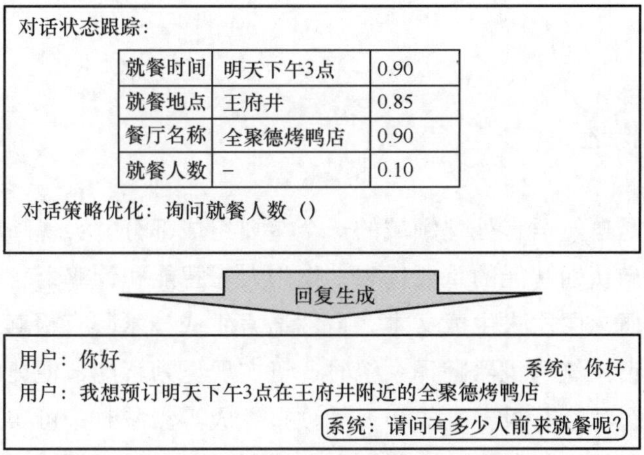

图 7-5　回复生成示例

典型的回复生成算法包括基于模板的算法、基于检索的算法和基于生成模型的算法 3 类。

（1）基于模板的算法

基于模板的算法是最简单的回复生成方式。预先定义一组模板，每个模板对应一种特定的回复类型。系统根据对话管理模块的决策选择合适的模板，并填充相应的槽位信息。

优点：实现简单，生成的回复通常语法正确且一致。

缺点：灵活性较差，生成的回复可能缺乏多样性，难以应对复杂的对话场景。

（2）基于检索的算法

基于检索的算法通过从大量历史对话数据中检索相似的对话片段，生成回应。系统根据用户的输入和当前的对话状态，从数据库中查找最匹配的回复。

优点：生成的回复通常自然且多样，能够处理多种对话场景。

缺点：依赖大量的高质量历史对话数据，检索过程可能较慢。

（3）基于生成模型的算法

基于生成模型的算法使用机器学习模型直接生成自然语言文本。常见的生成模型包括RNN、LSTM、Transformer 等。

优点：生成的回复灵活多样，能够处理复杂的对话场景，生成的文本通常更自然。

缺点：需要大量的训练数据和计算资源，生成的回复有时可能不符合语义或上下文。

回复生成模块通过多种算法生成自然语言回应，确保对话系统的交流自然、流畅。基于模板的算法实现简单但灵活性较差，基于检索的算法生成的回应自然但依赖大量数据，基于生成模型的算法生成的回应灵活多样但需要大量计算资源。多模态回复生成进一步丰富了回应的形式，提升了用户体验。选择哪种生成算法需要根据具体的应用场景和需求进行权衡。

7.3 文本生成

7.3.1 文本生成概述

自然语言生成是自然语言处理领域的一个重要组成部分，实现高质量的自然语言生成也是人工智能迈向认知智能的重要标志。作为人工智能和计算语言学的子领域，自然语言生成从抽象的概念层次来生成文本。自然语言生成技术具有极其广泛的应用价值：应用于智能问答对话系统和机器翻译系统时，可实现更为智能、便捷的人机交互；应用于机器新闻写作、医学诊断报告生成和天气预报生成等领域时，可实现文章、报告自动撰写，有效减轻人工的工作负担；应用于文章摘要、文本复述领域时，可为读者创造快速阅读条件等。

按照输入数据的区别，可以将文本生成任务大致分为以下 3 类，即文本到文本的生成、数据到文本的生成和图像到文本的生成。其中，文本到文本的生成又可划分为机器翻译、摘要生成、文本简化、文本复述等；数据到文本的生成常被应用于基于数据生成商业智能（BI）报告、医疗诊断报告等；在图像到文本的生成应用领域中，常见的是通过新闻图像生成标题、通过医学影像生成病理报告、儿童教育中的看图讲故事等。

① 文本到文本的生成可根据不同的任务分为（包括但不限于）文本摘要、文本复述等。文本摘要又可以分为抽取式摘要和生成式摘要，其中，抽取式摘要通常包含信息抽取和规划等主要步骤。

② 数据到文本的生成系统分为信号处理（视输入数据类型可选）、数据分析、文档规划和文本实现 4 个步骤。

③ 图像到文本的生成也包含不同的任务，如 image-caption、故事生成、基于图像的问答等。

文本生成主要包括基于规则、基于规划及数据驱动的算法。在此重点介绍数据驱动的算法。

文本生成技术，尤其是数据到文本的生成已经在商业领域获得广泛应用，国内已经出现了许多投入使用的利用文本生成技术自动生成新闻的系统。文本生成技术的应用前景广阔，具有巨大的市场需求。随着大模型技术的进步、新的公开数据集的发布、市场需求的推动及计算性能的飞速提高，文本生成领域的研究将取得更大的发展与突破。

7.3.2　Transformer

Transformer 在 2017 年被提出，是一种用于自然语言处理和其他序列到序列任务的深度学习模型架构。Transformer 架构引入了自注意力机制，这是一个关键的创新，使其在处理序列数据时表现出色。Transformer 模型架构如图 7-6 所示。

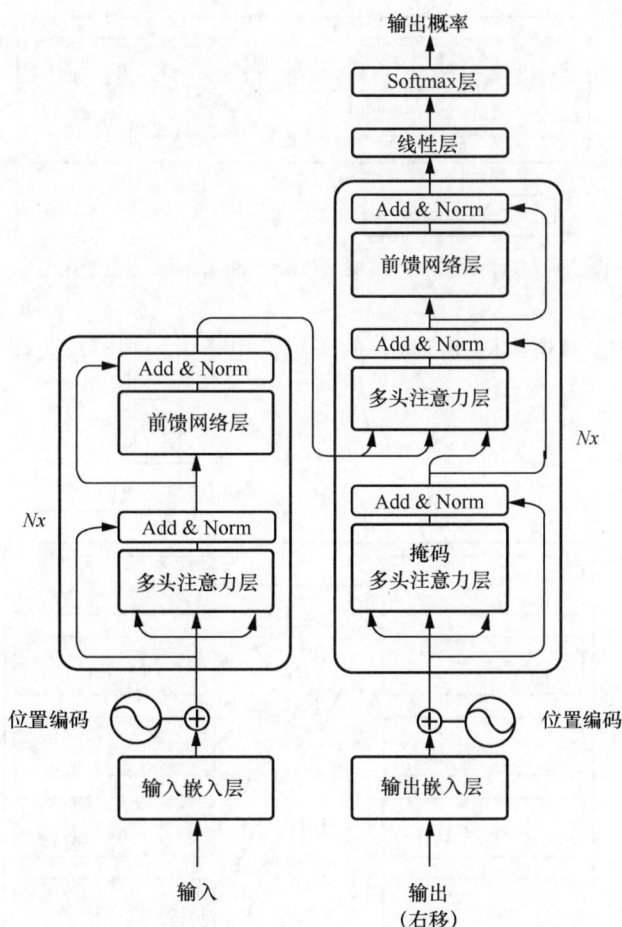

图 7-6　Transformer 模型架构

1. Transformer 概览

先将 Transformer 模型视为一个黑盒，如图 7-7 所示。在机器翻译任务中，将一种语言的一个句子作为输入，然后将其翻译成另一种语言的一个句子，并将其作为输出。

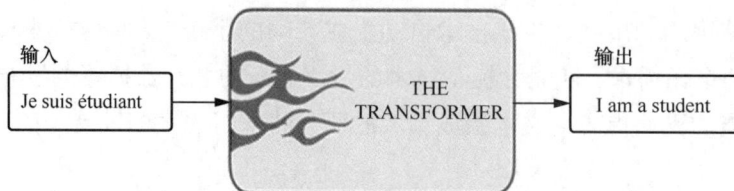

图 7-7　Transformer 模型（黑盒模式）

Transformer 本质上是一个 Encoder-Decoder 架构，如图 7-8 所示，因此中间部分的 Transformer 可以分为两个部分，即编码组件和解码组件。

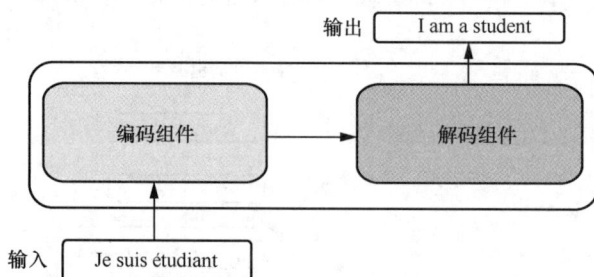

图 7-8　Transformer 模型（Encoder-Decoder 架构模式）

其中，编码组件由多层编码器组成，解码组件也是由相同层数的解码器组成，如图 7-9 所示。

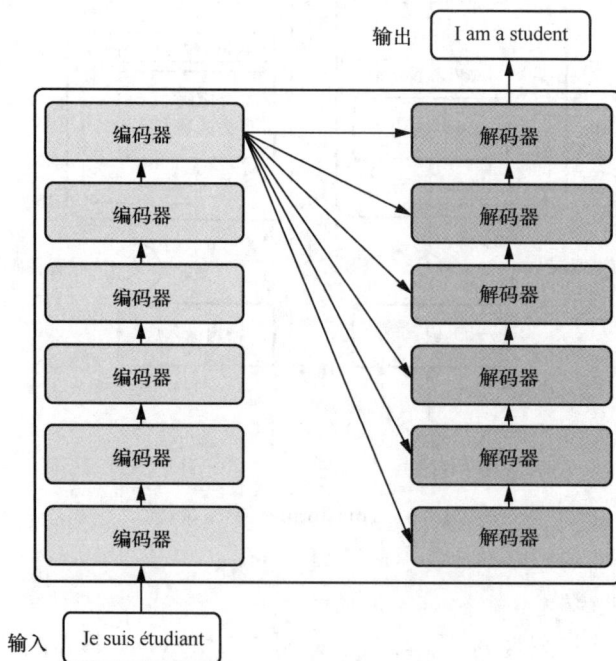

图 7-9　编码组件和解码组件

　　每个编码器由两个子层组成，即自注意力层（Self-Attention 层）和前馈神经网络层，如图 7-10 所示。每个编码器的结构都是相同的，但是它们使用不同的权重参数。

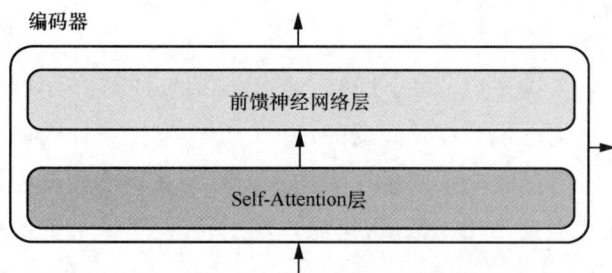

图 7-10　编码器的组成

　　编码器的输入会先流入 Self-Attention 层，它可以让编码器在对特定词进行编码时使用输入句子中的其他词的信息（可以理解为：当我们翻译一个词时，不仅只关注当前的词，而且还关注其他词的信息）。然后，Self-Attention 层的输出会流入前馈神经网络层。

　　解码器也有编码器中的这两层，但是它们之间还有一个注意力层（即 Encoder-Decoder Attention 层），其用来帮助解码器关注输入句子的相关部分（类似于 Seq2Seq 模型中的注意力），如图 7-11 所示。

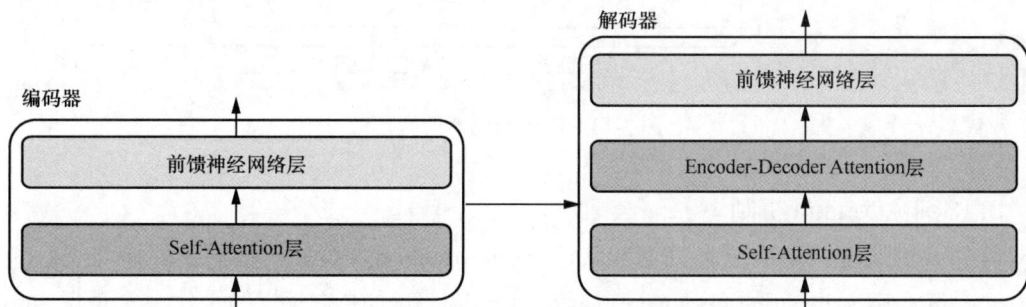

图 7-11　解码器

2. 引入张量

　　了解了模型的主要组成部分后，我们开始研究各种向量/张量及它们在模型组成部分之间是如何流动的，从而将输入经过已训练的模型转换为输出。

　　和通常的自然语言处理任务一样，首先，我们使用词嵌入算法将每个词转换为一个词向量。在 Vaswansi 等人撰写的 Transformer 论文中，词嵌入向量的维度是 512。每个词被嵌入大小为 512 的向量。我们用简单的框代表词向量，如图 7-12 所示。

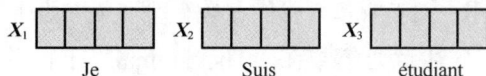

图 7-12　词向量

嵌入仅发生在最底层的编码器中。所有编码器都会接收到一个大小为 512 的向量列表——底部编码器接收的是词嵌入向量，其他编码器接收的是上一个编码器的输出。这个列表大小是我们可以设置的超参数——这个参数基本上就是训练数据集中最长句子的长度。

对输入序列完成嵌入操作后，每个词都会流经编码器的两层。接下来，我们用一个比较短的句子作为示例，用于说明在编码器的每个子层中发生了什么。

上文提到，编码器会接收一个向量作为输入。流经编码器的流程如图 7-13 所示，编码器首先将这些向量传递到 Self-Attention 层，然后传递到前馈神经网络层，最后输出传递到下一个编码器。

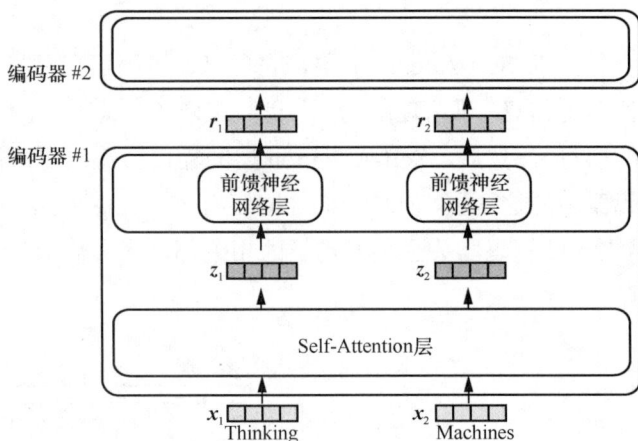

图 7-13　流经编码器的流程

3．Self-Attention 机制

首先我们通过一个例子来直观地认识 Self-Attention。假如，我们要翻译句子："The animal didn't cross the street because it was too tired"。句子中的 it 指的是什么？是指 animal 还是 street？对人来说，这是一个简单的问题，但是对算法来说却不那么简单。

当模型在处理 it 时，Self-Attention 机制使其能够将 it 和 animal 关联起来。

当模型处理每个词（输入序列中的每个位置）时，Self-Attention 机制使模型不仅能够关注当前位置的词，还能够关注句子中其他位置的词，从而可以更好地编码这个词。

如果熟悉 RNN，那么想想如何维护隐状态，使 RNN 将已处理的先前词/向量的表示与当前正在处理的词/向量进行合并。Transformer 使用 Self-Attention 机制将对其他词的理解融入当前词。

Self-Attention 机制如图 7-14 所示，我们在编码器 5（堆栈中的顶部编码器）中对单词"it"进行编码时，有一部分注意力集中在"The animal"上，并将其部分信息融入"it"的编码。

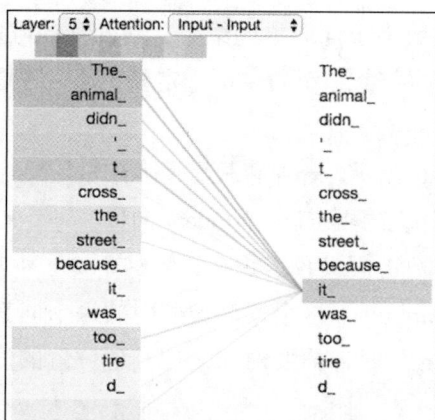

图 7-14　Self-Attention 机制

下面我们来看一下 Self-Attention 的具体机制，即缩放点积注意力如图 7-15 所示。

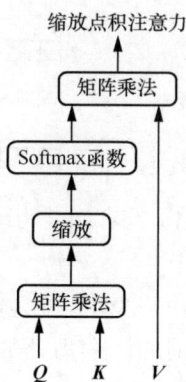

图 7-15　缩放点积注意力

对于 Self-Attention 来讲，$\boldsymbol{Q}$（Query）、$\boldsymbol{K}$（Key）和 $\boldsymbol{V}$（Value）这 3 个矩阵均来自同一输入，并按照以下步骤计算。

首先，计算 $\boldsymbol{Q}$ 和 $\boldsymbol{K}$ 之间的点积，为了防止其结果过大，再除以 $\sqrt{d_k}$，其中 d_k 为 Key 向量的维度。

然后，利用 Softmax 操作将其结果归一化为概率分布，再乘以矩阵 $\boldsymbol{V}$ 就得到权重求和的表示。整个计算过程可以表示为

$$\text{Attention}(\boldsymbol{Q}, \boldsymbol{K}, \boldsymbol{V}) = \text{softmax}\left(\frac{\boldsymbol{Q}\boldsymbol{K}^{\text{T}}}{\sqrt{d_k}}\right)\boldsymbol{V} \tag{7-1}$$

下面通过一个例子介绍使用向量计算 Self-Attention。计算 Self-Attention 的步骤如下。

第一步：对编码器的每个输入向量（在本例中，即每个词的词向量）创建 3 个向量，即 Query 向量、Key 向量和 Value 向量。它们是通过词向量分别和 3 个矩阵相乘得到的，这 3 个矩阵通过训练获得。

请注意，这些向量的维数小于词向量的维数。新向量的维数为 64，而词嵌入向量和编码器输入/输出向量的维数为 512。新向量不一定要更小，这是为了使多头注意力计算保持一致的结构性选择。

多头注意力计算如图 7-16 所示。x_1 乘以权重矩阵 W^Q 得到 q_1，即与该单词关联的 Query 向量。最终会为输入句子中的每个词创建一个 Query 向量、一个 Key 向量和一个 Value 向量。

第二步：计算注意力分数。假设我们正在计算这个例子中第一个词"Thinking"的自注意力。我们需要根据"Thinking"这个词对句子中的每个词都计算一个分数。这些分数决定了我们在编码"Thinking"时，需要对句子中其他位置的词放置的注意力。

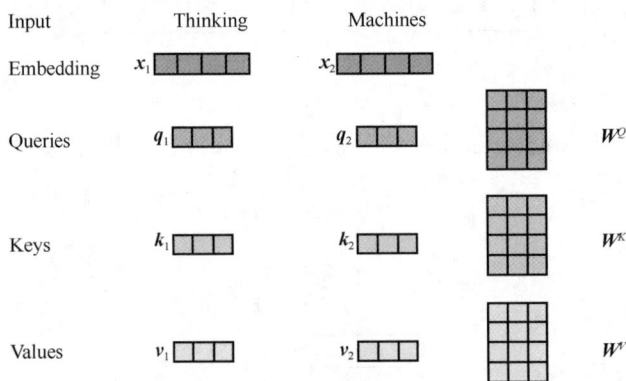

图 7-16　多头注意力计算

这些分数是通过计算"Thinking"的 Query 向量和需要评分的词的 Key 向量的点积得到的。如果计算句子中第一个位置的词的注意力分数，则第一个分数是 q_1 和 k_1 的点积，第二个分数是 q_1 和 k_2 的点积，如图 7-17 所示。

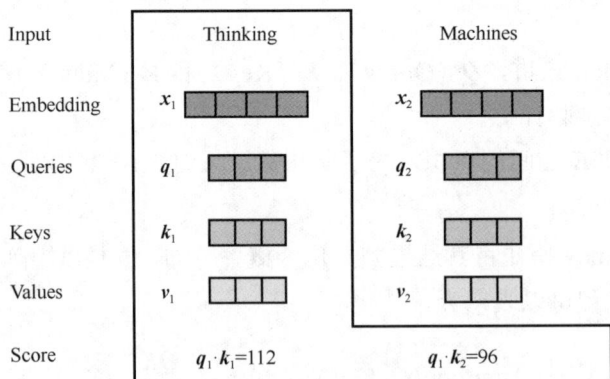

图 7-17　计算注意力分数

第三步：将每个分数除以 $\sqrt{d_k}$（$\sqrt{d_k}$ 是 Key 向量的维度），目的是在反向传播时，使梯度更加稳定。实际上也可以除以其他数。

第四步：对这些分数进行 Softmax 操作。Softmax 将分数进行归一化处理，使它们都为正数并且和为 1，如图 7-18 所示。

这些 Softmax 分数决定了在编码当前位置的词时，对所有位置的词分别有多少注意力。很明显，当前位置的词汇有最高的分数，但有时注意一下与当前位置的词相关的词是很有用的。

第五步：将每个 Softmax 分数分别与每个 Value 向量相乘，即对于分数高的位置，相乘后的值越大，我们把更多的注意力放在它们身上；对于分数低的位置，相乘后的值越小，这些位置的词可能相关性不大，我们可以忽略这些词。

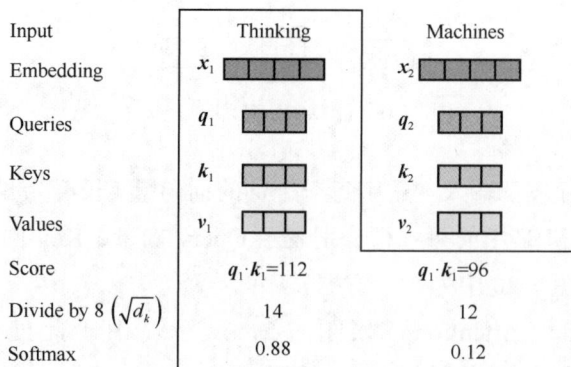

图 7-18　Softmax 操作

第六步：将加权 Value 向量（即上一步求得的向量）求和，这样就得到了 Self-Attention 层的输出，如图 7-19 所示。

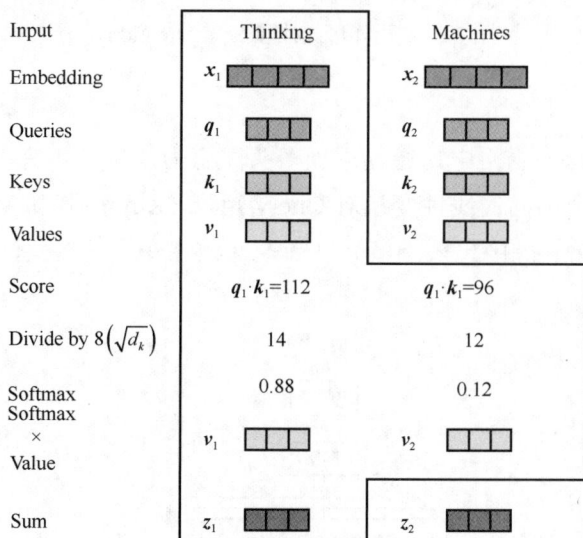

图 7-19　Self-Attention 层的输出

这样就完成了 Self-Attention 的计算，生成的向量会输入前馈网络。但是在实际中，此计算是以矩阵形式进行的，以便实现更快的处理速度。下面我们来看看使用矩阵计算 Self-Attention 的步骤。

第一步：计算 Query、Key 和 Value 矩阵，如图 7-20 所示。首先，将所有词向量放到一个矩阵 X 中，然后分别和 3 个训练过的权重矩阵（W^Q、W^K 和 W^V）相乘，得到 Q、K 和 V 矩阵。

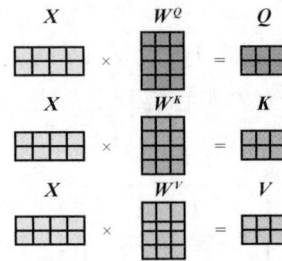

图 7-20 计算 Q、K 和 V 矩阵

矩阵 X 中的每一行表示输入句子中每一个词的词向量（长度为 512，在图 7-20 中为 4 个方框）。矩阵 Q、K 和 V 中的每一行分别表示 Query 向量、Key 向量和 Value 向量（它们的长度都为 64，在图 7-20 中为 3 个方框）。

第二步：计算 Self-Attention。如图 7-21 所示，由于此处使用矩阵形式计算 Self-Attention，因此可以将前面的第二步到第六步压缩为一步。

图 7-21 矩阵形式计算 Self-Attention

4. 多头注意力

在 Transformer 相关论文中，通过添加多头注意力，进一步完善自注意力层。具体做法为：首先通过 h 个不同的线性变换对 Query 矩阵、Key 矩阵和 Value 矩阵进行映射；然后将不同的 Attention 拼接起来；最后进行一次线性变换。多头注意力计算如图 7-22 所示。

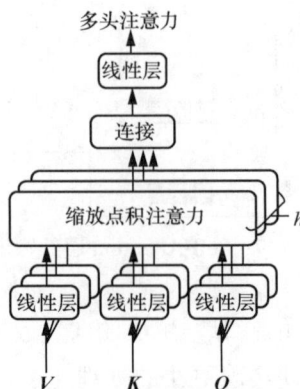

图 7-22 多头注意力计算

每一组注意力用于将输入映射到不同的子表示空间,这使模型可以在不同子表示空间中关注不同的位置。整个计算过程可表示为

$$\text{MultiHead}(\boldsymbol{Q}, \boldsymbol{K}, \boldsymbol{V}) = \text{Concat}(head_1, \cdots, head_h)\boldsymbol{W}^O \qquad (7\text{-}2)$$

$$head_i = \text{Attention}(\boldsymbol{Q}\boldsymbol{W}_i^Q, \boldsymbol{K}\boldsymbol{W}_i^K, \boldsymbol{V}\boldsymbol{W}_i^V) \qquad (7\text{-}3)$$

其中,$\boldsymbol{W}_i^Q \in R^{d_{\text{model}} \times d_k}$,$\boldsymbol{W}_i^K \in R^{d_{\text{model}} \times d_k}$,$\boldsymbol{W}_i^V \in R^{d_{\text{model}} \times d_k}$ 和 $\boldsymbol{W}^O \in R^{hd_v \times d_{\text{model}}}$。此处指定 h=8(即使用 8 个注意力头),$d_k = d_v = d_{\text{model}} / h = 64$。

在多头注意力下,我们为每组注意力单独维护不同的 Query、Key 和 Value 权重矩阵,从而得到不同的 Query、Key 和 Value 矩阵。如前所述,将 X 乘以 $\boldsymbol{W}^Q$、$\boldsymbol{W}^K$ 和 $\boldsymbol{W}^V$ 矩阵,计算得到 Query、Key 和 Value 矩阵,如图 7-23 所示。

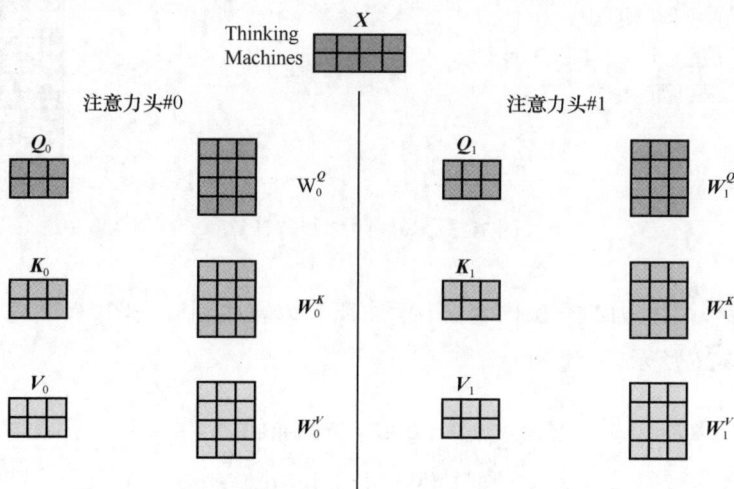

图 7-23　计算得到 Query、Key 和 Value 矩阵

按照上面的方法,使用不同的权重矩阵进行 8 次自注意力计算,就可以得到 8 个不同的 $\boldsymbol{Z}$ 矩阵,如图 7-24 所示。

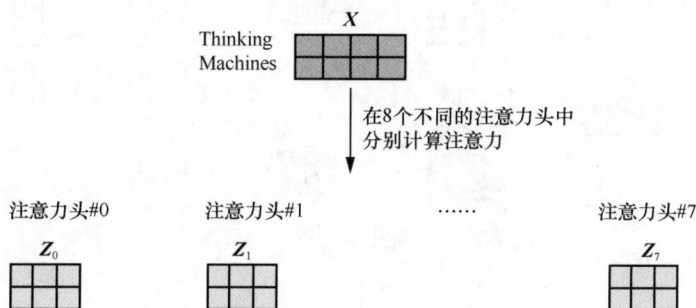

图 7-24　8 个不同的 $\boldsymbol{Z}$ 矩阵计算

因为前馈神经网络（FFN）层接收的是 1 个矩阵（每个词的词向量），而不是上面 8 个矩阵。因此，我们需要一种方法将这 8 个矩阵整合为一个矩阵，具体方法如下。

把 8 个矩阵 $\{Z_0, Z_1, \cdots, Z_7\}$ 拼接起来，拼接后的矩阵和一个权重矩阵 W^O 相乘，计算得到最终的 Z 矩阵，如图 7-25 所示。这个矩阵包含了所有注意力头的信息，而且会输入 FFN 层。

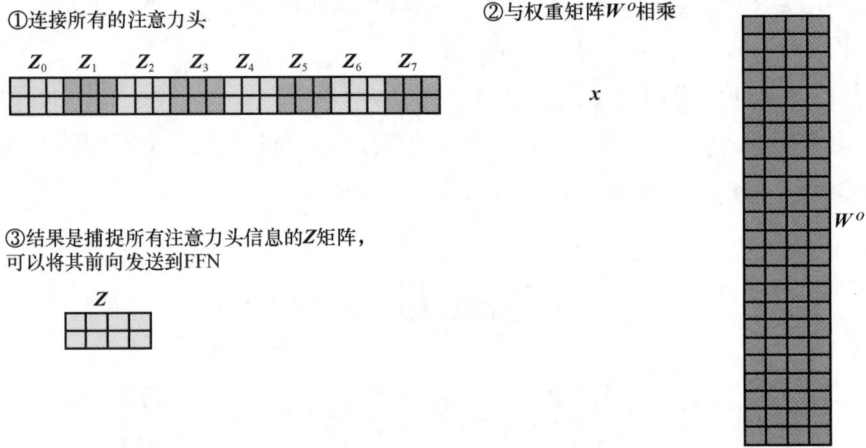

图 7-25　最终的 Z 矩阵计算

以上就是多头注意力的全部内容。下面将所有内容放到一张图中，即多头注意力的全计算流程如图 7-26 所示。

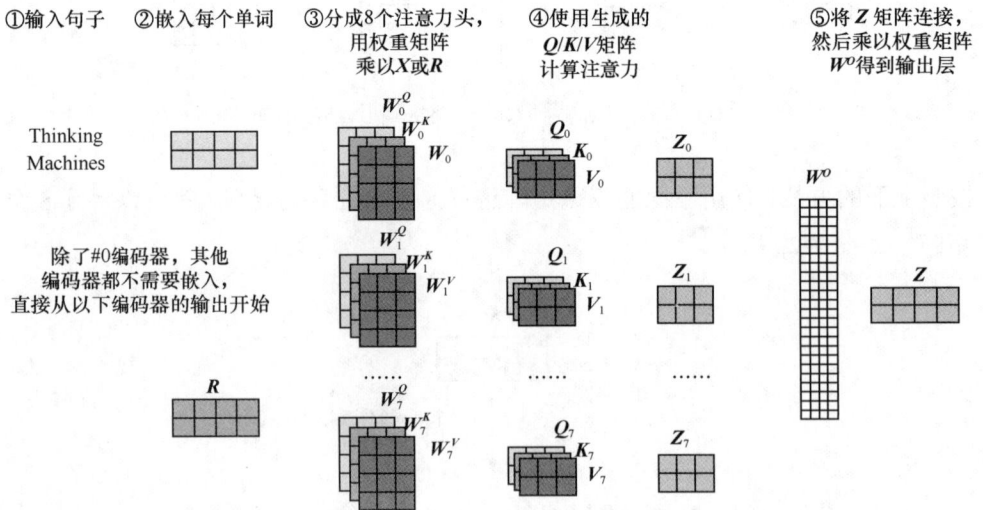

图 7-26　多头注意力的全计算流程

现在我们重新回顾一下前面的例子，观察在对示例句中的"it"进行编码时，不同的注意力头关注的位置。

当我们对"it"进行编码时，一个注意力头关注"The animal"，另一个注意力头关注"tired"。从某种意义上来说，模型对"it"的表示融入了"animal"和"tired"的部分表达。

多头注意力的本质是在参数总量保持不变的情况下，将同样的 Query 矩阵、Key 矩阵、Value 矩阵映射到原来高维空间的不同子空间中进行注意力的计算，再合并不同子空间中的注意力信息。这样降低了计算每个头的注意力时每个向量的维度，在某种意义上防止了过拟合。由于注意力在不同子空间中有不同的分布，多头注意力实际上是找到了序列之间不同角度的关联关系，并在最后拼接时将不同子空间中捕获到的关联关系综合起来。

5. 前馈神经网络

前馈神经网络是一个全连接前馈神经网络，每个位置的词都单独经过这个完全相同的前馈神经网络。其由两个线性变换（即两个全连接层）组成，第一个全连接层的激活函数为 ReLU 函数，可以表示为

$$\mathrm{FFN}(x) = \max\left(0, xW_1 + b_1\right)W_2 + b_2$$

在每个编码器和解码器中，虽然全连接前馈神经网络结构相同，但是不共享参数。整个前馈神经网络的输入和输出维度都是 $d_{\mathrm{model}}=512$，第一个全连接层的输出和第二个全连接层的输入维度为 $d_{\mathrm{ff}}=2048$。

6. 残差连接和层归一化

编码器结构中有一个需要注意的细节，即每个编码器的每个子层（Self-Attention 层和 FFN 层）都有一个残差连接，再执行一个层归一化操作，如图 7-27 所示，整个计算过程可以表示为

$$\mathrm{sub\_layer\_output} = \mathrm{LayerNorm}[x + \mathrm{SubLayer}(x)]$$

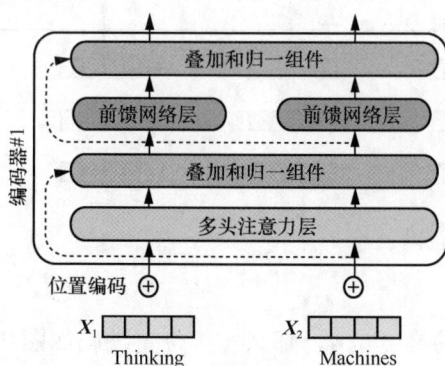

图 7-27　残差连接和层归一化

将向量和自注意力层的层归一化操作可视化，如图 7-28 所示。

以上操作也适用于解码器的子层。

为了方便进行残差连接，编码器和解码器中的所有子层和嵌入层的输出维度需要保持一致，即 $d_{\mathrm{model}} = 512$。

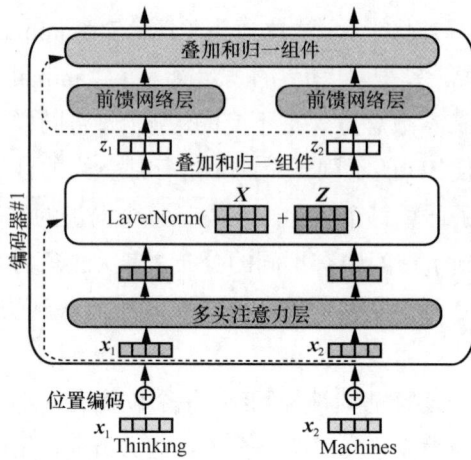

图 7-28　向量和自注意力层的层归一化操作

7．位置编码

到目前为止，我们所描述的模型中缺少一个东西：表示序列中词顺序的方法。为了解决这个问题，Transformer 模型为每个输入的词嵌入向量添加一个向量。这些向量遵循模型学习的特定模式，有助于模型确定每个词的位置或序列中不同词之间的距离。位置编码如图 7-29 所示。

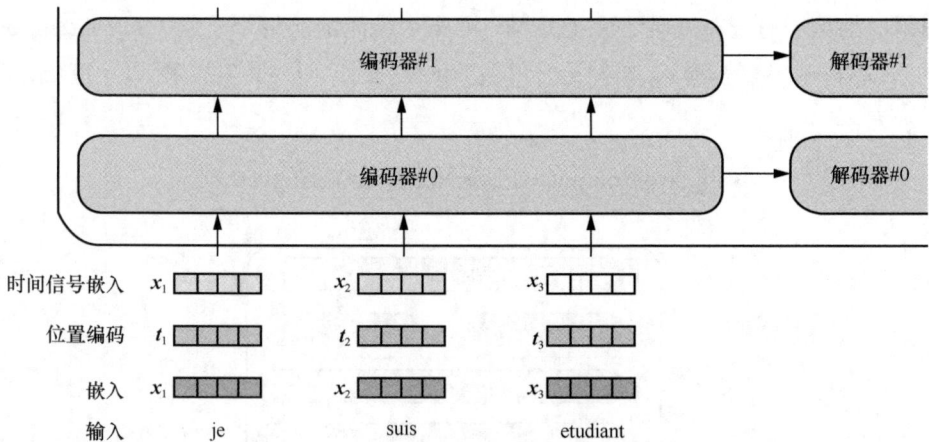

图 7-29　位置编码

如果假设词嵌入向量的维度是 4，那么实际位置编码如图 7-30 所示。

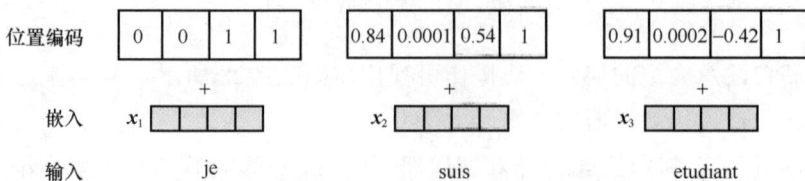

图 7-30　实际位置编码

位置编码向量到底遵循什么模式？其具体的数学公式如下。

$$PE(pos, 2i) = \sin(pos / 10000^{2i/d_{model}}) \tag{7-4}$$

$$PE(pos, 2i+1) = \cos(pos / 10000^{2i/d_{model}}) \tag{7-5}$$

其中，pos 表示位置，i 表示维度。上面的函数使模型可以学习到 Token 之间的相对位置关系：任意位置的 $PE(pos+k)$ 都可以被 $PE(pos)$ 的线性函数表示。

$$\cos(\alpha + \beta) = \cos(\alpha)\cos(\beta) - \sin(\alpha)\sin(\beta) \tag{7-6}$$

$$\sin(\alpha + \beta) = \sin(\alpha)\cos(\beta) + \cos(\alpha)\sin(\beta) \tag{7-7}$$

位置编码可视化如图 7-31 所示。每一行对应一个向量的位置编码，所以第一行对应输入序列中第一个词的位置编码。每一行包含 64 个值，每个值的范围为 -1～1。

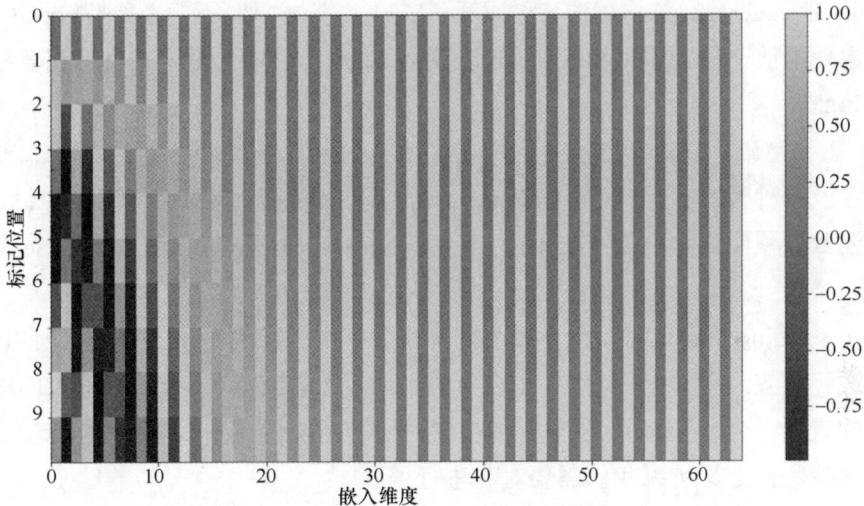

图 7-31　位置编码可视化

这不是唯一生成位置编码的方法，但其优点是可以扩展到未知的序列长度。例如，当训练后的模型被要求翻译一个句子，而这个句子的长度大于训练集中每个句子的长度。

8．解码器

在介绍了编码器的大部分概念，了解了解码器组件的原理后，接下来看一下编码器和解码器是如何协同工作的。

我们已经了解第一个编码器的输入是一个序列，最后一个编码器的输出是一组注意力向量 Key 和 Value。这些向量将在每个解码器的 Encoder-Decoder Attention 层被使用，这有助于解码器把注意力集中在输入序列的合适位置。解码器如图 7-32 所示。

解码阶段的每个时间步都输出一个元素。然后重复这个过程，直到输出一个结束符，表示 Transformer 解码器已完成其输出。每一时间步的输出都会作为下一个时间步的第一个解码器的输入，解码器像编码器一样将解码结果显示出来。就像处理编码器输入一样，我们也为解码器的输入加上位置编码，用于指示每个词的位置。

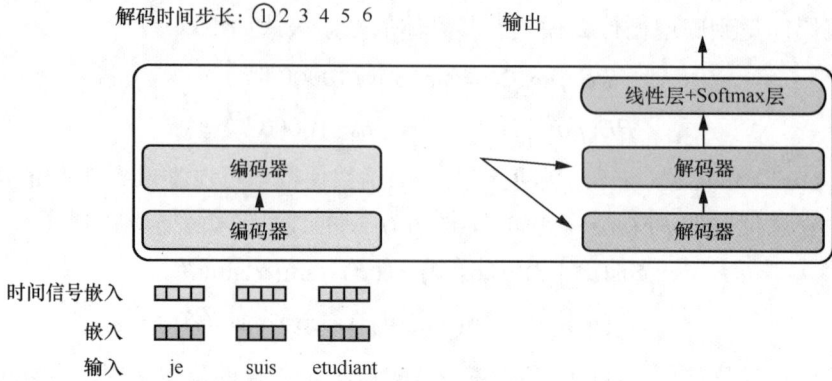

图 7-32　解码器

Encoder-Decoder Attention 层的工作原理和多头注意力类似。不同之处是 Encoder-Decoder Attention 层使用前一层的输出构造 Query 矩阵，而 Key 和 Value 矩阵来自编码器栈的输出。

9．Mask

Mask 表示掩码，它对某些值进行掩盖，使其在参数更新时不产生效果。Transformer 模型里面涉及两种 Mask，分别是 Padding Mask 和 Sequence Mask。其中，Padding Mask 在所有的缩放点积注意力中都需要用到，而 Sequence Mask 只有在 Decoder 的 Self-Attention 中用到。

什么是 Padding Mask 呢？因为每个批次输入序列的长度是不一样的，所以我们要对输入序列进行对齐。具体来说，就是在较短的序列后面填充 0（但是如果输入的序列太长，则把多余的直接舍弃）。因为这些填充的位置是没有意义的，所以注意力机制不应该把注意力放在这些位置上，所以我们需要对其进行处理。

处理的具体做法是：把这些位置的值加上一个非常大的负数（负无穷），这样经过 Softmax，这些位置的概率就会接近 0。

Sequence Mask 是为了使解码器不能看见未来的信息，也就是对于一个序列，在 t 时刻，解码输出应该只能依赖 t 时刻之前的输出，而不能依赖 t 之后的输出。因此需要想办法把 t 之后的信息隐藏。

具体的做法是：产生一个上三角矩阵，上三角矩阵的值全为 0。把这个矩阵作用在每个序列上，就可以达到目的。

综上：Decoder 的 Self-Attention 里面使用到的缩放点积注意力，同时需要 Padding Mask 和 Sequence Mask，具体实现是两个 Mask 相加。其他情况下只需要 Padding Mask。

10．最后的线性层和 Softmax 层

解码器栈的输出是一个 float 向量。我们怎么把这个向量转换为一个词呢？通过一个线性层再加上一个 Softmax 层就可以实现。

线性层是一个简单的全连接神经网络，其将解码器栈的输出向量映射到一个更长的向量，这个向量被称为 logits 向量。

假设一个模型有 10000 个英文单词（模型的输出词汇表）。因此 logits 向量有 10000 个数字，每个数表示一个单词的分数。

然后，Softmax 层会把这些分数转换为概率（把所有的分数转换为正数，并且加起来等于 1）。最后选择最高概率所对应的单词作为这个时间步的输出。最后的线性层和 Softmax 层如图 7-33 所示。

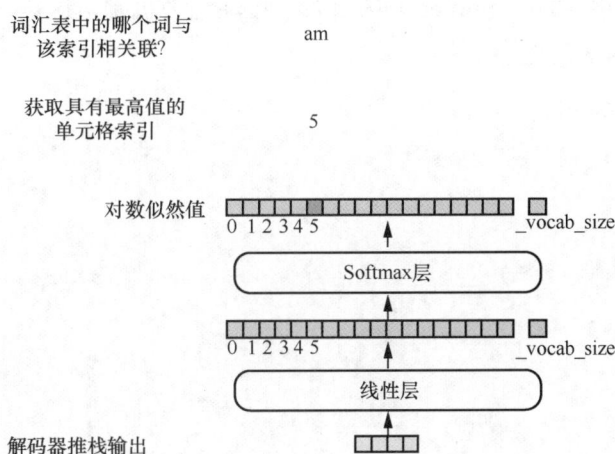

图 7-33 最后的线性层和 Softmax 层

11．嵌入层和最后的线性层

Transformer 相关论文中提到一个细节，即编码组件和解码组件中的嵌入层及最后的线性层共享权重矩阵。不过，在嵌入层中，共享权重矩阵会乘以 $\sqrt{d_{\text{model}}}$。

12．正则化操作

为了提高 Transformer 模型的性能，在训练过程中使用正则化操作，具体如下。

① Dropout：对编码器和解码器的每个子层的输出使用 Dropout 操作，该操作在进行残差连接和层归一化之前。词嵌入向量和位置编码向量执行相加操作后，执行 Dropout 操作。Transformer 论文中提供的参数 $P_{\text{drop}} = 0.1$。

② Label Smoothing（标签平滑）：参数 $\epsilon\text{ls} = 0.1$。

7.4 本章小结

① 自然语言处理是一门交叉学科，研究计算机如何理解、生成人类语言和与人类语言交互。自然语言处理研究涉及的领域和分支不断拓宽，而且其中的技术研究不断细化。

② 大多数对话系统由 3 个模块构成，即对话理解、对话管理和回复生成。

③ 按照输入数据的区别，可以将文本生成任务大致分为 3 类：文本到文本的生成；

数据到文本的生成；图像到文本的生成。其中，文本到文本的生成可以划分为机器翻译、摘要生成、文本简化、文本复述等；数据到文本的生成常被应用于基于数据生成 BI 报告、医疗诊断报告等；在图像到文本的生成应用领域中，常见的是通过新闻图像生成标题、通过医学影像生成病理报告、儿童教育中的看图讲故事等。

④ Transformer 是一种用于自然语言处理和其他序列到序列任务的深度学习模型架构，它在 2017 被提出。Transformer 架构引入了自注意力机制，这是一个关键的创新，使其在处理序列数据时表现出色。

第8章 计算机视觉与感知智能

📖 **学习目标**

（1）了解计算机视觉的研究内容、应用领域和常见算法；

（2）掌握目标检测算法的原理及应用；

（3）掌握图像分割算法的原理及应用。

8.1 计算机视觉概述

计算机视觉是一门研究如何使机器"看"的科学，主要关注如何让计算机从图片或视频中"看懂"世界。它涉及的技术包括但不限于图像分类、物体检测、语义分割、实例分割、姿态估计、行为识别等。它使用算法来解释和理解图像或视频中的内容。计算机视觉技术正在快速发展，并且在许多实际应用中发挥着越来越重要的作用，如自动驾驶、医疗诊断、安防监控等。随着深度学习等先进技术的发展，计算机视觉的能力也在不断提升。

感知智能是指机器通过多种传感器和算法来理解和解释外部环境的能力。它涵盖了多个技术和领域，旨在使机器能够像人类一样感知和理解世界。感知智能更广泛地涵盖了通过各种传感器（不仅是摄像头）获取的信息来理解环境的能力。除视觉外，还包括听觉、触觉等多种感知方式。它的目标是使机器能够像人类一样通过多种感官来感知和理解周围的世界，从而做出更加智能的决策。例如，机器人不仅需要看到物体，还需要理解其质地、重量等特性。

在实际应用中，计算机视觉往往是实现感知智能的一个重要组成部分。例如，在开发一个可以自主导航的机器人时，计算机视觉技术可以帮助机器人识别前方的障碍物，而感知智能则进一步要求机器人能够根据这些信息做出避障决策，可能还需要结合其他传感器（如激光雷达、红外传感器等）的数据来进行综合判断。

感知智能的发展正在推动许多领域的技术创新，为实现更智能、更自动化的系统提供坚实的基础。

8.1.1 研究内容

计算机视觉本身包括诸多不同的研究方向，比较基础和热门的方向主要包括图像分类、目标检测、图像分割、人脸识别和目标跟踪等。

1．图像分类

图像分类是计算机视觉领域的基础任务，也是应用比较广泛的任务。图像分类用来解决"是什么"的问题，例如，给定一张图片，用标签描述图片的主要内容。图像分类的典型应用是车牌号码识别、交通灯识别、图像识别等。

2．目标检测

目标检测是最常见的计算机应用之一。目标检测用来解决"在哪里"的问题，例如输入一张图片，输出待检测目标的类别和所在位置的坐标（矩形框的坐标值表示），如图 8-1 所示。目标检测应用于姿态估计、车辆检测、人脸检测、口罩佩戴检查等，常用算法包括 R-CNN 系列、YOLO、SSD 等。

图 8-1　目标检测

3．图像分割

图像分割是计算机视觉领域的重要研究方向之一，它根据图片的灰度、颜色、结构和纹理等特征将图像分成若干具有相似性质的区域，如图 8-2 所示。与目标检测相比，图像分割更适用于精细的图像识别任务，更加精确的目标定位及图像的语义理解任务。图像分割的典型应用是卫星图像分析、自动驾驶、医学图像诊断等。常用图像分割模型有 U-Net、DeepLab、Mask R-CNN 等。

图 8-2　图像分割

4．人脸识别

人脸识别是一个十分热门的计算机技术研究领域，属于生物特征识别技术，可通过人脸图像所携带的生物特征信息来对人进行个体身份识别，如图 8-3 所示。从广义上来说，人脸识别包含构建人脸识别系统中所用到的一系列相关技术，包括人脸图像采集、图像处理、人脸定位、身份确认、身份查询等；而狭义的人脸识别则特指通过人脸图像进行身份确认的技术或系统。人脸识别常用技术有 Haar 级联分类器、深度学习模型（如 FaceNet）等。

图 8-3　人脸识别

5．目标跟踪

目标跟踪是利用图像序列的上下文信息，对目标的外观和运动信息进行建模，从而对目标运动状态进行预测并标定目标位置，如图 8-4 所示。目标跟踪是计算机视觉中的一个重要课题，具有重要的理论研究意义和应用价值，被广泛应用于智能视频监控系统、智能人机交互、智能交通和视觉导航系统等方面。

图 8-4　目标跟踪

8.1.2　应用领域

计算机视觉技术广泛应用于多个领域。研究表明，人对外界环境的感知 70% 以上来自人类的视觉系统，机器也是如此，大多数的信息都包含在图像中，人工智能的实现离不开计算机视觉技术。那么计算机视觉技术具体有哪些应用呢？

1．无人驾驶

无人驾驶又称自动驾驶，是目前人工智能领域一个比较重要的研究方向，让汽车可以自主驾驶或者辅助驾驶员驾驶，提升驾驶操作的安全性。目前，已经有一些公司研发出了自动泊车等辅助驾驶功能并得以应用，例如谷歌的无人驾驶汽车。国内也有一些比较好的公司，例如百度无人驾驶汽车已经在一些园区得以应用，图森未来的货运车也完成了多次路测，并已经投入市场使用。

计算机视觉技术在无人驾驶中起到了非常关键的作用，如道路识别、路标识别、红绿灯识别、行人识别等。另外，在三维重建及自主导航中，计算机视觉技术通过激光雷达或者视觉传感器可以重建三维模型，辅助汽车进行自主定位及导航，并做出合理的路径规划和相关决策。

2．无人安防

安防一直是我们比较重视的问题。随着计算机视觉技术的发展，计算机视觉技术已经能够很好地应用于安防领域，目前，很多智能摄像头都能够自动识别异常行为和可疑危险人物，及时提醒相关安防人员或者报警，加强安全防范。人脸识别用于识别出入人员身份；行为分析用于检测异常行为，如入侵、摔倒等；视频监控用于实时监控和报警。

目前人脸识别技术已经相对比较成熟，并在很多领域得到了应用，且人脸识别的准确率目前已经高于人眼识别的准确率，很多高铁站或门禁都用到了人脸识别技术，安装刷脸系统，甚至在银行取钱都可以直接刷脸。

3．车辆车牌识别

车辆车牌识别技术目前是一种非常成熟的技术，高速路上的违章检测、车流分析、安全带识别、智能红绿灯，以及停车场等都用到了车辆车牌识别技术，它不仅能识别出车牌号码，还能对道路上的车辆车型进行识别，通过识别摄像头获取图像获取到车辆的型号及颜色等特征。

4．智能识图

智能识图是生活中比较常见的一个计算机视觉技术的应用。如果想要把纸质文档转换成电子文档，则可以直接把文档拍成图片，用相关软件进行文字识别，就能把图片中的文字自动转换成电子文档，甚至还能自动翻译成其他语言。如果想在网上找到一件衣服或一个物品的相关信息，则可以直接输入其图片，以图搜图，很快就能找到与该图片相同或类似的图片。

5．三维重建

三维重建在工业领域应用比较广泛，用于对三维物体进行建模，方便测量出物体的各种参数，或者对物体进行简单复制。最近它开始应用到民用领域，例如某些智能手机已经可以对玩偶进行三维建模，并设置一些特定的动作，让玩偶"活"起来，甚至可以与人进行互动。

6．娱乐与社交媒体

智能拍照是大家很熟悉的一个名词，基本上每个智能手机都有这个功能。智能拍照最基础的功能包括自动曝光、自动白平衡、自动对焦等，还有去噪功能提高手机拍照的图像质量。随着计算机视觉技术的进步，一些自动美颜算法、自动挂件、自动滤镜、场景切换等越来越多的有趣功能被开发出来。还有一些图像处理软件，例如 Photoshop、美图秀秀、美颜相机等也是利用计算机视觉技术。

7. 医学图像处理

计算机视觉技术还可以用于医学成像，比如 B 超、核磁共振等。随着 AI 技术的发展，出现了一些 AI 诊断的功能，即 AI 根据图像的特征对相关疾病的可能性进行分析。例如，医学影像分析用于识别肿瘤、病变等；辅助诊断用于帮助医生进行疾病诊断；手术导航用于在手术过程中提供精确的导航信息。

8. 无人机航拍

随着无人机技术的发展，计算机视觉技术在无人机上的应用也必不可少。在军用无人机中，它可以对目标进行自动识别并自主导航、精确制导等，民用无人机也类似，例如大疆的无人机能够跟踪人进行实时拍照，还能够实现一些手势控制等。无人机还可以应用于其他特殊场景，如电力巡检、农作物分析等。

9. 工业检测

在工业领域，计算机视觉技术得到了充分应用，例如，质量检测，检测产品缺陷；工业机器人姿态控制，实现生产线上的自动化操作；机器人视觉，为机器人提供视觉感知能力。

8.1.3　算法介绍

计算机视觉是一门交叉学科，它利用了计算机科学和图像处理技术来模拟人类对视觉信息的理解。常见的计算机视觉算法可以分为以下几个类别。

① 特征检测与描述：如尺度不变特征变换（SIFT）、加速稳健特征（SURF）和一种快速特征点提取的描述的算法（ORB），用于从图像中提取稳定的特征点，并为其生成描述符。

② 物体识别：包括卷积神经网络主导的深度学习模型，如 AlexNet、VGG、ResNet等，用于分类和定位图像中的物体，如 ImageNet 竞赛中的常用模型。

③ 目标检测：如 YOLO（你只需一眼）和单次检测多框检测器（SSD）等实时目标检测算法，能快速找出图片中的目标区域并给出边界框。

④ 图像分割：如全卷积网络（FCN）和 U-Net，将图像划分为多个部分，常用于医学影像分析或自动驾驶中的道路分割。

⑤ 人脸识别：包括 EigenFace（特征脸）和 DeepFace 等方法，通过人脸特征向量进行识别，结合深度学习的 FaceNet 效果更佳。

⑥ 光流估计：通过计算像素在连续帧之间的运动，用于视频稳定和动作跟踪。

⑦ 立体视觉：基于双目或多目相机的深度估计，如运动恢复结构（SfM）和同步构图与定位（SLAM）。

8.2 目标检测

8.2.1 目标检测基本概念

1. 什么是目标检测

目标检测的任务是找出图像中所有感兴趣的目标（物体），确定它们的类别和位置，是计算机视觉领域的核心问题之一。由于各类物体有不同的外观、形状和姿态，加上成像时光照、遮挡等因素的干扰，目标检测一直是计算机视觉领域最具有挑战性的问题。

计算机视觉中关于图像识别有四大类任务，分类和定位常用于单个物体，检测和分割常用于多个物体，如图 8-5 所示。

① 分类：判断图像中主要对象的类别（如"猫""狗"）。输出单一或多个类别标签，不涉及位置信息。

② 定位：在分类基础上，标注目标在图像中的位置（边界框表示）。通常针对单目标输出"类别+坐标框"。

③ 检测：识别并定位图像中多个目标，输出所有目标的类别和边界框。检测的难点是处理目标重叠、尺度变化等问题，常用的应用场景有自动驾驶障碍物识别、安防监控等。

④ 分割：分为实例分割和语义分割，解决"每一个像素属于哪个目标物或场景"的问题。实例分割是指区分同类物体的不同个体（如标出图像中的每只猫）；语义分割是为每个像素分配类别标签（如将图像划分为"天空""建筑"等区域）。

图 8-5　目标检测

2. 目标检测的核心问题

① 分类问题：即图片（或某个区域）中的图像属于哪个类别。

② 定位问题：目标可能出现在图像的任何位置。

③ 大小问题：目标有各种不同的大小。

④ 形状问题：目标可能有各种不同的形状。

3．目标检测算法分类

目标检测分为两大系列——RCNN 系列和 YOLO 系列，RCNN 系列是基于区域检测的代表性算法，YOLO 是基于区域提取的代表性算法。另外，目标检测还有著名的 SSD，是基于前两个系列的改进。

基于深度学习的目标检测算法主要分为两类，即 Two-Stage 和 One-Stage。

（1）Two-Stage

先进行区域生成，该区域被称为候选区域（RP，一个有可能包含待检物体的候选框），再通过卷积神经网络进行样本分类。

任务流程：特征提取→生成 RP→分类/定位回归。

常见的 Two-Stage 目标检测算法有 R-CNN、SPP-Net、Fast R-CNN、Faster R-CNN 和 R-FCN 等。

（2）One-Stage

One-Stage 不需要 RP，直接在网络中提取特征来预测物体分类和位置。

任务流程：特征提取→分类/定位回归。

常见的 One-Stage 目标检测算法有 OverFeat、YOLOv1、YOLOv2、YOLOv3、SSD 和 RetinaNet 等。

4．目标检测应用

（1）人脸检测

人脸检测的应用有智能门控、员工考勤签到、智慧超市、人脸支付、实名认证、逃犯抓捕、走失人员检测等。

（2）行人检测

行人检测的应用有智能辅助驾驶、智能监控、暴恐检测（根据面相识别暴恐倾向）、移动侦测、区域入侵检测、安全帽/安全带检测等。

（3）车辆检测

车辆检测的应用有自动驾驶、违章查询、关键通道检测、广告检测（检测广告中的车辆类型）等。

（4）遥感检测

遥感检测的应用有大地遥感（如土地使用、公路、水渠、河流监控）、农作物监控、军事检测等。

8.2.2　目标检测模型

首先介绍目标检测模型中的基本概念，包括候选区域产生、数据表示、交并比（IoU）

和非极大值抑制，然后介绍常用的目标检测模型。

1. 目标检测模型中的基本概念

（1）候选区域产生

候选区域产生是指在图像中生成一系列可能包含目标对象的区域，这些区域通常被称为候选框。候选区域产生的方法有多种，常见的有以下几种。

① 滑窗法：用不同大小的窗口对输入图像进行从左往右、从上到下的滑动。每次滑动时对当前窗口执行分类器（分类器是事先训练好的）。如果当前窗口得到较高的分类概率，则认为检测到物体。滑窗法如图 8-6 所示。对每个不同窗口大小的滑窗进行检测后，会得到不同窗口检测到的物体标记，这些窗口会存在重复较高的部分，采用非极大值抑制的方法进行筛选，最终经过非极大值抑制筛选获得检测到的物体。

图 8-6　滑窗法

滑窗法简单，易于理解，但是在不同窗口大小下进行图像全局搜索会导致效率低下，而且设计窗口大小时还需要考虑物体的长宽比。因此，对于实时性要求较高的分类器，不推荐使用滑窗法。

② 选择性搜索：滑窗法类似穷举进行图像子区域搜索，但是一般情况下图像中大部分子区域是没有物体的。学者们自然而然地想到只对图像中最有可能包含物体的区域进行搜索，以此来提高计算效率。选择性搜索是当下最为熟知的图像边界框（bounding boxes）提取算法。

图像中物体存在的区域可能是有某些相似性或者连续性的。基于此，选择性搜索采用子区域合并的方法提取 bounding boxes。首先，对输入图像进行分割，产生许多子区域。其次，根据这些子区域的相似性（相似性标准主要有颜色、纹理、大小等）不断地进行区域迭代。每次迭代对这些合并的子区域提取 bounding boxes，即通常所说的候选框。

（2）数据表示

在目标检测中，数据表示是指将图像和候选区域的信息传递给模型。标记后的样本数据如图 8-7 所示。

图 8-7　标记后的样本数据

预测输出可以表示为

$$\boldsymbol{y} = [p_c\ b_x\ b_y\ b_w\ b_h\ C_1\ C_2\ C_3]^{\mathrm{T}},$$
$$\boldsymbol{y}_{\text{true}} = [1\ 40\ 45\ 80\ 60\ 0\ 1\ 0]^{\mathrm{T}},$$
$$\boldsymbol{y}_{\text{pred}} = [0.88\ 41\ 46\ 82\ 59\ 0.01\ 0.95\ 0.04]^{\mathrm{T}}$$

(8-1)

其中，p_c 为预测结果的置信概率，b_x、b_y、b_w、b_h 为边框坐标，C_1、C_2、C_3 为属于某个类别的概率。通过预测结果和实际结果构建损失函数。损失函数包含分类、回归两部分。

（3）IoU

IoU 是评估目标检测模型性能的重要指标，是指预测框、实际框交集和并集的比例，一般约定 0.5 为一个可以接受的值，用于衡量预测框和真实框之间的重叠程度。IoU 如图 8-8 所示。

图 8-8　IoU

（4）非极大值抑制

非极大值抑制是一种用于消除冗余检测框的技术，确保每个目标只有一个最准确的检测框。非极大值抑制的基本步骤如下。

① 排序：根据预测框的置信度得分，对所有候选框进行降序排序。

② 选择最高得分框：选择得分最高的候选框作为当前的最佳检测框。

③ 计算 IoU：计算该最佳检测框与其他候选框的 IoU。

④ 过滤：如果其他候选框的 IoU 超过预设的阈值（如 0.5），则将其从候选框列表中移除。

⑤ 重复：重复上述步骤，直到候选框列表为空。

通过非极大值抑制可以有效地去除重叠的检测框，保留最准确的一个。非最大值抑制如图 8-9 所示，同一个物体的预测结果包含 3 个概率，即 0.8、0.9、0.95，经过非极大值抑制，仅保留概率最大的预测结果。

图 8-9　非极大值抑制

2．常用的目标检测模型

（1）R-CNN

基于区域的卷积神经网络 R-CNN 是 R-CNN 系列的第一代算法，其实没有过多地使用深度学习思想，而是将深度学习和传统的计算机视觉知识相结合。例如，R-CNN 工作流程中的第②步提取候选框和第④步区域分类，其实就属于传统的计算机视觉技术。使用选择性搜索提取候选框，使用支持向量机（SVM）实现分类。R-CNN 的工作流程如图 8-10所示。

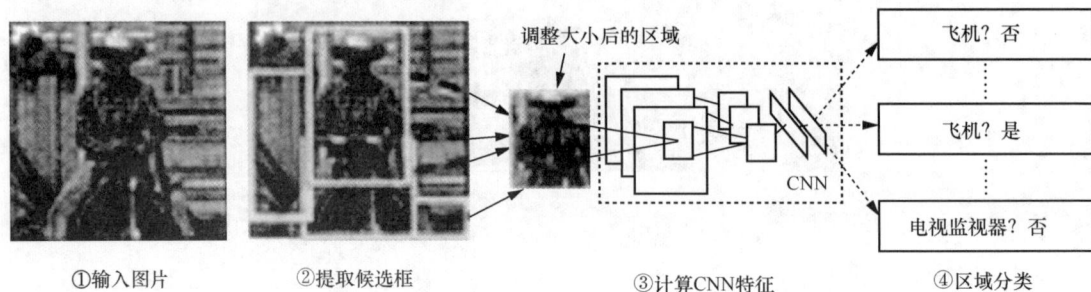

①输入图片　　　②提取候选框　　　③计算CNN特征　　　④区域分类

图 8-10　R-CNN 的工作流程

R-CNN 的工作流程具体如下。

① 输入原始图像（如 224 像素×224 像素×3 像素的 RGB 图像）并进行预处理：先调整尺寸，将图像短边缩放到固定尺寸（如 600 像素），长边按比例调整；再进行归一化操作，将像素值标准化到[0,1]或[−1,1]，便于后续 CNN 处理。

② 提取区域建议框：首先使用选择性搜索算法生成约 2000 个候选区域；然后基于颜色、纹理、尺寸等特征合并超像素，生成可能包含目标的区域框；接着输出候选框坐标（如 (x_min, y_min, x_max, y_max)），以便后续对每个框进行裁剪+缩放（如 227 像素×227 像素以适应 CNN 输入）。

③ 计算 CNN 特征：先将每个候选区域输入预训练的 CNN（如 AlexNet）提取特征，再移除 CNN 的分类层，取最后一个全连接层（如 4096 维）作为特征向量。候选框独立前向传播导致计算冗余（Fast R-CNN 改进为共享卷积计算）。

④ 区域分类与回归：分类，使用 SVM 分类器对特征向量进行分类（如 20 类目标+背景），判断候选框内物体类别；回归，通过边界框回归微调候选框位置，提升定位精度（如调整中心点偏移和宽高缩放）。

模型效果：R-CNN 在 PASAL VOC 2007 测试集上的平均精度均值（mAP）达到 58.5%，打败当时所有的目标检测算法。

此模型的缺点如下。

① 重复计算，每个候选框都需要经过一个 AlexNet 特征提取，为所有的兴趣区域（RoI）提取特征大约花费 47 秒，占用较多内存空间。

② 利用选择性搜索进行候选框提取，每帧图像需要花费 2 秒。

③ 3 个模块（提取、分类、回归）是分别训练的，并且训练对存储空间的消耗较大。

（2）Fast R-CNN

Fast R-CNN 是基于 R-CNN 和空间金字塔池化网络（SPP-Net）进行的改进。SPP-Net 的创新点在于只进行一次图像特征提取（而不是对每个候选区域计算一次），然后根据算法，将候选区域特征图映射到整张图像特征图上。Fast R-CNN 的工作流程如图 8-11 所示。

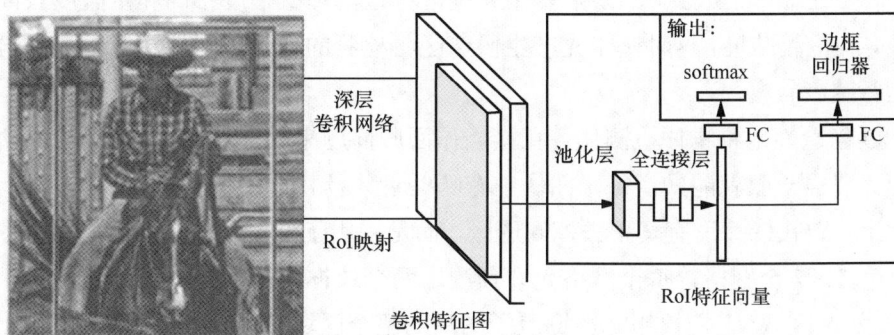

图 8-11　Fast R-CNN 的工作流程

　　与 R-CNN 相比，Fast R-CNN 主要有以下改进。

　　① 卷积不再是对单个候选框进行，而是直接输入整张图像，原来的 R-CNN 需要对每个候选框分别进行卷积，但是这些候选框之间的重叠率很高，所以会产生重复计算，Fast R-CNN 减少了很多运算量。

　　② 用 RoI 池化层进行特征的固定长度变换，使不同大小特征图输入实现了固定大小特征图的输出。

　　③ 将边框回归放在网络中一起训练，并用 softmax 代替原来的 SVM 分类器。

　　Fast R-CNN 的算法改进具体如下。

　　① 和 R-CNN 相比，Fast R-CNN 的训练时间从 84 小时减少为 9.5 小时，其测试时间从 47 秒减少为 0.32 秒。在 VGG16 上，Fast R-CNN 的训练速度是 R-CNN 的 9 倍，是 SPP-Net 的 3 倍；其测试速度是 R-CNN 的 213 倍，是 SPP-Net 的 3 倍。

　　② Fast R-CNN 在 PASCAL VOC 2007 测试集上的准确率与 R-CNN 相差无几，在 66%～67%。

　　③ 加入 RoI 池化层，采用一个神经网络对全图进行特征提取。

　　④ 在网络中加入多任务函数边框回归，实现了端到端的训练。

　　此模型的缺点具体如下。

　　① 依旧采用选择性搜索对候选框进行提取（耗时 2～3 秒，特征提取耗时 0.32 秒）。

　　② 无法满足实时应用，没有真正实现端到端的训练测试。

　　③ 利用了 GPU，但是对候选框进行提取是在 CPU 上实现的。

　　（3）YOLO

　　YOLO 是继 R-CNN、Fast R-CNN 和 Faster R-CNN 后，针对强化学习目标检测速度问题提出的另一个框架，其核心思想是生成 RoI+目标检测两阶段（Two-Stage）算法用一套网络的一阶段（One-Stage）算法替代，直接在输出层回归边框的位置和所属类别。

　　之前的物体检测方法首先需要产生大量可能包含待检测物体的先验框，然后用分类器判断每个先验框对应的边界框里是否包含待检测物体，以及物体所属类别的概率或者置信度，同时需要处理修正边界框，最后基于一些准则过滤掉置信度不高和重叠度较高的边界框，进而得到检测结果。这种基于先产生候选区再检测的方法虽然有相对较高的检测准确率，但运行速度较慢。

　　YOLO 创造性地将物体检测任务直接当作回归问题来处理，将候选区和检测两个阶段合二为一。只需一眼就能知道每张图像中有哪些物体及物体的位置。

　　实际上，YOLO 并没有真正去掉候选区，而是采用了预定义候选区的方法，也就是将图片划分为 7×7 个网格，每个网格允许预测出两个边框，总共 49×2 个边界框，可以理解为 98 个候选区域，它们很粗略地覆盖了图片的整个区域。YOLO 的流程如图 8-12 所示。YOLO 以降低 mAP 为代价，大幅提升了时间效率。

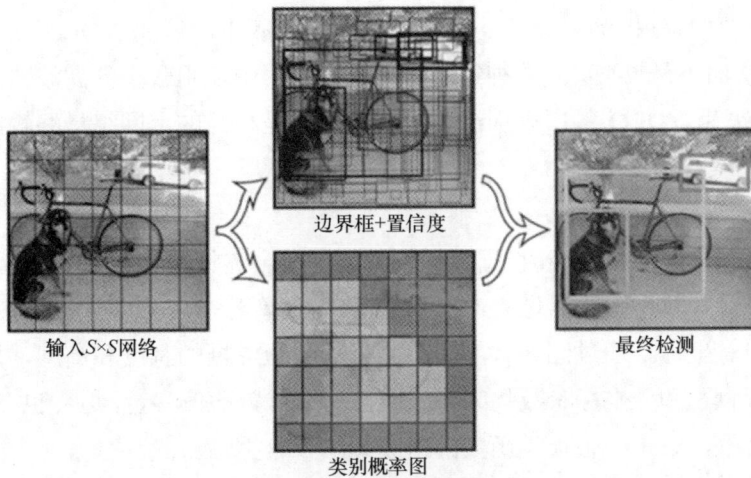

图 8-12 YOLO 的流程

每个网格单元预测这些框的两个边界框和置信度分数。这些置信度分数反映了该模型对这些框是否包含目标的可靠程度及它预测这些框的准确程度。置信度定义为

$$\mathrm{Pr(Object)} \times \mathrm{IoU}_{\mathrm{pred}}^{\mathrm{truth}} \tag{8-2}$$

如果该单元格中不存在目标，则置信度分数应为零。否则，我们希望置信度分数等于预测框与真实值之间联合部分的交集。

每个边界框包含 5 个预测，即 x、y、w、h 和置信度。(x, y)坐标表示边界框相对于网格单元边界框的中心。w 和 h 是相对于整张图像预测的。置信度预测表示的是预测框与实际边界框之间的 IoU。

每个网格单元还预测 C 个条件类别概率 $\mathrm{Pr(Class_i|Object)}$。这些概率以包含目标的网格单元为条件。每个网格单元只预测一组类别概率，而不管边界框数量 B 是多少。

YOLOv1 的网络结构如图 8-13 所示，有 24 个卷积层，后面是两个全连接层。我们只使用 1×1 降维层，后面是 3×3 卷积层。

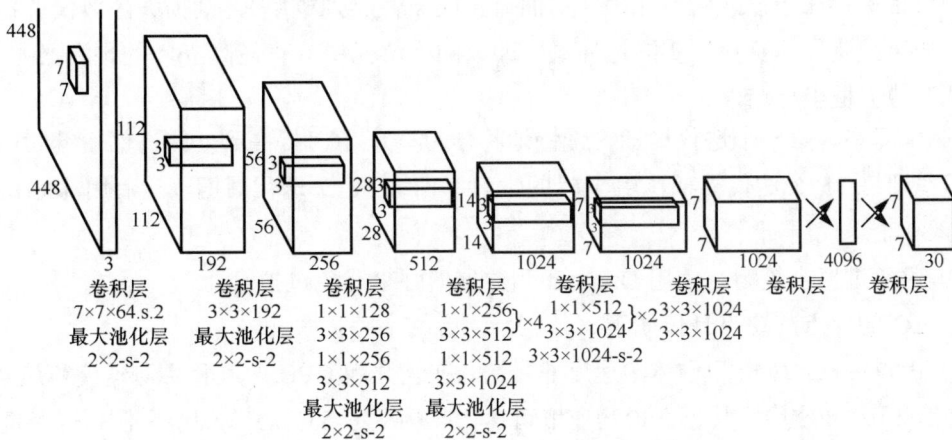

图 8-13 YOLOv1 的网络结构

为了快速实现目标检测，YOLOv1 还训练了快速版本。快速 YOLO 使用的是具有较少卷积层（9 层而不是 24 层）的神经网络，在这些层中使用较少的滤波器。除了网络规模，YOLO 和快速 YOLO 的所有训练和测试参数都是相同的。网络最终输出的预测张量是 $7 \times 7 \times 30 = 1470$。

YOLOv1 的训练过程如下。

① 预训练。采用前 20 个卷积层、平均池化层、全连接层进行大约一周的预训练。

② 输入。输入数据为 224 像素×224 像素和 448 像素×448 像素大小的图像。

③ 采用相对坐标。通过图像宽度和高度来规范边界框的宽度和高度，使它们落在 0 和 1 之间；边界框 x 和 y 坐标参数化为特定网格单元位置的偏移量，边界也在 0 和 1 之间。

④ 损失函数。YOLOv1 损失函数的组成如图 8-14 所示。

$$\lambda_{\text{coord}} \sum_{i=0}^{S^2} \sum_{j=0}^{B} \mathbb{I}_{ij}^{\text{obj}} \left[(x_i - \hat{x}_i)^2 + (y_i - \hat{y}_i)^2 \right] +$$
$$\lambda_{\text{coord}} \sum_{i=0}^{S^2} \sum_{j=0}^{B} \mathbb{I}_{ij}^{\text{obj}} \left[\left(\sqrt{w_i} + \sqrt{\hat{w}_i} \right)^2 + \left(\sqrt{h_i} - \sqrt{\hat{h}_i} \right)^2 \right]$$

坐标预测

$$+ \sum_{i=0}^{S^2} \sum_{j=0}^{B} \mathbb{I}_{ij}^{\text{obj}} (C_i - \hat{C}_i)^2$$
$$+ \lambda_{\text{noobj}} \sum_{i=0}^{S^2} \sum_{j=0}^{B} \mathbb{I}_{ij}^{\text{noobj}} (C_i - \hat{C}_i)^2$$

置信度预测
（有中心点网格损失
+
无中心点网格损失）

$$+ \sum_{i=0}^{S^2} \mathbb{I}_{i}^{\text{obj}} \sum_{c \in \text{classes}} \left(p_i(c) - \hat{p}_i(c) \right)^2$$

类别预测

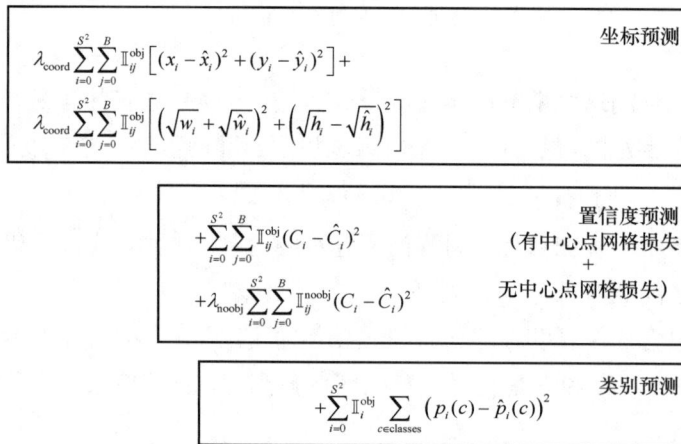

图 8-14　YOLOv1 损失函数的组成

在图 8-14 中，损失函数由坐标预测、置信度预测、类别预测构成；其中 $\mathbb{I}_i^{\text{obj}}$ 表示目标是否出现在网格单元 i 中，表示 $\mathbb{I}_{ij}^{\text{obj}}$ 网格单元 i 中的第 j 个边界框预测器"负责"该预测；如果目标存在于该网格单元中（前面讨论的条件类别概率），则损失函数仅惩罚分类错误；如果预测器"负责"实际边界框（即该网格单元中具有最高 IoU 的预测器），则它也仅惩罚边界框坐标错误。

⑤ 学习率。第一个迭代周期，慢慢地将学习率从 10^{-3} 提高到 10^{-2}；然后继续以 10^{-2} 的学习率训练 75 个迭代周期，用 10^{-3} 的学习率训练 30 个迭代周期，最后用 10^{-4} 的学习率训练 30 个迭代周期。

⑥ 避免过拟合策略。使用 Dropout 和数据增强来避免过拟合。

YOLO 的优点与缺点具体如下。

① 优点：YOLO 检测物体的速度非常快，在增强版 GPU 中其目标测速度可达 45 帧/秒；在简化版 GPU 中，其目标检测速度可达 155 帧/秒。YOLO 在训练和测试时都能看到一整张图的信息（而不像其他算法只能看到局部图像信息），因此 YOLO 在检测物体时能

很好地利用上下文信息，从而不容易在背景上预测出错误的物体信息。YOLO 可以学习到物体泛化特征。

② 缺点：YOLO 的精度低于其他先进的物体检测系统；容易产生定位错误；对小物体检测效果不好，尤其是密集的小物体，因为一个栅格只能检测两个物体；由于损失函数的问题，定位误差是影响检测效果的主要原因之一，尤其是在大小物体的处理上还有待加强。

（4）ViT

不同于传统的基于 CNN 的网络架构，视觉 Transformer（ViT）模型是基于 Transformer 架构的计算机视觉模型。ViT 模型利用 Transformer 模型在处理上下文语义信息的优势，将图像转换为一种"变种词向量"进行处理。转换的意义在于，多个 Patch 之间具有空间联系，类似于"空间语义"，从而获得更好的处理效果。

相较于传统的 Transforme 架构，ViT 模型有以下几个特点。

① 数据集的原图像被划分为多个 Patch 后，通过 Patch Embedding 将二维 Patch（不考虑 channel）转换为一维向量，再加上类别向量与位置向量作为模型输入。

② 模型主体的 Block 结构是基于 Transformer 的 Encoder 结构，但是调整了 Normalization 的位置，其中，最主要的结构依然是 Multi-head Attention 结构。

③ 模型在 Blocks 堆叠后接全连接层，类别向量的输出作为输入并用于分类。

ViT 整体流程如图 8-15 所示。

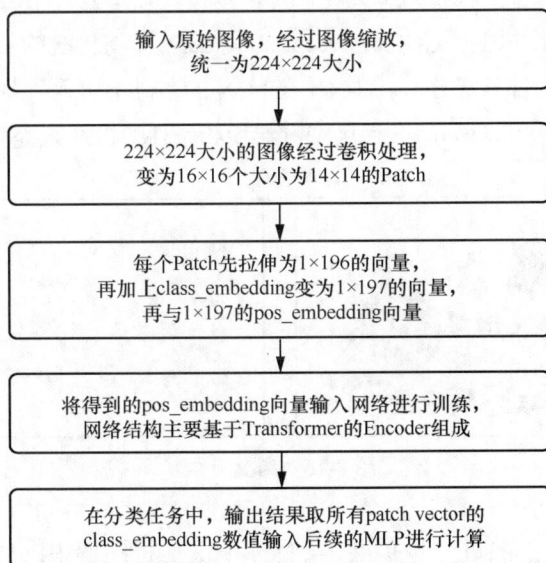

图 8-15　ViT 整体流程

ViT 模型的性能与优势具体如下。

① 全局建模能力：自注意力机制直接关联图像任意两个区域，克服 CNN 的局部感受限制。

② 大规模数据表现：在 JFT-300M 等海量数据集上，ViT-L/16 在 ImageNet 上达到

88.55%的准确率（超越 ResNet）。

③ 可扩展性：模型尺寸易调整（Base/Large/Huge），参数从 86～632M 不等。

8.3 图像分割

8.3.1 图像分割基本概念

计算机视觉旨在识别和理解图像中的内容，它包含三大基本任务，即图像分类、目标检测和图像分割，其中图像分割又分为语义分割和实例分割。

图像分割是计算机视觉中的一个重要任务，旨在将图像划分为多个区域或像素集合，每个区域对应图像中的一个特定对象或部分。图像分割的目的是将图像中的不同物体或区域区分开来，以便后续分析和处理。图像分割在医学影像分析、自动驾驶、视频监控、遥感图像处理等领域得到了广泛的应用。

语义分割是图像分割的一种高级形式，其目的是将图像中的每个像素分类为预定义的类别之一，如图 8-16 所示。这些类别通常对应图像中的不同物体或区域，如道路、行人、车辆、建筑物等。语义分割不仅需要将图像划分为不同的区域，还需要为每个区域赋予一个语义标签。常见的语义分割算法包括 FCN、U-Net、DeepLab 等。FCN 将传统的 CNN 中的全连接层替换为卷积层，实现端到端的像素级分割。U-Net 在 FCN 的基础上引入了跳跃连接，通过融合不同层次的特征来提高分割精度。DeepLab 使用空洞卷积和条件随机场来提高分割的细节和准确性。

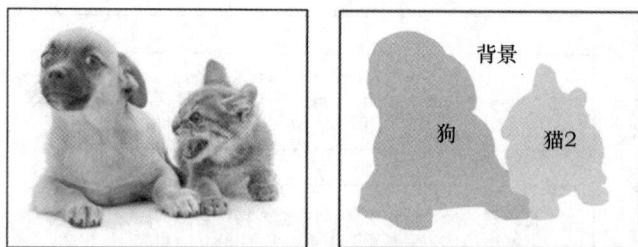

图 8-16　语义分割

实例分割是语义分割的进一步扩展，其目标不仅是将图像中的每个像素分类为预定义的类别，还要区分同一类别中的不同实例。例如，在一张包含多个行人的图像中，语义分割会将所有行人标记为同一类别，而实例分割会将每个行人单独标识出来。实例分割通常结合了目标检测和语义分割技术，常见的实例分割算法包括 Mask R-CNN、Panoptic Segmentation 等。Mask R-CNN 在 Faster R-CNN 的基础上增加了一个分支，专门用于生成像素级的分割掩码，从而实现实例分割。Panoptic Segmentation 结合了语义分割和实例分割，同时输出每个像素的类别标签和实例标签，提供更全面的图像理解。

　　图像分割、语义分割和实例分割是计算机视觉中逐渐细化的任务。图像分割是最基础的划分任务，语义分割在此基础上增加了语义分类，而实例分割进一步区分了同一类别中的不同实例。这 3 种算法在不同的应用场景中各有优势，选择合适的算法需要根据具体的需求和图像特点进行综合考虑。基于深度学习的算法在这些任务中取得了显著的进展，成为当前研究和应用的主流技术。

8.3.2　FCN

　　全卷积网络（FCN）采用 CNN 实现从图像像素到像素类别的变换。与前文介绍的 CNN 有所不同，FCN 通过转置卷积层将中间层特征图的高和宽变换为输入图像的尺寸，从而令预测结果与输入图像在空间维度（高和宽）上一一对应：给定空间维度上的位置，通道维的输出即该位置对应像素的类别预测。FCN 如图 8-17 所示。

　　FCN 是乔纳森·朗（Jonathan Long）等人于 2015 年在 *Fully Convolutional Networks for Semantic Segmentation* 一文中提出的用于图像语义分割的一种框架，是深度学习用于语义分割领域的开山之作。FCN 将传统 CNN 的全连接层换成卷积层，这样网络的输出通过全卷积结构保留空间信息；同时，为解决卷积和池化导致的图像尺寸变小的问题，使用上采样方式对图像尺寸进行恢复。

　　FCN 的核心思想是不含全连接层的全卷积网络可适应任意尺寸输入；反卷积层增加图像尺寸，输出精细结果；结合不同深度层结果的跳级结构，确保鲁棒性和精确性。

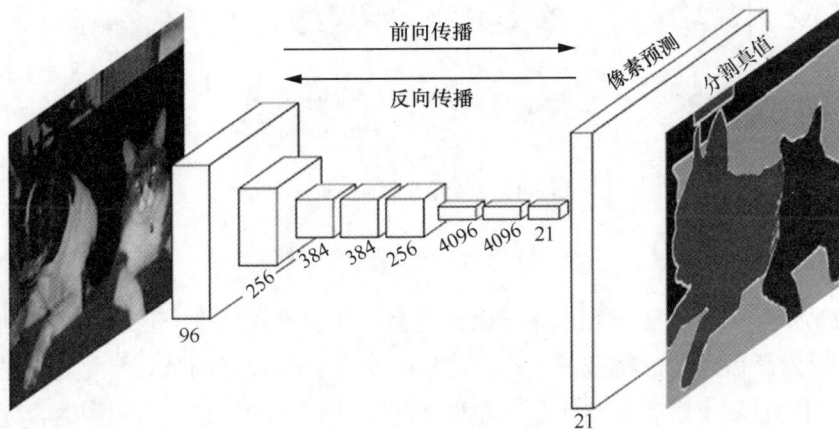

图 8-17　FCN

1. FCN 结构

　　FCN 结构主要分为两个部分，即卷积部分和反卷积部分，如图 8-18 所示。其中卷积部分为经典的 CNN（如 VGG、ResNet 等），用于提取特征；反卷积部分则是通过上采样得到原尺寸的语义分割图像。FCN 的输入可以为任意尺寸的彩色图像，输出与输入尺寸相同，通道数为 n（目标类别数）$+1$（背景）。

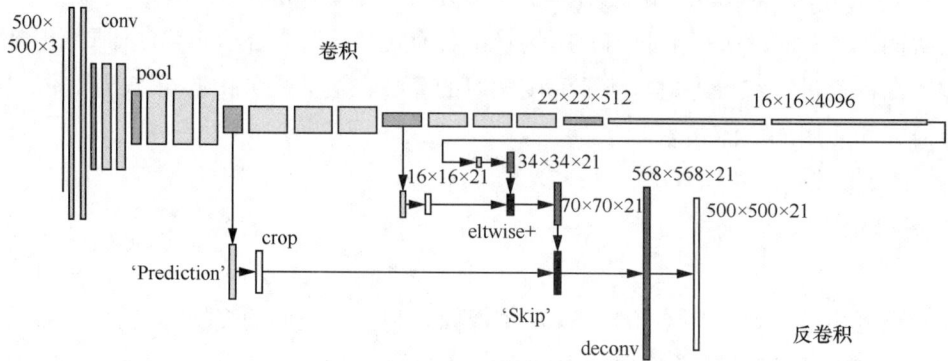

图 8-18 FCN 结构

2．上采样

卷积过程中的卷积操作和池化操作会使特征图的尺寸变小，为得到原图像大小的稠密像素预测，需要对得到的特征图进行上采样操作。可通过双线性插值实现上采样，且双线性插值易于通过固定卷积核的转置卷积实现，转置卷积即为反卷积。转置卷积操作过程如图 8-19 所示，对一个 4×4 的输入使用单位步长卷积一个 3×3 的内核的转置（即 $i=4, k=3, s=1, p=0$）。这相当于使用单位步长对一个 2×2 的输入卷积一个 3×3 的内核，并用 2×2 的零边框填充（即 $i'=2, k'=k, s'=1, p'=2$）。

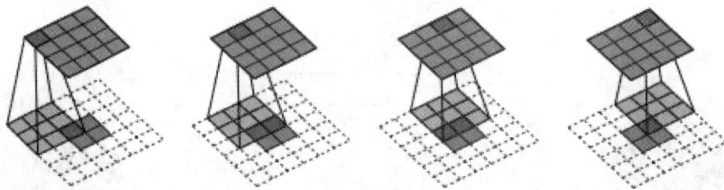

图 8-19 转置卷积操作过程

3．跳级结构

仅对最后一层的特征图进行上采样就能得到原图大小的分割，但最终的分割效果往往并不理想。因为最后一层的特征图太小，这意味着会丢失过多细节。因此，可通过跳级结构将最后一层的预测（富有全局信息）和更浅层（富有局部信息）的预测结合起来，在遵守全局预测的同时进行局部预测。

对底层（stride 32）的预测（FCN-32s）进行 2 倍的上采样得到原尺寸的图像，并与从 pool4 层（stride 16）进行的预测相融合（相加），这一部分网络被称为 FCN-16s。随后将这一部分预测再进行一次 2 倍的上采样并与从 pool3 层得到的预测相融合，这一部分网络被称为 FCN-8s。跳级结构如图 8-20 所示。

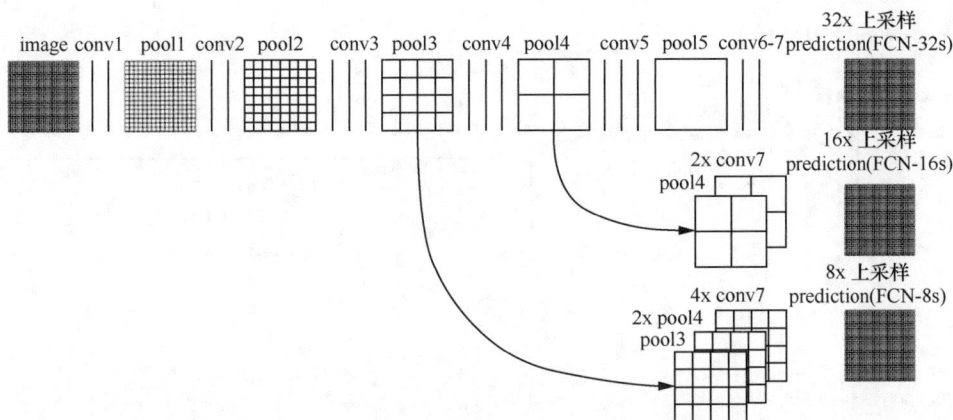

图 8-20　上采样

4．FCN 训练

FCN 训练如图 8-21 所示，分为以下 4 个阶段。

阶段 1：以经典的分类网络为初始化，最后两级为全连接，参数弃去不用。

阶段 2：FCN-32s 网络——从特征小图预测分割小图，之后直接上采样为大图。

阶段 3：FCN-16s 网络——上采样分为两次完成。在第二次上采样前，把第 4 个池化层的预测结果融合进来，使用跳级结构来提升精确性。

阶段 4：FCN-8s 网络——上采样分为 3 次完成，进一步融合了第 3 个池化层的预测结果。

（a）阶段1

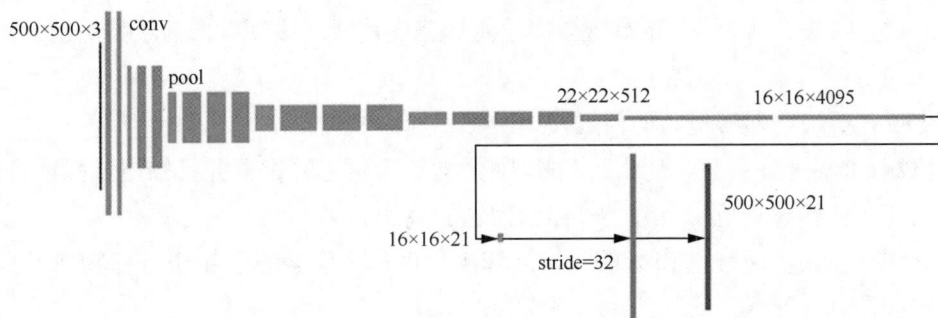

（b）阶段2

图 8-21　FCN 训练

（c）阶段3

（d）阶段4

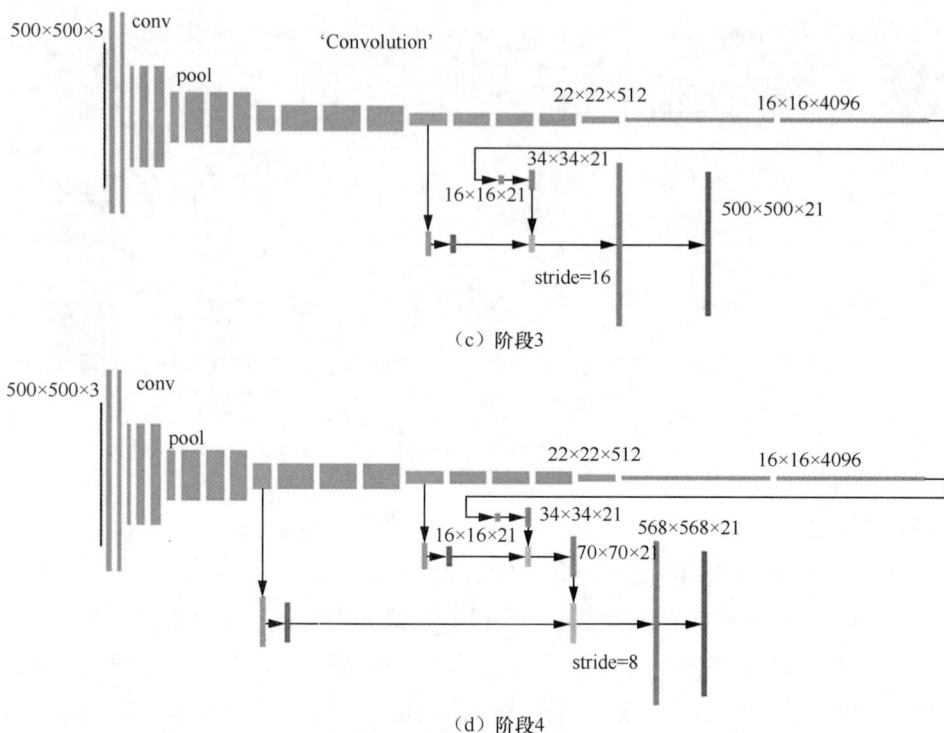

图 8-21　FCN 训练（续）

8.4　本章小结

① 计算机视觉是一门研究如何使机器"看"的科学，主要关注如何让计算机从图片或视频中"看懂"世界。它涉及的技术包括但不限于图像分类、物体检测、语义分割、实例分割、姿态估计、行为识别等。它使用算法来解释和理解图像或视频中的内容。

② 计算机视觉中关于图像识别有四大类任务。

- 分类：解决"是什么"的问题，即给定一张图片或一段视频，判断其中包含什么类别的目标。
- 定位：解决"在哪里"的问题，即给出目标的位置。
- 检测：解决"在哪里，是什么"的问题，即给出目标的位置并且知道目标物是什么。因此，目标检测是一个分类、回归问题的叠加。
- 分割：分为实例分割和场景分割，解决"每一个像素属于哪个目标物或场景"的问题。

③ 基于深度学习的目标检测算法主要分为两类，即 Two-Stage 和 One-Stage。

- Two-Stage：先进行区域生成，该区域被称为候选区域（RP，一个有可能包含待检物体的候选框），再通过卷积神经网络进行样本分类。

任务流程：特征提取→生成 RP→分类/定位回归。

常见的 Two-Stage 目标检测算法有 R-CNN、SPP-Net、Fast R-CNN、Faster R-CNN 和 R-FCN 等。

- One-Stage：不需要 RP，直接在网络中提取特征来预测物体分类和位置。

任务流程：特征提取→分类/定位回归。

常见的 One-Stage 目标检测算法有 OverFeat、YOLOv1、YOLOv2、YOLOv3、SSD 和 RetinaNet 等。

④ FCN 采用 CNN 实现从图像像素到像素类别的变换。与前文介绍的 CNN 有所不同，FCN 通过转置卷积层将中间层特征图的高和宽变换为输入图像的尺寸，从而令预测结果与输入图像在空间维度（高和宽）上一一对应：给定空间维度上的位置，通道维的输出即该位置对应像素的类别预测。

FCN 将传统 CNN 的全连接层换成卷积层，这样网络的输出将是热力图而非类别；同时，为解决卷积和池化导致的图像尺寸变小问题，使用上采样方式对图像尺寸进行恢复。

第9章 自动驾驶与具身智能

学习目标

（1）了解自动驾驶的概念和等级划分；

（2）理解同步建图与定位、运动规划与控制、环境感知与识别 3 种技术。

9.1 自动驾驶概述

自动驾驶又称无人驾驶，是依靠计算机与人工智能技术在没有人为操纵的情况下，完成完整、安全、有效驾驶的一项前沿技术。自动驾驶技术能够协调出行路线与规划时间，从而提高出行效率，因此成为各国近几年的研发重点。

自动驾驶分为 5 个等级，如图 9-1 所示。L1 是驾驶辅助，依靠自适应巡航释放双脚，但双手不能离开方向盘，驾驶员仍需操控汽车。L2 是部分自动驾驶，驾驶员需要持续监控汽车行驶情况。L3 是有条件自动驾驶，驾驶员无须持续监控汽车，当遇到特殊情况时，驾驶员需根据系统要求介入车辆行驶。L4 是高度自动驾驶，在高速公路上行驶或进入停车场的情况下，系统自动控制汽车，驾驶员无须监控汽车。L5 是最高级别的自动驾驶，即完全自动驾驶，此时不需要驾驶员。

自动驾驶这项前沿技术的底层逻辑是什么呢？自动驾驶技术栈主要有同步建图与定位（SLAM）、运动规划与控制、环境感知与识别 3 个模块。同步建图与定位是指在未知环境中，车辆通过传感器数据同时构建环境地图并确定自身位置的过程。运动规划与控制是指根据当前环境信息和目标，规划车辆的行驶路径，并通过控制算法实现车辆的精确运动。环境感知与识别就像是人的眼睛和耳朵，是指通过传感器获取环境信息，并通过算法识别和理解环境中的物体和事件。

这 3 个模块相辅相成，共同构成了自动驾驶系统的核心技术。同步建图与定位确保车辆在环境中的准确定位，运动规划与控制确保车辆按照规划的路径安全行驶，环境感知与识别则提供了车辆所需的关键环境信息。通过不断的技术创新和优化，自动驾驶系统正逐步向更高级别的自动化迈进。

具身智能是指将智能算法嵌入物理实体，使这些物理实体能够通过与环境的交互来学习和适应，从而实现更复杂的任务。具身智能强调的是智能体不仅具有认知能力，还能够在物理世界中行动和互动。

智能化等级	等级名称	等级定义	控制	监视	失效应对	典型工况
人监控驾驶环境						
1 (DA)	驾驶辅助	通过环境信息对方向和加减速中的一项操作提供支援，其他驾驶操作都由人操作。	人与系统	人	人	车道内正常行驶，高速公路无车道干涉路段，泊车工况。
2 (PA)	部分自动驾驶	通过环境信息对方向和加减速中的多项操作提供支援，其他驾驶操作都由人操作。	人与系统	人	人	高速公路及市区无车道干涉路段，换道、环岛绕行、拥堵跟车等工况。
自动驾驶系统（"系统"）监控驾驶环境						
3 (CA)	有条件自动驾驶	由无人驾驶系统完成所有驾驶操作，根据系统请求，驾驶员需要提供适当的干预。	监视	系统	人	高速公路正常行驶工况，市区无车道干涉路段
4 (HA)	高度自动驾驶	由无人驾驶系统完成所有驾驶操作，特定环境下系统会向驾驶员提出响应请求，驾驶员可以对系统请求不进行响应。	系统	系统	系统	高速公路全部工况及市区有车道干涉路段
5 (FA)	完全自动驾驶	无人驾驶系统可以完成驾驶员能够完成的所有道路环境下的操作，不需要驾驶员介入。	系统	系统	系统	所有行驶工况

图 9-1　自动驾驶的 5 个等级

具身智能在自动驾驶领域有着重要应用。通过将智能系统嵌入无人驾驶汽车，车辆可以感知周围环境并做出相应的决策。这种具身智能的应用可以提高交通安全性，提高驾驶效率，并为乘客提供更舒适的出行体验。

9.2　环境感知与理解

自动驾驶环境感知是指自动驾驶车辆通过感知技术获取周围环境信息的过程。它是实现自动驾驶的关键环节，通过感知环境中的道路、车辆、行人、障碍物等元素，为自动驾驶系统提供准确的环境信息，以便系统做出相应的决策和控制。

自动驾驶环境感知主要包括以下几个方面的技术。

① 传感器：自动驾驶车辆通常配备多种传感器，如摄像头、激光雷达、毫米波雷达和超声波传感器等。这些传感器可以获取不同类型的数据，如图像、点云和距离等。

② 环境感知与识别：通过传感器和算法等手段，对周围环境进行感知和理解的过程。它是人工智能领域中的一个重要研究方向，也是实现自主导航、智能驾驶、智能车导航等应用的基础。

③ 目标检测与跟踪：通过图像处理和计算机视觉算法，对感知到的图像或点云数据

进行处理，识别和跟踪道路上的车辆、行人、交通标志等目标物体。

④ 障碍物检测与预测：通过对感知到的障碍物进行分析和建模，预测其未来的运动轨迹和行为意图，以便做出相应的规避和决策。

⑤ 环境建模与场景理解：对感知到的环境信息进行建模和分析，理解道路拓扑结构、交通规则和场景语义，为自动驾驶系统提供更全面的环境认知。

⑥ 多传感器融合：利用计算机技术，将来自多传感器或多源的信息和数据以一定的准则进行自动分析和综合，以完成所需的决策和估计而进行的信息处理过程。和人的感知相似，不同的传感器拥有其他传感器不可替代的作用，当各种传感器进行多层次、多空间的信息互补和优化组合处理，最终产生对观测环境的一致性解释。

9.2.1 车载传感器介绍

自动驾驶汽车是一种通过车载计算机系统实现无人驾驶的智能车系统，而环境感知作为其基础环节，需要通过多种车载传感器来采集周围环境的基本信息。车载传感器就如同自动驾驶汽车的眼睛，例如单目/双目摄像头和雷达系统融合，可以提供障碍物或者移动物体的速度、距离和外观形状等信息。目前，应用于自动驾驶汽车的车载传感器主要有摄像头、激光雷达、毫米波雷达、超声波雷达、惯性导航。

摄像头可以采集汽车周边的图像信息，与人类视觉最为接近。摄像头可以拥有较广的垂直视场角、较高的纵向分辨率，而且可以提供颜色和纹理信息等。这些信息有助于自动驾驶系统实现行人检测、车辆识别、交通标志识别等相对高层语义的任务。摄像头通过采集的图像或者图像序列，经过计算机的处理与分析，能够识别丰富的环境信息，如行人、自行车机动车、道路轨道线、路牙、路牌、信号灯等。更为重要的是，通过机器学习算法的加持，摄像头还可以实现车距测量、道路循迹，从而实现前车碰撞预警和车道偏离预警。

激光雷达是以发射激光束探测目标的位置、速度等特征量的雷达系统。其工作原理是向目标发射探测信号（激光束），然后将接收到的从目标反射回来的信号（目标回波）与发射信号进行比较，在进行适当处理后，就可获得目标的有关信息，如目标距离、方位、高度、速度、姿态，甚至形状等参数，从而对障碍物、移动物体等目标进行探测、跟踪和识别。

毫米波雷达是工作在毫米波波段探测的雷达，其与普通雷达相似，通过发射无线电信号并接收反射信号来测定物体之间的距离。毫米波频率通常在 30～300GHz（波长为 1～10mm），波长介于厘米波和光波之间，因此毫米波雷达兼有微波雷达和光电雷达的一些优点，非常适用于自动驾驶汽车领域。因为毫米波雷达具有较强的穿透性，能够轻松地穿透保险杠上的塑料，所以常被安装在汽车的保险杠内。

超声波雷达是通过发射并接收 40kHz 的超声波，根据时间差算出障碍物的距离，其测距精度大约是 1～3cm。其构造一般分为等方性传感器和异方性传感器，其中等方性传感器的水平角度与垂直角度相同，而异方性传感器的水平角度与垂直角度不同。等方性传感器的缺点在于垂直照射角度过大，容易探测到地面，无法侦测较远的距离。异方性传感器的缺点在于其探头产生的超声波波形不稳定，因而容易产生误报警的情况。超声波雷达的技术方案一般有模拟式、四线式数位、二线式数位、三线式主动数位 4 种，其中前 3 种技术方案对于信号干扰的处理效果逐渐提升，在技术难度、装配及价格上各有优劣，总体呈递进趋势。而三线式主动数位超声波雷达，每个超声波雷达传感器（探头）内部带有 CPU，可独自完成信号的发射、接收及数据处理，基本上不存在信号在传输中的干扰及损失；具有非常好的电磁兼容（EMC）及电磁干扰（EMI）性能；探头通过 CPU 可以各自及时地对各种信号进行处理和运算，并对检知器（超声波传感器本体）进行控制，从而取得非常精准的信号和判断。常见的超声波雷达有两种，第一种是安装在汽车前后保险杠上的，也就是用于测量汽车前后障碍物的倒车雷达，被称为超声波驻车辅助传感器；第二种是安装在汽车侧面的，用于测量侧方障碍物距离的超声波雷达，被称为自动泊车辅助传感器。

惯性导航系统的基本工作原理是以牛顿力学定律为基础，通过测量载体在惯性参考系中的加速度，将它对时间进行积分，且把它变换到导航坐标系中，就能够得到导航坐标系中的速度、偏航角和位置等信息。

9.2.2　目标检测与跟踪

目标检测与跟踪是计算机视觉领域中的重要任务，通过对感知到的环境信息进行分析和处理，实现对目标物体的检测和识别，目标可以是交通标志、行人、车辆等。目标检测用于在图像或视频中定位和追踪特定目标。交叉路口的目标检测如图 9-2 所示。目标检测主要关注在图像或视频中准确地找到目标的位置和边界框，而目标跟踪则是在连续的帧中跟踪目标的运动轨迹。

图 9-2　交叉路口的目标检测

目标检测常用的模型与算法在计算机视觉一章已经进行了介绍，下面介绍一下目标跟踪。

目标跟踪是一种计算机视觉技术，其目的是在连续视频帧中持续地识别和定位特定的目标物体。它通常应用于监控、自动驾驶、体育分析等领域。常见的目标跟踪模型与算法有以下几种。

① 卡尔曼滤波：适用于线性系统预测和估计，常用于早期的目标跟踪，如基于像素值的简单跟踪。

② 粒子滤波：非线性滤波器通过模拟大量随机样本来处理不确定性，尤其适合复杂动态环境。

③ 光流法：基于相邻帧间像素运动的计算来估算目标位置。经典的算法有Lucas-Kanade 算法和 EpicFlow 等。

④ 均值漂移：一种无监督学习算法，用于数据聚类，也可用于目标跟踪，依赖目标颜色或纹理特征。

⑤ 关联滤波：如 CamShift 算法和 MOSSE，利用循环卷积实现快速模板匹配，特别适合实时应用。

⑥ 深度学习模型：如 Siamese 网络、Faster R-CNN、YOLO 系列和 DeepSORT 等，利用神经网络的强大表示能力和端到端的学习能力进行目标跟踪，效果显著。

9.2.3　障碍物检测与避障

在自动驾驶车辆感知技术中，室外复杂环境下的运动障碍物检测、预测和避撞一直是研究的重点和难点。针对无人驾驶车辆在室外复杂环境中进行运动障碍物检测、预测和避撞所遇到的问题及自动驾驶系统的总体设计要求，其具体的研究内容包括障碍物检测、避撞等方面。

运动障碍物与静态障碍物不同，只依靠激光传感器在单一时刻扫描获得的数据无法知道障碍物的运动信息，要想区分动静态障碍物并求解动态障碍物的运动状态，必须对激光传感器不同时刻的扫描数据进行分析。一般用激光雷达作为车载传感器进行运动目标检测的方法有地图差分法、实体聚类法和运动跟踪法 3 种。

在过去的几十年里，研究者提出了很多车辆避撞方法，典型的有势场法、反应式避撞法及区域划分法。这些方法在特定的环境中都取得了很好的效果，但也存在不足。势场法是一种对电场进行模拟的方法，构造一个势场函数。函数值与无人驾驶车辆和障碍物之间的距离存在对应关系，距离障碍物越远，势场越小。根据实验确定阈值，将势场小于阈值的区域标记为可行驶区域，从而完成避障。反应式避撞法是一种模拟动物的感知–行动过程的方法。当无人驾驶车辆感知到前方路径上有车时，就会重新规划一条路径躲避障碍物。和势场法一样，这种方法在静态环境中效果较好，但在动态环境中，由于障碍物也在运动，对动静态障碍物进行区别处理增加了计算的复杂性。区域划分法是一种新的方法，将无人驾驶车辆附近的环境划分为安全区域和不可避免碰撞区域，区域的大小和无人驾驶车辆本身的运动状态有关，车速越快，不可避免碰撞区域也就越大。在行驶中要确保不可避免碰撞区域中没有障碍物，这种算法在理论上对静态环境和动态环境都适用。由于无法很好地定义运动障碍物所对应的不可避免碰撞区域，该方法在完成运动障碍物避撞的任务时也存在一定难度。

9.2.4　车道线识别

车道线识别是自动驾驶和高级驾驶辅助系统（ADAS）中的关键技术之一，旨在准确检测和识别道路上的车道线，以帮助车辆保持在正确的行驶路径上。常见的车道线识别算法有以下几种。

（1）基于传统计算机视觉的算法

① 边缘检测：使用 Canny 边缘检测等算法提取图像中的边缘，然后通过霍夫变换检测直线。其优点是实现简单，计算效率高。其缺点是对噪声敏感，容易受到光照变化和路面条件的影响。

② 颜色分割：根据车道线的颜色特性（如白色或黄色）进行颜色分割，提取出车道线区域。颜色分割的优点是对颜色特征明显的车道线识别效果好，其缺点是对颜色变化和遮挡敏感。

③ SIFT/SURF 特征：使用尺度不变特征变换（SIFT）或加速稳健特征（SURF）提取车道线的特征点，然后通过特征匹配进行车道线识别。其优点是对尺度和旋转变化具有鲁棒性。其缺点是计算复杂度高，实时性较差。

（2）基于深度学习的算法

语义分割是使用 FCN 进行像素级别的分类，将图像中的每个像素标记为车道线或非车道线。语义分割的优点是精度高，能够处理复杂的道路场景；其缺点是计算资源需求高，实时性较差。

端到端检测：直接从输入图像中预测车道线的位置和形状，常用的网络结构包括 U-Net、LaneNet 等。其优点是简化了处理流程，提高了检测速度。其缺点是需要大量的标注数据进行训练，对模型的泛化能力要求高。

车道线识别技术不断发展，从传统的计算机视觉算法到现代的深度学习算法，每种算法都有优缺点。在实际应用中，通常会结合多种算法，以提高识别的准确性和鲁棒性。例如，可以先使用边缘检测或颜色分割进行初步筛选，再通过深度学习模型进行精确定位和分类。

9.2.5　环境建模与场景理解

环境建模与场景理解是指通过对环境中的各种信息进行感知和理解，从而对环境进行建模和理解。它是人工智能领域中的一个重要研究方向，旨在使计算机能够像人一样理解和适应不同的环境。

环境建模主要包括对环境中的物体、场景、动作等进行感知和描述。通过使用传感器、摄像头、激光雷达等设备，获取到环境中的各种信息。然后，通过对这些信息进行处理和分析，构建环境模型，包括物体的位置、形状、属性等。对感知到的环境信息进行建模，构建出对环境的认知模型。这个模型可以是二维或三维的地图，也可以是对物体、行人、车辆等的识别和跟踪模型。

场景理解是在环境建模的基础上，对环境中发生的事件和行为进行理解和推理。通过对环境中的动作、交互、语义等进行分析，推断出场景中的意图、目标和关系。例如，在一个交通场景中，可以通过分析车辆的行驶轨迹、交通信号灯等信息，来理解车辆的行为和交通规则。

对于工作在典型非结构化场景中的移动智能车系统，具有良好的室外自然场景感知与理解能力是其能够自主运行的前提条件。移动智能车使用视觉传感器来进行室外自然场景的理解一直是该领域的研究热点。如何使移动智能车更好地理解其所处的环境，或具有与智能生命体相似的环境认知能力，是长久以来国内外学者密切关注并积极研讨的具有挑战性的研究课题之一。在相对结构化的室内环境中，借助多传感器融合技术的移动智能车在自主环境感知、环境地图构建及室内场景认知方面的技术相对成熟。因此，近年来自主移动智能车（包括自主无人驾驶车）的研究与应用正逐步从室内结构化环境向野外完全非结构化环境扩展。基于视觉的室外自然场景理解是工作在复杂自然环境中的移动智能车能够实现自主环境适应所应具备的基本条件。由于室外自然场景的多样性、随机性、复杂性及移动智能车的运动性，所构建的场景理解系统应具有较高的实时性和自适应性。实时性是指由于自然场景图像本身的不稳定性和复杂性，为了提高辨识效果，往往会造成图像处理的时间开销过大，因此必须要兼顾算法的效率与辨识效果。同时为了应对所处环境中自然景物的非结构化特性和随机性，以及物体在不同地形地貌之中的相互组合与关联，算法的自适应性也是决定自然场景理解效果的重要因素。

9.2.6 多传感器融合

自动驾驶系统由环境感知、规划、决策、控制等模块组成，其中环境感知需要用摄像头、毫米波雷达、激光雷达等传感设备来获取周围环境的信息。不同的传感器各有优劣，为了使感知层获得的信息更为丰富、准确，通常需要将不同的传感器进行融合。

根据传感器信息在不同信息层次上的融合，可以将多传感器融合划分为数据级融合、特征级融合、决策级融合。

① 数据级融合是指在最底层对原始传感器数据进行融合，直接处理传感器的原始输出。常用的技术包括卡尔曼滤波、粒子滤波等。其优点是能够充分利用所有可用信息，提

高数据的分辨率和精度。其缺点是计算复杂度高，对传感器噪声和故障敏感。

② 特征级融合是在中间层对传感器数据进行特征提取，然后将提取的特征进行融合。常用的技术包括主成分分析、独立成分分析等。其优点是减少了数据量，降低了计算复杂度，提高了处理速度。其缺点是特征提取过程中可能会丢失部分信息。

③ 决策级融合是指在最高层对各传感器的决策结果进行融合，最终做出综合决策。常用的技术包括投票法、贝叶斯决策理论等。其优点是计算简单，易于实现，能够处理不同类型的传感器数据。其缺点是依赖于各个传感器的决策结果，如果某个传感器的决策不准确，则会影响整体性能。

卡尔曼滤波是实现多传感器数据融合的核心数学工具之一，它通过概率框架的最优估计，解决多源异构传感器数据的时空对齐、噪声抑制与状态估计问题。下面介绍一下卡尔曼滤波，它是一种用于估计系统状态的算法，通过融合传感器测量值和系统模型来提供最优的状态估计。卡尔曼滤波在许多领域中被广泛应用，特别是在导航、控制和信号处理等领域。

卡尔曼滤波的基本原理是通过递归更新状态估计和协方差矩阵来实现。它假设系统的状态和测量值都是高斯分布，并且系统的动态模型和测量模型都是线性的。卡尔曼滤波根据当前的测量值和先前的状态估计来计算最优的状态估计，并通过不断迭代来逐步优化估计结果。

卡尔曼滤波包括两个主要步骤，即预测和更新。在预测步骤中，根据系统的动态模型和先前的状态估计，预测当前时刻的状态和协方差矩阵。在更新步骤中，比较当前的测量值与预测的状态，通过卡尔曼增益来调整预测结果，得到最优的状态估计。

卡尔曼滤波可以分为时间更新方程和测量更新方程。时间更新方程（即预测阶段）根据前一时刻的状态估计值推算当前时刻的状态变量（先验估计值和误差协方差先验估计值）；测量更新方程（即更新阶段）负责将先验估计和新的测量变量结合起来构造改进的后验估计。时间更新方程和测量更新方程也被称为预测方程和校正方程。因此卡尔曼滤波算法是一个递归的预测—校正算法。

（1）预测

预测方程为

$$\hat{x}_t^- = F\hat{x}_{t-1} + Bu_{t-1} \tag{9-1}$$

式中，根据前一时刻的最优估计值 $\hat{x}_{t-1}$ 推算出当前时刻的预测值 $\hat{x}_t^-$，F 为状态转移矩阵，实际上是对目标状态转换的一种猜想模型。例如，在机动目标跟踪中，状态转移矩阵常常用来对目标的运动建模，其模型可能为匀速直线运动或者匀加速运动。当状态转移矩阵不符合目标的状态转换模型时，滤波会很快发散，B 是将控制变量 u 转换为状态的矩阵。

$$P_t^- = FP_{t-1}F^{\mathrm{T}} + Q \tag{9-2}$$

式中，根据前一时刻最优估计值方差/协方差 P_{t-1} 和超参数 Q 推算出当前时刻预测值方差/协方差 P_t^-，Q 为过程激励噪声协方差（系统过程的协方差）。该参数被用来表示状态转换矩阵与实际过程之间的误差。因为我们无法直接观测到过程信号，所以 Q 的取值是很难确定的。Q 是卡尔曼滤波用于估计离散时间过程的状态变量，也叫预测模型本身带来的噪声。

（2）更新

校正方程为

$$K_t = P_t^- H^{\mathrm{T}} (H P_t^- H^{\mathrm{T}} + R)^{-1} \tag{9-3}$$

式中，根据前时刻预测值方差/协方差 P_t^- 和超参数 R 推算出卡尔曼增益 K_t，因为 P_t^- 是和 Q 有关的，所以将 P_t^- 的公式代入，可以推算出卡尔曼增益 K_t 是和 Q、R 都有关的，R 为测量噪声协方差。滤波器在实际实现时，测量噪声协方差 R 一般可以观测得到，是滤波器的已知条件。当状态值是一维的时候，H 和 I 可以看作 1。

$$\hat{x}_t = \hat{x}_t^- + K_t(-H\hat{x}_t^-) \tag{9-4}$$

式中，z_t 为当前时刻观测值，根据 z_t 与当前时刻预测值 $\hat{x}_t^-$、卡尔曼增益 K_t 推算出当前时刻最优估计值 $\hat{x}_t$，$z_t - H\hat{x}_t^-$ 为实际观测和预测观测的残差，和卡尔曼增益一起修正先验（预测），得到后验。

$$P_t = (I - K_t H) P_t^- \tag{9-5}$$

式中，根据当前时刻预测值方差/协方差、卡尔曼增益推算出当前时刻最优估计值方差/协方差 P_t。

调节超参数主要是指 Q 和 R 的取值，当我们更信任模型估计值时（模型估计基本没有误差），应该让 K 小一点，将 R 取大一点，Q 取小一点；当我们更信任观测值时（模型估计误差较大），应该让 K 大一点，将 R 取小一点，Q 取大一点。

卡尔曼滤波器的使用步骤如下。

① 初始化：设置初始状态估计和协方差矩阵。

② 预测：根据系统模型和前一时刻的状态估计，预测当前时刻的状态和协方差。

③ 更新：根据传感器测量值和预测的状态估计，计算卡尔曼增益，并更新状态估计和协方差。

卡尔曼滤波器的核心思想是通过动态调整权重，将传感器测量值和系统模型融合，从而得到更准确的状态估计。它适用于线性系统，并且假设系统噪声和测量噪声都是高斯分布的。

卡尔曼滤波具有许多优点，包括对噪声的自适应性、高效的计算和较小的存储需求。然而，它也有一些限制，例如对线性模型和高斯分布的假设，以及对系统噪声和测量噪声的准确性要求较高。

多传感器融合技术通过综合多个传感器的数据，提高了系统的鲁棒性和准确性。不同的融合方法适用于不同的应用场景和需求，选择合适的方法需要考虑系统的复杂度、计算资源和实时性要求。在实际应用中，通常会结合多种方法，以充分发挥各传感器的优势。

9.3　地图与定位技术

9.3.1　高精度地图

高精度地图是一种基于卫星定位、激光雷达、摄像头等传感器技术获取的地理信息数据，具有较高的精度和详细程度。它可以提供准确的地理位置信息，例如道路、建筑物、交通标志、车道线等。高精度地图被广泛应用于自动驾驶、智能交通、导航系统等领域。

高精度地图是用于自动驾驶的专用地图，在整个自动驾驶领域扮演着核心角色。高精度地图由含有语义信息的车道模型、道路部件、道路属性等矢量信息，以及用于多传感器定位的特征图层构成。自动驾驶汽车在高精度地图的辅助下更容易判断自身位置、可行驶区域、目标类型、行驶方向、前车相对位置，红绿灯状态、行驶车道等信息。同时，高精度地图还能通过超视距的感知能力，辅助汽车预先感知坡度、曲率、航向等路面复杂信息，再结合路径规划算法，使汽车做出正确决策。因此，高精度地图是保障自动驾驶安全性与稳定性的关键，在自动驾驶的感知、定位、规划、决策、控制等过程中发挥着重要作用。

通俗来讲，高精度地图是比普通导航地图精度更高、数据维度更广的地图，其精度更高体现在地图精度精确到厘米级，数据维度更广体现在地图数据除道路信息外，还包括与交通相关的周围静态信息。高精度地图主要由静态数据和动态数据构成，其中静态数据包括道路层、车道层、交通设施层等图层信息；动态数据包括实时路况层、交通事件层等图层信息。

高精度地图的特点具体如下。

① 高精度定位：通过卫星定位和其他传感器技术，高精度地图可以实现厘米级的定位精度，满足自动驾驶等应用的需求。

② 丰富的地理信息：高精度地图不仅包含道路网络和建筑物信息，还可以提供交通标志、车道线、交通流量等详细信息。

③ 实时更新：高精度地图可以通过无人机、车载设备等方式实时更新信息，保持地图数据的准确性和时效性。

④ 多源数据融合：高精度地图可以融合多种传感器数据，如激光雷达、摄像头等，提供更全面的地理信息。

9.3.2 汽车定位技术

汽车定位技术是指通过使用各种传感器和技术手段来确定汽车的准确位置和方向。当前可用于汽车定位的技术和方案越来越多，由不同类型传感器组成的定位系统也变得多样化。按技术原理的不同，现有的汽车定位技术可以分为以下类别。

① 全球定位系统（GPS）：常用的汽车定位技术之一。它通过接收来自卫星的信号，计算出汽车的经度、纬度和海拔高度，从而确定汽车的位置。GPS 被广泛应用于许多领域，包括航空航天、交通运输、军事、地理测绘、探险等，它可以提供高精度的位置信息，帮助人们准确导航、定位和测量。

② 惯性导航系统（INS）：一种用于确定和跟踪物位置、速度和方向的技术，它不依赖于外部参考物体，而是通过测量物体的加速度和角速度来计算方向的变化。INS 的优点是具有高精度和实时性，适用于各种环境和条件下的导航需求。它可以在没有 GPS 信号或者其他外部参考物体的情况下独立工作，并且对于快速运动或者复杂运动的物体也能够提供准确的导航信息，但会随着时间的推移产生累积误差。随着时间的推移，INS 的误差会逐渐增大。为了解决这个问题，通常需要将 INS 与其他导航技术（如 GPS）结合使用，以校正误差并提高导航的准确性和稳定性。

③ 基站定位：通过接收移动通信基站发出的信号来确定汽车位置。通过测量信号的到达时间差或信号强度等参数，可以计算汽车相对于基站的位置。基站定位是一种通过终端信号与基站之间的通信来确定终端位置的技术。当终端与基站进行通信时，基站会记录终端的信号强度及到达基站的时延等信息。通过多个基站的信号信息，可以计算终端所在的大致位置。基站定位是利用三角定位原理，当终端与至少 3 个基站进行通信时，我们可以通过测量终端与每个基站之间的距离来确定终端的位置。这个距离可以通过信号强度、时延等方式来计算。基站定位的优势是在城市等有较高基站密度的地区可以提供较为准确的定位结果。同时，基站定位不需要额外的硬件设备，只需要使用终端本身的通信功能即可实现。然而，基站定位也存在一些限制。由于信号传播受到建筑物、地形等因素的影响，在室内或者山区等信号覆盖较差的地方，基站定位的准确性会降低。此外，由于基站定位是通过终端与基站之间的通信来实现的，因此在没有网络信号或者终端处于飞行模式时，无法进行基站定位。

④ 车载传感器：现代汽车通常配备多种传感器，如雷达、摄像头和激光雷达等。这些传感器可以检测周围环境，并结合地图数据进行定位。例如，激光雷达可以扫描周围环境的物体，并生成点云数据，通过与地图进行匹配，从而确定汽车的位置。常用的算法有蒙特卡罗粒子滤波定位算法。

自适应蒙特卡罗定位（AMCL）是 MCL 算法的一种增强。MCL 以目前的形式解决了全局定位问题，但无法从机器人绑架问题或全局定位失败中恢复。当机器人位置被获取后，其他地方的不正确粒子会逐渐消失。在某种程度上，粒子只能"幸存"在一个单一的姿势附近，如果这个姿势恰好不正确，算法就无法恢复。而这个问题可通过相当简单的探索算法解决，其思想是增加随机粒子到粒子集合，从而在运动模型中产生一些随机状态，这便是 AMCL 算法的由来。

蒙特卡罗粒子滤波定位算法主要包括以下步骤。

第一步，首先要完成粒子集合的初始化。当智能车初始位姿未知时，将数量大小为 K 的粒子群 $X_0 = \{x_0^1, x_0^2, \cdots, x_0^k\}$ 随机散布在全局地图中，以体现智能车位姿的随机性，且每个粒子的初始权值都为 $1/K$。

第二步，初始化完成后，便可根据当前时刻智能车的运动控制量 u 和上一时刻的粒子分布 X_{t-1} 来对当前时刻的粒子集合 X_t 进行预测。通过运动预测过程，可获得智能车状态粒子在全局地图中的先验分布。

$$\overline{bel}(x_t) = \int p(x_t \mid u_t, x_{t-1}) bel(x_{t-1}) \mathrm{d}x_{t-1} \tag{9-6}$$

式中，$bel(x_{t-1})$ 为上一时刻智能车后验状态，$\overline{bel}(x_t)$ 为当前时刻的智能车状态先验分布。

第三步，为进一步实现对先验状态分布的后验修正，利用当前时刻的观测量 z_t 来更新粒子集合中各粒子的权值。对于集合中的任意粒子，其权值 w 为该粒子在已有地图 m 中获取到观测量 z 的概率，即 $w_t^k = p(z_t \mid x_t^k, m)$。

$$bel(x_t) = \chi p(z_t \mid x_t) \overline{bel}(x_t) \tag{9-7}$$

式中，χ 为归一化系数。

第四步，基于观测量的权值更新完成后，便可根据各粒子的权值对粒子群进行重新采样，粒子权值越高，其相应位置的重采样分布概率就越大，这样便可将高可能性位置的粒子保留下来，而将低可能性位置的粒子舍弃掉。

⑤ 车载通信技术：车载通信技术如车联网和车载通信系统，可以通过与其他车辆或基础设施通信来获取周围车辆和道路的信息，从而提供更准确的定位结果。

9.3.3　SLAM

SLAM 是一种在未知环境中同时进行地图构建和自主定位的技术。它是智能车领域中的一个重要问题，也是实现自动驾驶自主导航和环境感知的关键技术之一。

在 SLAM 中，智能车通过使用传感器（如激光雷达、摄像头、惯性测量单元等）来感知周围环境，并通过算法将这些感知数据融合起来，实时地构建地图并确定自身的位置。具体而言，SLAM 可以分为前端、后端、回环检测、建图等，其技术框架如图 9-3 所示。

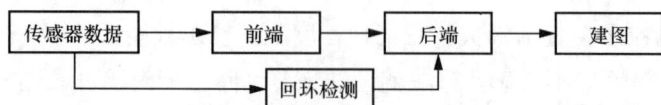

图 9-3　SLAM 的技术框架

① 前端：负责处理传感器数据，提取特征点或者构建地图的局部模型，并通过特征匹配、运动估计等方法来估计智能车的运动轨迹。常用的前端算法包括扩展卡尔曼滤波（EKF）、粒子滤波（PF）等。

② 后端：负责优化前端估计的轨迹和地图，以减小误差并提高精度。后端算法通常使用非线性优化算法，如图优化或者基于因子图的优化算法。常用的后端算法包括最小二乘法、非线性最小二乘法等。

③ 回环检测：指在智能车的运动轨迹中检测到之前经过的位置，从而避免重复探索并提高定位的准确性。回环检测通常通过比较当前位置与之前记录的位置信息来实现。常用的回环检测算法包括基于特征描述子的匹配、基于图像拼接的算法等。

④ 建图：指在智能车运动过程中构建环境地图的过程。建图可以分为静态建图和动态建图两种方式。静态建图是指在环境不发生变化时进行的地图构建，常用的方法有激光雷达建图、视觉建图等。激光雷达建图如图 9-4 所示。动态建图是指在环境发生变化时进行的地图更新，常用的方法有增量式建图、局部地图更新等。

图 9-4　激光雷达建图

SLAM 在智能车导航、无人驾驶、增强现实等领域有着广泛的应用，它可以帮助智能汽车在未知环境下实现自主导航和定位，同时构建精确的地图，为后续的任务提供基础数据。

典型的 SLAM 算法分类如图 9-5 所示。SLAM 算法主要分为视觉 SLAM 算法和激光 SLAM 算法。激光 SLAM 算法包括机器人操作系统（ROS）中最经典的基于粒子滤波的 Gmapping 算法，当下非常流行的基于优化的 Cartographer 算法，以及基于多线激光雷达的 LOAM 算法。视觉 SLAM 算法相较于激光 SLAM 算法的特点是信息更加丰富。视觉 SLAM 算法由于在二维提取特征点，因此通常可以达到更高的频率，但也正是因为信息丰富，更容易引入噪声，加上缺乏三维信息，其鲁棒性在平均水平上要低于激光 SLAM 算法。依据对图像数据的不同处理方式，视觉 SLAM 算法可以分为特征点法、直接法和半直接法。特征点法的典型代表是 ORB-SLAM2 算法，直接法的典型代表是 LSD-SLAM 算法，半直接法的典型代表是 SVO 算法。

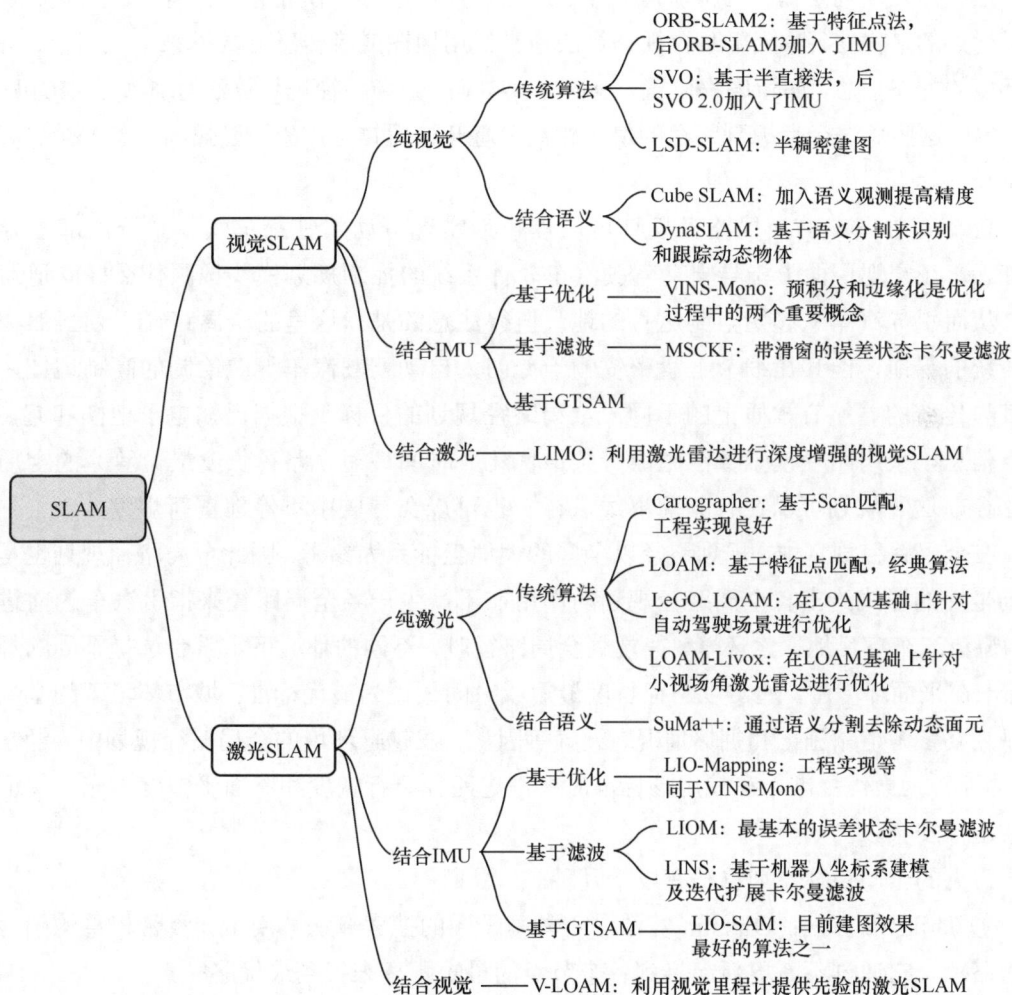

图 9-5 典型的 SLAM 算法分类

9.4 导航规划与控制

9.4.1 路径规划

路径规划就是根据给定的环境模型，在一定的约束条件下，规划出一条连接汽车当前位置和目标位置的无碰撞路径。自动驾驶汽车路径规划从功能上可分为全局路径规划和局部路径规划。

1. 全局路径规划

全局路径规划是指在智能车导航中，通过对环境进行建模和分析，确定智能车从起点到目标点的最优路径。全局路径规划算法通常使用地图或者传感器数据来生成路径，考虑到环境的静态信息，如障碍物位置、地形等。常见的全局路径规划算法有 A* 算法、Dijkstra 算法等。这些算法会考虑到路径的最短距离、避开障碍物等因素，以找到一条安全、高效的路径。

自动驾驶汽车的全局路径规划可以理解为实现自动驾驶汽车软件系统内部的导航功能，即在宏观层面上指导自动驾驶汽车软件系统的控制规划模块按照什么样的道路行驶，从而引导汽车从起始点到达目的地。值得注意的是，这里的全局路径规划虽然类似于传统的导航，但其在细节上紧密依赖于专门为自动驾驶汽车导航绘制的高精地图，这使其与传统的导航有本质上的不同。全局路径规划的目标是根据已知电子地图和起点、终点信息，采用路径搜索算法生成一条最优化（时间最短、路径长度最短等）的全局期望路径。这种规划可以在行驶前离线进行，也可以在行驶中不停地重新规划。

在全局路径规划中，规划路径以全局的大地坐标系为参考，因此全局路径规划也是以全局坐标的形式给出。全局路径规划的作用在于产生一条全局路径来指引汽车的前进方向，避免汽车盲目地探索环境。在规划全局路径时，不同的环境下常常会选择不同的择优标准。在平面环境中，通常以路径长度最短或时间最短为最优标准；城市环境下的全局路径规划要参考道路施工和拥堵情况、天气等因素；在越野环境的全局路径规划中，经常以"安全性"为最优标准，在使用该标准时要考虑路径可行宽度和路面平整度来充分保证汽车的运行安全。

常见的全局路径规划算法有以下几种。

① Dijkstra 算法：Dijkstra 算法是一种基于图的搜索算法，用于计算带权重的图中的最短路径。它通过不断更新起点到各个节点的最短距离来找到最优路径。

② A* 算法：A* 算法是一种启发式搜索算法，结合了 Dijkstra 算法和贪心算法的思想。它通过估计从当前节点到目标节点的代价来选择下一个节点，以减少搜索的范围，从而提高搜索效率。

③ 快速探索随机树（RRT）算法：一种基于随机采样的快速探索树算法。它通过随机采样和树生长的方式来搜索路径，适用于高维空间和复杂环境。

④ 弗洛伊德（Floyd）算法：解决任意两点之间的最短路径的一种算法，可以正确处理有向图或负权（但不可存在负权回路）的最短路径问题，同时也被用于计算有向图的传递闭包。

2. 局部路径规划

局部路径规划是指智能车在实际运动过程中，根据当前环境的动态信息进行实时调整和决策，以保证智能车能够按照全局路径规划的路径进行移动。局部路径规划算法通常使用传感器数据来感知周围环境，并根据当前位置和目标位置之间的差距进行调整。

局部路径规划算法是指在给定环境中，通过对智能车当前位置及周围环境信息的分析和处理，确定智能车在短时间内如何选择最优路径以达到目标点的算法。常见的局部路径规划算法有以下几种。

① 动态窗口法：通过定义智能车的运动窗口，结合智能车的动力学约束和环境信息，评估每个可能的运动并选择最优的运动路径。

② 样条插值法：一种以可变样条来作出一条经过一系列点的光滑曲线的数学方法。插值样条由一些多项式组成，每一个多项式都是由相邻的两个数据点决定的，这样，任意两个相邻的多项式及它们的导数（不包括高阶导数）在连接点处都是连续的。

③ 贝塞尔曲线算法：应用于二维图形应用程序的数学曲线，由一组被称为控制点的向量来确定，给定的控制点按顺序连接构成控制多边形，贝塞尔曲线逼近这个多边形，进而通过调整控制点坐标改变曲线的形状。控制点的作用是控制曲线的弯曲程度。贝塞尔曲线只需要很少的控制点就能够生成较复杂的平滑曲线。该方法能够保证输入的控制点与生成的曲线之间的关系非常简洁、明确。

④ 人工势场法：将智能车视为一个带电粒子，环境中的障碍物视为斥力场，目标点视为引力场，通过计算合力来确定智能车的运动方向。

⑤ 矢量场柱状图（VFH）算法：将智能车周围的环境以栅格的形式进行划分，并将智能车周围的一定范围定为一个活动窗口（常用正方形）进行分析。活动窗口里的每一栅格，作为一个活动单元，每个活动单元都有一个确定值，来表征对于该单元是否存在障碍物的信心。

这些常见的局部规划算法会考虑到智能车的动态避障、平滑移动等因素，以保证智能车能够安全地避开障碍物并按照全局路径规划的路径进行移动。

9.4.2　车用地图与导航技术

车用地图与导航技术是指在汽车领域应用的地图和导航系统。它们通过使用卫星定位、地图数据和导航算法，为驾驶员提供准确的位置信息、路线规划和导航指引，帮助驾驶员更方便、更安全地到达目的地。

车用地图是指专门为汽车导航而设计的地图数据，它包含道路网络、交通标志、关注点（POI）等信息。车用地图通常会包括实时交通信息，以帮助驾驶员选择最佳路线，并提供实时的交通状况。高精地图与现在常见的导航地图（如车用导航地图）相比有很大不同，主要体现在使用者不同、用途不同、所属系统不同、要素和属性不同。导航地图的使用者是人，用于导航、搜索路线。而高精地图的使用者是计算机，用于高精度定位、辅助环境感知、决策与规划。因此，车用导航地图在车内属于驾驶辅助系统，需要通过屏幕进行展示；而高精地图是自动驾驶系统的一部分，不需要通过屏幕进行展示。在要素和属性方面，导航地图仅包含简单道路线条、POI、行政区域划分，而高精地图包含详细道路模型（包括车道模型、道路部件、道路属性）和其他定位图层。车用导航地图与高精地图对比如表 9-1 所示。

表 9-1　车用导航地图与高精地图对比

对比项	车用导航地图	高精地图
使用者	人	计算机
用途	导航、搜索、可视化	高精度定位、辅助环境感知、决策与规划
所属系统	驾驶辅助系统	自动驾驶系统
要素和属性	简单道路线条、POI、行政区域划分	详细道路模型（包括车道模型、道路部件、道路属性）和其他的定位图层

导航技术是指利用车用地图和定位技术为驾驶员提供导航服务的技术。其中，定位技术主要包括 GPS、INS 等。导航技术通过将车辆当前位置与目的地进行比对，计算出最佳的行驶路线，并提供语音提示、图像显示等方式引导驾驶员行驶。

车用地图与导航技术的应用范围广泛，其不仅可以在车载导航系统中使用，还可以在手机应用、智能手表等设备中使用。它们在提供导航服务的同时，还可以提供实时交通信息、周边关注点搜索、电子眼提醒等功能，为驾驶员提供全方位的驾驶辅助。

9.4.3　自动驾驶汽车控制

运动控制是自动驾驶汽车领域中研究的核心问题之一，是指根据当前周围环境和车体位置、姿态、车速等信息，按照一定的逻辑做出决策，并分别向油门、制动、转向等执行系统发出控制指令。运动控制是自动驾驶汽车实现自主行驶的关键环节，其研究内容主要包括横向控制、纵向控制及横纵向协同控制。横向控制主要研究自动驾驶汽车的路径跟踪能力，即如何控制汽车沿规划的路径行驶，并保证汽车的行驶安全性、平稳性与乘坐舒适性。纵向控制主要研究自动驾驶汽车的速度跟踪能力，控制汽车按照预定的速度巡航或与前方动态目标保持一定的距离。但独立的横向控制或纵向控制不能满足自动驾驶汽车的实际需求，因此，复杂场景下的横纵向协同控制研究，对于自动驾驶汽车来说至关重要。一般地，横向控制系统的实现主要依靠预瞄跟随控制、前馈控制和反馈控制。

自动驾驶汽车控制过程主要采用的控制系统是比例积分微分（PID）控制，或者是改良后的 PID 控制，这是迄今为止在过程控制中应用最为广泛的方法。工业领域使用的自动控制方式，无论是前馈、反馈等控制方式的哪一种，最终都要通过 PID 控制系统来完成控制实现。自动驾驶汽车通过执行系统和控制系统来实际操作车辆，例如加速、刹车、转向等，这些动作会根据自动控制系统的输出来控制车辆的行为。

PID 控制系统主要采用 3 种较为固定的形式，但是可以将这 3 种形式进行组合来缩小误差、减少对外干扰。典型的 PID 控制系统结构如图 9-6 所示。

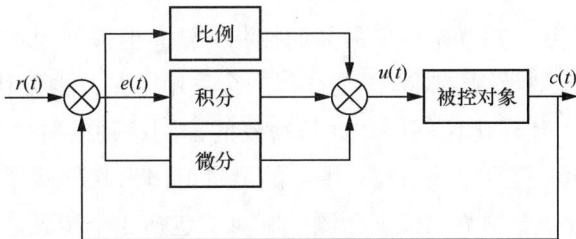

图 9-6 典型的 PID 控制系统结构

PID 传递函数的形式表示为

$$G(s) = \frac{U(s)}{E(s)} = K_p \left(1 + \frac{1}{T_i S} + T_D S \right) \tag{9-8}$$

为使 PID 的控制效果达到预期，需要对比例、微分及积分参数进行合理控制，并使三者之间相互作用、彼此配合、彼此控制，这是基于非线性原理的最佳关系。而 BP 神经网络与非线性原理十分相近，同时其算法及结构都十分简单，利用网络的学习与权值的更新，找到最佳参数，实现最佳控制。

PID 控制系统的经典算式为

$$u(k) = u(k-1) + k_P[e(k) - e(k-1)] + k_i e(k) + k_d[e(k) - 2e(k-1) + e(k-2)] \tag{9-9}$$

式中，k_p、k_i、k_d 代表比例、积分及微分系数。

基于 BP 神经网络的 PID 系统如图 9-7 所示，其控制器主要由两部分组成：①PID 系统，对控制对象实施闭环式控制，同时 k_p、k_i、k_d 都可在线调整；②BP 神经网络，对 PID 系统参数进行调节，使其相关指标达到要求，输出层和 PID 系统 k_p、k_i、k_d 参数一一对应，利用 BP 神经网络的系数调整，让其和 PID 系统参数实现稳定对应。

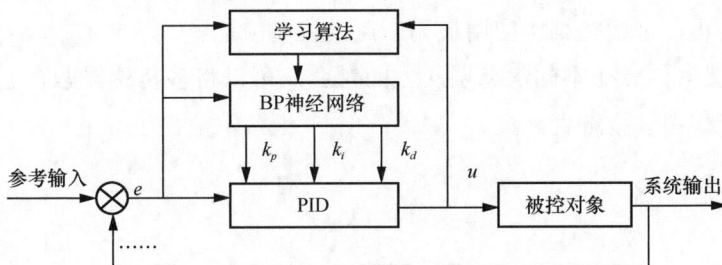

图 9-7 基于 BP 神经网络的 PID 系统

把 k_p、k_i、k_d 作为依托于网络的可调节系数，式（9-9）可写为

$$u(k) = f[u(k-1), k_p, k_i, k_d, e(k), e(k-1), e(k-2)] \tag{9-10}$$

式中，$f(\cdot)$ 和 k_p、k_i、k_d 等是相关性非线性关系，可以利用 BP 神经网络来学习，从而找到合理的规律。

目前，在过程控制中，PID 是使用最多的控制方法，但模型预测控制方法的使用也超过了 10% 的占有率。模型预测控制方法是在每一个采用时刻，根据获得的当前测量信息，在线求解一个有限时间开环优化问题，并将得到的控制序列的第一个元素作用于被控对象；在下一个采样时刻，重复上述过程，用新的测量值作为此时预测系统未来动态的初始条件，刷新优化问题并重新求解。模型预测控制算法包括 3 个步骤，分别为预测系统未来动态、数值求解开环优化问题、将优化解的第一个元素作用于系统。

9.5 本章小结

① 自动驾驶技术栈主要有同步建图与定位、运动规划与控制、环境感知与识别 3 个模块。

② AMCL 是 MCL 算法的一种增强，MCL 以目前的形式解决了全局定位问题，但无法从机器人绑架问题或全局定位失败中恢复。当机器人位置被获取时，其他地方的不正确粒子会逐渐消失。在某种程度上，粒子只能"幸存"在一个单一的姿势附近，如果这个姿势恰好不正确，算法就无法恢复。而这个问题可通过相当简单的探索算法解决，其思想是增加随机粒子到粒子集合，从而在运动模型中产生一些随机状态，这便是 AMCL 算法的由来。

③ 自动驾驶路径规划可分为全局路径规划和局部路径规划。全局路径规划是指在智能车导航中，通过对环境进行建模和分析，确定智能车从起点到目标点的最优路径。局部路径规划算法会考虑到智能车的动态避障、平滑移动等因素，以保证智能车能够安全地避开障碍物并按照全局路径规划的路径进行移动。

④ 自动驾驶汽车控制过程主要采用的控制系统是 PID 控制，或者是改良后的 PID 控制，这是迄今为止在过程控制中应用最为广泛的控制方法。

⑤ 根据传感器信息在不同信息层次上的融合，可以将多传感器融合划分为数据级融合、特征级融合和决策级融合。